遗产保护译丛

主编　伍江

城市时代的遗产管理

——历史性城镇景观及其方法

[意] 弗朗切斯科·班德林（Francesco Bandarin）

[荷] 吴瑞梵（Ron van Oers）　　　　　　著

裴洁婷　译　周　俭　校译

同济大学 出版社
TONGJI UNIVERSITY PRESS

谨以此书献给帕特里齐亚（Patrizia）和克里斯蒂娜（Cristina）

感谢你们给予家庭的支持以及对我们工作的鼓励

总序

对于历史文化遗产的珍惜与主动保护是 20 世纪人类文化自觉与文明进步的重要标志。在历史文化遗产保护越来越成为人类广泛道德准则的今天，历史文化遗产保护在当今中国也获得了越来越多的社会共识。

中国数千年连续不断的文明史为我们留下了极为丰富而灿烂的历史文化遗产。然而，在今日快速城市化进程中，大规模的城市建设活动使大量建筑文化遗产遭到毁灭性破坏。幸存的建筑文化遗产也面临着极为严峻的危险。全力保护好已经弥足珍贵的历史文化遗产是我们这一代人刻不容缓的历史责任。为此，我们不仅需要全社会的呼号与抗争，更需要专业界的研究与实践。相对其他学术领域，在建筑历史文化遗产保护领域，目前在中国还比较缺乏较为深入的学术理论研究和方法研究。因此在社会亟需的工作实践中就往往显得力不从心。

在这样的背景下，同济大学出版社组织专家对一批在当今世界文化遗产保护领域具有一定学术影响的理论研究著作进行翻译，以"遗产保护译丛"的名义集中出版。这一具有远见卓识和颇具魄力的计划对于我国历史文化遗产保护工作无疑是雪中送炭，实在是功德无量。相信译丛的出版对于我国历史文化遗产保护的理论研究、专业教育和工作实践一定会起到积极的推动作用。衷心希望译丛能够尽可能多而全地翻译出版世界各国在遗产保护领域中最有影响的学术成果，使之成为我国历史文化遗产保护工作的重要思想理论源泉。更衷心希望由此能够推动我国专业界的理论研究和方法研究，从而产生更多的具有中国特色的研究成果。毕竟，历史文化遗产具有很强的地域文化特征，历史文化遗产的保护不仅需要普适性的理论，更需要更具地域针对性的方法。

2012 年 12 月

目　录

总序

写在前面

中文版序言 I ⋯⋯⋯⋯⋯⋯⋯⋯⋯⋯⋯⋯⋯⋯⋯⋯⋯⋯⋯⋯⋯⋯⋯ 10

中文版序言 II　城市保护与历史性城镇景观方法 ⋯⋯⋯⋯⋯ 12

导读　"Historic Urban Landscape" 释义 ⋯⋯⋯⋯⋯⋯⋯⋯⋯⋯ 16

序言　城市保护的新方法 ⋯⋯⋯⋯⋯⋯⋯⋯⋯⋯⋯⋯⋯⋯⋯⋯⋯ 22

致谢 ⋯⋯⋯⋯⋯⋯⋯⋯⋯⋯⋯⋯⋯⋯⋯⋯⋯⋯⋯⋯⋯⋯⋯⋯⋯⋯ 37

简写和缩写 ⋯⋯⋯⋯⋯⋯⋯⋯⋯⋯⋯⋯⋯⋯⋯⋯⋯⋯⋯⋯⋯⋯⋯ 38

第 1 章　城市保护：一个现代概念的简史 ⋯⋯⋯⋯⋯⋯⋯⋯ 1

1.1　城市保护的起源：在工程学和浪漫主义之间 ⋯⋯⋯⋯ 2

1.2　作为遗产的历史城市 ⋯⋯⋯⋯⋯⋯⋯⋯⋯⋯⋯⋯⋯⋯⋯ 12

1.3　分裂：现代运动与历史城市的对抗 ⋯⋯⋯⋯⋯⋯⋯⋯ 18

1.4　现代主义之外：城市保护的新方法 ⋯⋯⋯⋯⋯⋯⋯⋯ 26

第 2 章　与城市保护相关的国际公共政策 ⋯⋯⋯⋯⋯⋯⋯ 43

2.1　二战后的城市保护政策 ⋯⋯⋯⋯⋯⋯⋯⋯⋯⋯⋯⋯⋯ 44

2.2　国际宪章和准则性文书中的城市保护 ⋯⋯⋯⋯⋯⋯⋯ 46

2.3　地区性宪章 ⋯⋯⋯⋯⋯⋯⋯⋯⋯⋯⋯⋯⋯⋯⋯⋯⋯⋯ 58

2.4　城市保护再思考 ⋯⋯⋯⋯⋯⋯⋯⋯⋯⋯⋯⋯⋯⋯⋯⋯ 71

2.5　城市保护的新范式 ⋯⋯⋯⋯⋯⋯⋯⋯⋯⋯⋯⋯⋯⋯⋯ 76

2.6 历史性城镇景观的方法 ………………………………………… 84

第3章　不断变化的城市遗产管理背景 ……………………… 87
3.1 内外变革力量的引入 ………………………………………… 88
3.2 全球范围内的城市化呈指数级增长 ………………………… 89
3.3 环境问题和城市的可持续发展 ……………………………… 96
3.4 气候变化的影响 …………………………………………… 105
3.5 城市作为发展动力的角色转变 …………………………… 111
3.6 旅游业的兴起 ……………………………………………… 117
3.7 对遗产不断拓展的理解和城市遗产价值 ………………… 124
3.8 对变化的管理 ……………………………………………… 129

第4章　城市遗产管理新的参与者和方法 ………………… 133
4.1 城市遗产管理的当代语境 ………………………………… 134
4.2 新的城市战略的兴起 ……………………………………… 136
4.3 国际机构的城市战略 ……………………………………… 159

第5章　为城市环境的管理提供更广泛的工具 …………… 169
5.1 城市遗产管理：行动方和工具 …………………………… 170
5.2 监管工具 …………………………………………………… 172
5.3 社区参与工具 ……………………………………………… 183
5.4 技术工具 …………………………………………………… 189
5.5 财务工具 …………………………………………………… 203

第6章　历史性城镇景观：城市时代的遗产保护 ………… 209
6.1 历史城镇遭遇全球化 ……………………………………… 210
6.2 对城市的当代思考 ………………………………………… 218
6.3 遗产保护和城市发展的整合 ……………………………… 223

6.4　历史性城镇景观：对变化进行管理的工具 ················· 226

6.5　结　语 ···································· 230

附　录 ······································ 233

附录 A　历史性城镇景观方法的发展注释 ···················· 234

附录 B　世界遗产与当代建筑国际会议《维也纳备忘录》 ············· 242

附录 C　关于城市历史景观的建议书 ······················ 248

参考文献 ···································· 257

索引 ······································ 275

写在前面

中文版序言 I

谨以此纪念吴瑞梵先生（*Ron van Oers*，1965—2015）

城市规划师和国际保护主义者

联合国教科文组织亚太地区世界遗产培训与研究中心（WHITRAP）

上海中心副主任

《城市时代的遗产管理——历史性城镇景观及其方法》一书的中文版得以出版，于我而言是一项巨大的荣誉。同时这也表明，历史城镇现状和联合国教科文组织近十年来推广的城市保护之当代途径，正受到中国的日益关注。

本书成稿于2011年联合国教科文组织《关于历史性城镇景观的建议书》（*Recommendation on the Historic Urban landscape*）正式通过之际，融合了其间的诸多专业性与制度性经验。

本书的构思成稿得益于与好友兼同事吴瑞梵（Ron van Oers）先生的合作。他曾作为城镇保护专家，在巴黎的联合国科教文组织世界遗产中心工作多年。2012年，他来到上海同济大学，担任联合国教科文组织亚太地区世界遗产培训与研究中心上海中心副主任一职。

吴瑞梵先生充分利用其在联合国教科文组织亚太地区世界遗产培训与研究中心所从事的工作，拓展针对《关于历史性城镇景观的建议书》（以下简称《建议书》）实施方法的研究，推进了亚太地区的多个案例研究项目，并大力推动历史性城镇景观（HUL）原理与技术在不同历史城镇语境下的实践与发展。

2015年，我们的好友吴瑞梵先生在拉萨执行任务期间不幸离世，给他的亲朋好友们留下了巨大的空虚与痛苦。他作为一名研究者与实践者，为本领域做出了至关重要的贡献。我们所有巴黎和上海的同仁都万分怀念吴瑞梵先生，对他的人文精神与专业技术仍记忆犹新。因此，谨以本书的中文译本来纪念缅怀他。

历史性城镇景观方法的实施目标还远没有实现。目前，世界各地的许多研究者正在进一步发展其方法论与应用，并推动这一研究的传播。联合国教科文组织与合作伙伴携手，正在筹备一本实施手册，并筹划对 2011 年《建议书》的实施情况开展全球性调研，计划于 2019 年提交给执委会和教科文组织大会。

联合国教科文组织亚太地区世界遗产培训与研究中心的各位同事与朋友十分支持这些行动，并针对《建议书》的实施，在培训和研究活动中给予了非常重要的帮助。在此，我想向各位尤其是上海中心主任周俭教授致以谢意，感谢他们为这一系列重要工作以及本书中文版翻译工作所提供的支持。

弗朗切斯科·班德林
2017 年 10 月 1 日于巴黎联合国教科文组织

中文版序言 Ⅱ　城市保护与历史性城镇景观方法

　　21 世纪来临后，几乎在全球范围内，无论是发达国家还是发展中国家和地区的政府在城市遗产保护领域都面临了新的挑战。世界遗产城市以及更多数量的历史城镇，为了城镇的更新和发展纷纷开展各自的城市开发项目，各种与保护原则相矛盾和相冲突的情况也越来越频繁地出现。联合国教科文组织世界遗产委员会在意识到这种状况后，将此议题提交至联合国教科文组织，以寻求最广泛的国际支持。从 2005 年起及之后的 6 年内，在联合国教科文组织的支持和协调下，形成了历史性城镇景观项目行动，这是一个对现有的文化遗产保护国际准则文件进行审议和更新的政策化过程，希望能找到一种适用于所有具有遗产价值城市的解决方法。2011 年 11 月 10 日，《关于历史性城镇景观的建议书》[1] 获联合国教科文组织大会通过，为这一过程画上了圆满的句号。该建议书也成为联合国教科文组织各成员国在自愿基础上实施的"软性法律"。本书的二位作者便是整个过程的主导者和参与者。

　　本书的英文原著完成于 2011 年，事实上是二位作者在主导和参与编写《关于历史性城镇景观的建议书》过程中的关于城市保护研究的汇总。二位作者——联合国教科文组织世界遗产中心前主任班德林（Francesco Bandarin）先生和联合国教科文组织世界遗产中心前遗产项目官员吴瑞梵（Ron van Oers）先生，多年来在世界各国各地区众多遗产地考察，与地方政府和各国专家交流，对新世纪全球化、城镇化和社会发展给城市遗产保护带来的新挑战，对各国各地方政府多样化、创新性的应对策略和实践具有深刻的认识和理解。本书所涉及的案例遍布世界各个文化地区，并非是以单一文化和社会发展背景为前提的保护理念。

　　本书开宗明义地以"城市保护"作为主题词来阐述关于 21 世纪城镇遗产的

---

[1]　UNESCO. Recommendation on the Historic Urban Landscape [EB/OL]. [2011-11-10]. http: //unesdoc.unesco.org/ images/0021/002150/215084e.pdf#page=52.

保护议题。城市是时间与空间层层积淀的具有连续性的"整体"，对城市的这种整体性和连续性的认识在今天的城市研究中逐渐成为一种核心思想。保持城市的多样性、混合使用土地、建构社会空间、强调社会融合、提倡社会共享、保持和延续城市的整体性和连续性已经成为城市规划和城市发展的重要战略，而不是把城市分割成不同类型的"单元"。因此，那些划定隔离式的"保护区"，把保护限定在划定的空间范围内的做法，事实上其结果往往是破坏了城市的整体性和连续性，也在很大程度上造成了保护与发展难以调和的冲突。

"历史性城镇景观方法：城市发展过程中的保护"是作者试图为此作出的解答。其核心思想是对城市空间从时间连续性的角度进行价值甄别，尊重不同时期在城市发展中留存下来的印记，包括现代的和当代的，是一种更新后的遗产管理方法，目标是力图避免在现代城市的规划和发展过程中因为这些价值被分离而遭受忽视并抛弃。它既是一种识别角度，也是一种价值观，同时特别强调了在不同时期因为不同的城市发展机制（特别体现在土地利用模式方面）带来的不同变化所具有的积极意义。这为当代全球化、多样化的社会经济背景和城市发展机制环境下城市遗产保护与城市发展的平衡提供了新的理论基础。这也是作者提出"城市保护"概念的重要目的和内涵。

围绕历史性城镇景观这种新方法，作者在本书中囊括了城市保护的各个方面，包括文化多样性如何影响保护的价值和方法、自然和文化要素在建成环境保护中的联系、快速的社会和经济发展带来的新挑战，等等。"历史性城镇景观方法"拟通过对城镇空间中各个时期具有历史性意义的结构、场所和其他传统文化元素的判别，以及对其形成背景和演变脉络的分析，识别城镇在动态变化中的文化身份和特征，并通过一系列步骤提供一条积极的城市保护与发展路径，包括充分考虑区域性环境的背景因素和借鉴地方社区的传统与观念，以此在社会转变中有效地管理既有城镇空间的变化，以使当代的干预行动与历史环境中的遗产和谐共处。

"历史性城镇景观方法"应用的空间范围包含但不限于历史街区、历史地段、历史城区和历史中心。虽然本书讨论的问题源自历史城镇，但"历史性城镇景观方法"寻求的是在当今所有的城市中，历史街区和新城、城市保护和城市发展，以及不同文化传统和社会经济发展之间联系的重新构建。为此，作者认为有必要更好地设计城市遗产保护战略，通过制定尊重不同文化背景的价值、传统和环境的城市保护的行动原则，将其纳入到尽可能广泛的城市整体可持续发展目标框架中，以支持旨在维持和改善人类环境质量的政府行动和私人行动。[1]

中国关于历史城镇保护与发展的讨论已经进行了二十多年。归根结底，讨论的焦点是如何认识历史环境的当代变化。2014 年 12 月，联合国教科文组织亚太地区世界遗产培训与研究中心（WHITRAP）在上海举办了首次"历史性城镇景观国际学术会议"[2]。会议指出，当今中国城镇文化遗产保护面临的挑战是多方面的，包括历史城区的社区对改善的诉求、遗产地发展旅游业的诉求、地方政府对城镇转型发展的诉求以及地方政府之间相互竞争的压力等方面。会议认为"历史性城镇景观"将不同历史时期人类活动在城镇空间上表现出来的层积性作为认识城镇文化遗产价值完整性的出发点，既包括历史环境同时也不排斥当代空间与建筑价值的思想，对中国历史城镇如何在不同情境下认识并处理保护与发展、新与旧、历史与当代之间的关系，具有理念与方法上的指导意义。

在本书的"序言：城市保护的新方法"中已经清晰地为读者概述了本书各章的主要内容和思想，在此不再一一赘述。本书所倡导的"城市保护"理念，是一种将城镇遗产保护与城镇可持续发展融合在一起的保护理念，"历史性城镇景观"及其方法是为实现"城市保护"理念而建构的、以价值判断和机制背景为基础的、以管理"变化"为核心的思想方法。这一思想贯穿于全书始终。同时，本书的注释和附录列出了大量的文献来源，为读者更好地理解"城市保护"理念以及"历史性城镇景观"及其方法提出和形成的背景提供了丰富的信息，

---

[1] 联合国教科文组织亚太地区世界遗产培训与研究中心（WHITRAP）于 2016 年与澳大利亚巴拉瑞特市联合编写了 *HUL Guide Book*，http://www.historicurbanlandscape.com/index.php?classid=5355&id=170&t=show

[2] http://www.historicurbanlandscape.com/index.php?classid=5356

也是读者了解国际城镇文化遗产保护发展历程的重要资料。

　　最后，真诚地感谢本书的作者班德林先生和吴瑞梵先生对本书中译本的翻译出版给予的倾力支持，特别是对翻译中的疑问亲力亲为地给予详尽解答。本书的作者之一吴瑞梵先生 2015 年 4 月在中国西藏拉萨执行联合国教科文组织世界遗产监测活动期间不幸去世，借本书中译本的出版，表达深切的怀念。

周　俭

2017 年 7 月 22 日于同济大学

导读　"Historic Urban Landscape" 释义 [1]

1　背景

2011 年 5 月 27 日在联合国教科文组织总部召开的关于 "Historic Urban Landscape"（以下简称 HUL）的政府间专家会议，在以 HUL 作为一种管理历史城市保护与发展新概念和新方法的认识基础上，形成了 HUL 准则性文件的最终报告。2011 年 11 月 10 日，该报告以建议书的形式形成的《关于 "Historic Urban Landscape" 建议书》（以下简称《HUL 建议书》）获联合国教科文组织大会通过。

这份《HUL 建议书》对城市保护具有重要的指导意义。但由于中文与西文在文字使用上的差异，容易在概念与定义理解方面造成偏差。本文将通过对照解读联合国教科文组织英文版、法文版、中文版的《HUL 建议书》文件，剖析其中 HUL 的概念内涵，阐述有关 HUL 概念与方法的理解，并对 "Historic Urban Landscape" 一词的中文译名——"历史性城镇景观"作出说明。

2　《HUL 建议书》中 "HUL" 的内涵

通过对联合国教科文组织英文版 [2]、法文版 [3] 的《HUL 建议书》中的名词解释部分对 HUL 这一概念进行英文与法文的校译，综合《HUL 建议书》英文版和法文版，HUL 在《HUL 建议书》中的含义为：

---

[1]　本导读中对 "Historic Urban Landscape" 释义的阐述是基于导读作者对联合国教科文组织《关于 "Historic Urban Landscape" 建议书》的解读而展开的——译者注。

[2]　UNESCO. Recommendation on the Historic Urban Landscape [EB/OL]. [2011–11–10]. http：//unesdoc.unesco.org/images/0021/002150/215084e.pdf#page=52.

[3]　UNESCO. Recommandation concernant le paysage urbain historique [EB/OL]. [2011–11–10]. http：//unesdoc.unesco.org/images/0021/002150/215084f.pdf#page=62.

文化和自然价值及属性经过历史层层积淀后产生的城市区域，其超越了"历史中心"或"整体"的概念，包含了更广泛的城市背景及地理环境。

更广泛的背景因素包括了地形、地貌、水文、自然属性；也包括了历史上的以及当代的建成环境，地上、地下的基础设施，开放空间和园林、土地利用模式和空间组织，体验与视觉关系，以及城市结构中的所有其他构成元素。另外，背景还包含了社会和文化的实践以及价值观、经济进程，以及与多样性、识别性相关的非物质方面。[1]

可以看到，《HUL 建议书》中的 HUL 包含有双重含义：HUL 所指的对象既具有历史的过程属性又具有当前的现实属性，即包含了历史地区当前存在的所有有形的物质空间要素，也包括了对历史地区景观形成产生作用的社会、文化、经济机制。

英文的"Historic urban landscape"和法文的"Paysage urbain historique"是在"城市景观"这一名词上加了定语"Historic"（法语"Historique"），英文、法文的词义是一致的。而联合国教科文组织中文版《HUL 建议书》中采用的中文译文是"城市历史景观"，其中文的字面含义与西文版的内在含义存在较大的差异。

当中文将 HUL 翻译成"城市历史景观"时，从中文的词面上去理解往往会被习惯性地指向"现在尚存在城市中的、历史上留存下来的景观"，或者会被理解为"城市历史上曾经存在的景观"。如果与《HUL 建议书》中 HUL 的定义进行比较，显然有着本质的差别，因为无论哪种理解都会习惯性地将 HUL 属性中"非历史"的当代部分排除，这样便会对 HUL 的理解在时间概念上出现偏差，从而也会带来对空间对象理解的不同。

---

[1] 以上引文系本导读作者根据《HUL 建议书》英 / 法文版翻译而来，并非摘自该建议书联合国教科文组织中文版译文——译者注。

《HUL 建议书》中的 HUL 并不是指一种新的保护类型。"Landscape"一词在西方当代语境中不仅包括了物化的情（场）景，也延伸包括了"Landscape"形成的过程及影响因素（包括社会、经济和政策、机制等非物质方面）。"Landscape"在当代西方语境中不仅仅作为名词指一个客观物质对象本身，同时也是一个动词包含了其形成的过程及其背后的动因——"机制"。

而"景观"一词在中文的专业用语中主要是指特征化的情（场）景，特指一种物化的对象，偏向于视觉美学方面的意义，其词义的延伸功用并不明显。比较《HUL 建议书》中的"Landscape"（英文）或"Paysage"（法文）概念，除了外在物象的存在含义以外，还包括了引起其外在物象形成与演变的内在动因，其含义涵盖了包括人类的认识、文化的意象和社会、经济等方面的对建构"景观"产生影响的非物质方面的范畴，即包含了西方当代"Landscape""Paysage"概念中"内在因素"与"外在表象"的互动关系属性。因此，在理解《HUL 建议书》中 HUL 的含义时，应将西方当代关于"Landscape"概念的延展内容纳入其中，即包含了"空间"和"空间变化的机制"两方面的关系。因此《HUL 建议书》中的 HUL 可以看作是我们认识城市遗产价值的一种新视角和新理念。

3 将 HUL 作为一种"方法"的理解

《HUL 建议书》一方面确定了 HUL 核心内涵，另一方面将 HUL 衍生成为一种管理历史城市保护与发展的方法，即"Historic Urban Landscape Approach"。

在《HUL 建议书》中明确指出：

> 它提供了一种充分考虑区域性环境背景因素、借鉴地方社区的传统与观念，并且尊重各国、国际社会价值观的工具，用于管理物质环境以及社会方面的变化，确保当代干预行动可以与历史环境中的遗产

和谐结合。[1]

可以看到，将 HUL 作为一种处理城市遗产保护与城市当代发展相互平衡且可持续关系的方法，是《HUL 建议书》的核心思想所在：

> HUL 方法旨在保护人类生活环境的品质，提升城市空间的生产能力
> 与可持续利用，同时识别城市动态属性特征，促进社会与功能的多样
> 性发展。它整合了城市遗产保护和社会经济发展的双重目标。[2]

从这个意义上看，HUL 方法是一种融合了发展目标的多维度、整体化的城市保护方法。其目标是为了使遗产在当代城市空间中重获生命力，通过调整当代城市发展的政策机制去管理城市发展中出现的空间与社会的变化，使当代对城市空间的干预与遗产环境达成新的平衡关系，从而维持并强化城市特征，提升城市空间和生活品质。

基于这样的理解，HUL 方法并不拒绝在历史环境中介入当代的建筑与空间元素，当然也不排除历史环境中的当代功能，而是着力寻找建立两者之间平衡关系的路径，这与 HUL 的价值层积性内涵是完全一致的。由于引起当今城市空间变化的机制背景与历史环境形成的机制背景完全不同，这种平衡关系的建立需要针对不同历史环境的具体特征及其形成的机制，对当代元素介入历史环境的程度和介入的方式开展研究并进行管理，这也就是《HUL 建议书》中对强调"更广泛的城市背景"的意义所在。

4 HUL 中文译名的讨论

HUL 在国际文化遗产研究和保护领域是一个全新的概念，因此我们认为应

---

[1] 此处引文系本导读作者自译内容，并非摘自联合国教科文组织中文版《HUL 建议书》译文——译者注。

[2] 同上。

该用一个中文"新名词"去回应《HUL建议书》中HUL所涉及的新思想，以避免因望文生义而产生理解上的歧义。

如本文前述，《HUL建议书》中有关HUL的内涵十分丰富，无法找到一个恰当的现成的中文名词来对应。若逐字翻译，"Historic Urban Landscape"可以被译为"历史性城市景观"[1]。作为一个新的中文专业名词，"历史性城市景观"由于采用"历史性"一词（而非"历史的"）作为定语，可以产生提示HUL是一个具有随时间而变化的动态属性概念的作用，它包含了所有城市中的那些不同时期形成的具有历史特征和历史意义的"景观"，而非固化的"历史"和特指的"历史城市"（或"历史城区"），最大可能地接近《HUL建议书》中有关HUL内涵的本意。

虽然，将HUL中文译为"历史性城市景观"也容易被理解成一种物化的对象类型，然而，"Landscape"的中文译名无论是采用"景观""风貌""景色""风景"等相关名词均脱离不了"物化对象"和"客观实体"的主导概念，无法涵盖西文"Landscape""Paysage"概念延伸的"过程"和"动因"内涵。因此，在理解HUL的中文译文"历史性城市景观"时，需要将"Landscape"的英文（及法文）延展内涵纳入，以丰富中文"景观"一词的内涵。

当今中国的"镇"在快速城镇化的背景下与城市一样正发生着巨大的变化，城镇保护共同面临着如何平衡管理空间变化的挑战。将"Historic Urban Landscape"译为"历史性城镇景观"是基于当代中国城镇化的背景，同时也与《HUL建议书》所涉及的范畴相吻合，同样适用于中国广大的城镇。

5　意义

"历史性城镇景观"以一种新的价值观基础为我们当今城镇活态文化遗产保护提出了新的思路。有别于静态的、还原的保护，"历史性城镇景观"将社会、

---

[1]　将"Historic Urban Landscape"译为"历史性城市景观"曾由张松教授提出。

经济、政策等影响城镇空间形成与变化的内因与城镇空间外在表象之间的关联物（包含两者之间的相互作用关系）——"景观"（空间）作为研究活态文化遗产的关键对象，以时间层积价值作为活态文化遗产多样性价值的重要属性，并将城镇保护的方法定位为"如何平衡管理空间的当代变化"。《HUL 建议书》明确了"历史性城镇景观"的定义内涵和方法目标并提出了行动建议，倡导各国各地区在当代因地制宜地开展研究和实践，旨在推动地方创新性地将文化遗产作为推动城镇社会、经济可持续发展的关键资源，这便是《HUL 建议书》的当代意义所在。

周　俭　曹　曙　李燕宁

序言　城市保护的新方法

城市保护：现代乌托邦？

20 世纪，众多的城市乌托邦纷纷崛起。在此前两个世纪中，社会思想家、建筑师，以及新出现的、致力于解决城市问题的城市规划师，以前所未有的速度尝试着对"完美城市"的界定和缔造。

在众多提议中，最著名的有西奥多（Theodor Fritsch）的"未来城市"（Future City）、埃比尼泽·霍华德（Ebenezer Howard）的"花园城市"（Garden City）和加尼埃（Tony Garnier）的"工业城市"（Industrial City），这些提案都把矛头指向 19 世纪工业城市的"罪恶"，旨在提倡更为理性、高效并且宜居的城市模式。

城市乌托邦思想是现代建筑运动的核心，以柯布西耶（Le Corbusier）的"光辉城市"（Radiant City）或者它的美国版——赖特（Wright）的"广亩城市"（Broadacre City）为代表。这一方向成为整个 20 世纪下半叶的主流趋势，从尤纳·弗里德曼（Yona Friedman）的"空间城市"（Spatial City）到阿基佐姆（Archizoom）的"巨型结构"（Megastructure）、超级工作室（Superstudio）或者库哈斯（Koolhaas），建筑师们从未停止与乌托邦理念的嬉戏。甚至可以说，后来的新城市主义，或者当代对"可持续城市"（Sustainable City）的定义，都可以归到乌托邦思想的范畴。

现代主义的乌托邦理想也包括城市保护。但严格来讲，城市保护并不是一种乌托邦，而是世界上许多国家目前所提出并展开进行的一种政策和规划实践。然而，城市保护充斥着传奇色彩，根植于大众对往昔建成环境的美好幻想，即所谓历史的重现、个人和集体的记忆价值以及场所精神。这些传说反映了历史城市的价值所在，也是城市保护者关注的核心。而这些城市保护者所面对的现实是支撑历史城市价值的物质结构和社会结构正不断地遭受侵蚀。

城市是动态的有机体。世界上不存在完整保存了其"原始"特征的"历史"

图1　土耳其的恰塔霍裕克（Çatalhöyük）（迄今发现的第一张城市地图）

图2　2010年上海世博会

　　自人类社会出现起，城市便成为人类最精良的创造物。在过去一万年间，城市成为权力、文化、技术和冲突发生的场所。到了21世纪，一半以上的人口生活在城市中。城市在今天和未来都将是人类最重要的居住环境。关注城市历史及其文化意义，对城市实行谨慎管理并引导其发展，成为城市时代我们所面临的重要挑战。

xi 城市，"历史"城市的概念是不断变化的，随着社会的变化而改变。随着社会结构和需求的发展演变，城市肌理也不断变化与之适应，这是一个自然的过程。

因此，关于保护的一系列重要目标——例如，保持城市复杂的物质和社会肌理的真实性和完整性——则注定成为一个美好的神话，或者充其量不过是一个可以无限接近却始终无法达成的理想。保护历史城市传统结构的目标，依然只是一个需要不断折中和妥协的美好愿望。

这是否意味着城市保护只不过是一种空想？抑或一个集体的幻象？

当然不是。

至少，只要历史城市还始终表达着全社会努力想要保存的价值，它就不会成为一种奢望。因为这些价值是集体身份和记忆的守护者，帮助我们维持自身的延续性和传统，给予我们审美的享受和愉悦。如果乌托邦被视作社区或社会的集体表征，传达了人类共同价值体系和共同目标的理想化情境，那么，把城市保护定义为一个乌托邦则成为一种积极且具有建设性的态度。

过去一个世纪中，城市保护已经引起广泛的关注，各类原则、理论、实践经验、技术和规范手段层出不穷。如今，整个专业领域都与城市保护的政策过程和目标任务发生着联系。围绕这项伟大事业所发生的故事为我们提供了很多成功和失败的案例，它们或关于知识领域的突破和辩论，或有关政治层面的支持和反对。总之，这些故事伴随过去一个世纪城市规划和城市发展的进程，并将继续延续下去，影响着我们关于城市未来的探讨。

对城市环境的管理往往对社会表征发挥着重要作用。虽然，大规模的城市化进程是近年才出现的现象，但一直以来，城市都是权力和社会身份的中心。在现代人类的历史长河中，城市在多数时期都代表了日常生活和活动的环境，同时也是社会和经济交流的场所、经验和情感交汇的所在。

全球化进程的出现给城市保护领域带来了紧张的情绪。一方面，主要基于西方经验的标准和原则不得不正视世界上现有的各类传统、价值体系和实践，

图 3　南非开普敦（Cape Town）

图 4　克罗地亚杜布罗夫尼克（Dubrovnik）

图 5   墨西哥墨西哥城（Mexico City）

图 6   澳大利亚悉尼（Sydney）

城市景观是每个城市最主要的特征，也是城市需要通过周密的政策和公共参与来理解、保护和提升的一大价值。城市的历史肌理和新的开发建设可以在融合中加强，巩固彼此的作用和意义。

并经历调整和重新评估的过程；另一方面，与经济和政治变革相联系的社会转 xiv
型也加速了变化的进程。历史城市内部及周边地区绅士化现象的兴起、旅游业
的发展和房地产开发压力的出现，也严重威胁着历史城市作为一种现代乌托邦
的理想化形象。

因此，保护建成环境具有多元的含义：对记忆的保存、对艺术和建筑成就
的保护，以及对具有重要意义和集体意义的场所的尊重。

保护需要同时面向过去和未来。它是对不同力量进行协调的智力过程，需
要以阐释社会结构的价值体系为中心，来寻找一种平衡。本书叙述了这一乌托
邦在现代的发展历程，并对它的价值进行考察，从而推动当代对城市未来的探讨。
同时，本书还记录了当代在修正古典主义范式以及把城市保护原则和实践纳入
（更准确地说是重新纳入）城市发展进程中所做的尝试和努力。

历史性城镇景观方法：城市发展过程中的保护

虽然，城市保护的理念可以一直追溯到法国大革命时期，以及 19 世纪欧洲
大陆出现新的社会秩序之时，但直到 100 年后，正式的理论才在欧洲形成，而
必要的法律和制度措施是在更为久远之后才制定和实施的。19 世纪和 20 世纪时，
城市历史地区经历了巨大的变革，几乎都与当时大规模的城市卫生和城市发展
规划相关。与此同时，现代主义运动所提倡的一些原则在国际范围内得到传播，
这些都在根本上与城市保护的理念对立，也对世界范围内众多城市的拆除和更
新（renewal）项目起了推波助澜的作用。

过去 50 年间，国际社会开始对现代主义运动所定义的建筑和城市规划范式
进行彻底的修改，并建立了强有力的制度和专业体系来支持遗产保护。这一趋
势推动了把历史城市作为一种遗产类型来进行保护的进程，也促进了城市保护
概念在国际上的普及。最终的结果虽与我们的期望尚有差距，但如今在世界上
的多数地区，那些计划要全部或部分地保存其历史特征的城市，都得到了某些
形式的保护。

今天，这一进程已到达一个顶峰：凭借历史城市所具有的高质量的空间环境、持续性的场所感、支撑地方身份的集中性的文化和艺术事件，以及随着它们成为全球文化旅游的标志带来日益重要的市场经济地位，它们已在人们的现代生活中占据了重要的位置。然而尽管拥有上述优势和成就，随着新的变化进程和力量方兴未艾，人们正逐渐意识到城市保护在今后 10 年将面临的挑战。

历史城市保护关注城市的某一区域，已成为一种专业化的实践领域。在推动理论和实践方法发展的同时，它也把保护从城市的管理过程中隔离开来。半个多世纪后，已有越来越多的从业者意识到，需要对以往的方式进行修改，使之让位于一种真正意义上的综合性城市管理视角，即一种把我们称之为"历史性"对象的保护与城市发展及再生（regeneration）过程的管理有机结合起来的方法。

这也是本书在考察与城市环境有关的新观点时，更倾向于使用"城市保护"（urban conservation）而不是"历史城市保护"（historic urban conservation）的原因。

当今的城市保护者可使用的工具极为丰富和多元，包括一整套已经确立的国际公认的保护原则体系，主要反映在诸如 1972 年《世界遗产公约》一类的重要国际法律文书中。此外，还有详尽的规划框架，以及一个世纪以来不同语境下累积的大量经验。

但是，在面对当今世界及其城市社会所出现的各类变化情况时，这一体系却常常显得薄弱无力。这与城市化和环境的变化，决策权从国家向地方政府的转移，以及某些领域如旅游业、房地产或商业的从业者从地方走向国际带来的影响息息相关。这些力量互相角力朝着不同的方向拉扯，往往让保护学科陷入困顿和混乱，并因此错过重要的机遇。

通过联合国教科文组织十多年来定期和系统性的监测，我们发现在欧洲、亚洲、拉丁美洲和伊斯兰世界，许多最重要的历史城市地区的传统功能正在丧失，这些地区正在经历着转型，它们的完整性和历史、社会及艺术价值都在遭受着损害。

图 7 伊朗伊斯法罕（Esphahan）

图 8 意大利佛罗伦萨（Florence）

图 9   尼泊尔加德满都（Kathmandu）

图 10   加拿大魁北克（Quebec）

　　历史城市的遗产对全社会都具有重要的价值。它是公民身份和记忆的重要组成方面，也是社会和经济发展的一大文化资源。

城市保护者逐渐意识到理想世界中的保护原则和现实操作之间存在的鸿沟，尤其是在那些新兴社会里这一现象更为突出。与此同时，他们也需要新的方法和技术来应对新的挑战。 xv

2005 年 10 月，联合国教科文组织的世界遗产公约缔约国大会通过了一项决议，呼吁制订一份新的国际准则性文书，旨在认识并引导历史城市的投资和发展，同时尊重传承下来的蕴含于城市空间与社会结构中的价值。 xviii

2005 年上述决议通过以后，来自世界各地的众多国际专家通力合作，为新的联合国教科文组织建议书（一份不具约束力的"软法律"）的制订，描绘出一份国际性的框架。2011 年 11 月，联合国教科文组织大会正式通过了《关于城市历史景观的建议书》[1]，标志着这一进程巅峰的到来。

本书对这一方法的背景和原理进行了考察，并试图解释其概念化的过程及其潜力。回顾历史性城镇景观方法的起源，最突出的一方面是：直到近期（指过去 30~40 年），关于遗产保护，尤其是城市保护的讨论，都主要受到西方理念和价值体系的影响。然而最近，为了找到能够适应不同传统的价值体系的模式，国际从业者们开始越来越重视现存的文化背景。尤其是 1994 年的《奈良真实性文件》（ *1994 Nara Document on Authenticity* ），谨慎地开启了基于文化的保护价值观，并由此带来了操作手段的重要变革。大家认识到，理解文化多样性是保证社会与其遗产之间有效和可持续连接的重要解决途径——这也是历史性城镇景观方法所吸收的一个关键信息。

围绕历史性城镇景观方法对城市保护的未来所展开的争论，体现了国际社会希望对过去半个世纪城市保护领域所采取的方法和实践进行重新评估的意愿。这种意愿源于以下因素的共同作用：对文化多样性如何影响保护理念和方法的认识、对建成环境保护中自然和文化要素联系的理解、快速的社会和经济变革

---

[1] 《关于城市历史景观的建议书》为联合国教科文组织使用的译名，本书对该建议书的译名统一使用《关于历史性城镇景观的建议书》——译者注。

所带来的新挑战、历史城市作为艺术和创意产业中心日益重要的地位，以及确保遗产保护可持续未来的需求。

事实上，历史性城镇景观方法是一种将上述关于保护的所有方面纳入一个综合性整体框架的新方法。和所有同类型的规范性工具一样，它是现代需求和现代理念自然发展的结果，但同时也植根于城市保护的历史渊源中。

历史性城镇景观方法的目的不是替代现有的准则或保护方法，而是一个被设想用来对保护建成环境的各类政策和实践进行整合的工具。从这个角度而言，历史性城镇景观方法其实是由多样化的、累积的观点和方法论所组成的，这些观点和方法都是从过去一个多世纪的传统中传承而来的。所以，历史性城镇景观方法的目标其实是：定义出能够确保城市保护的模式以尊重不同文化背景的价值、传统和环境的实施原则，并推动把城市遗产重新定义为空间发展过程中的核心——换言之，即认可历史城市作为一种未来发展资源的地位。

本书的结构

本书全面概述了城市保护思想的发展过程和对城市保护的现代阐释和批判，以及随着城市管理概念和实践语境的发展，以往的经典方法所受到的挑战。

第 1 章考察了现代城市保护范式的起源，主要基于 19 世纪末期以来发展形成的欧洲模式和概念方法。在 19 世纪和 20 世纪之交，思想家和规划师开始倾向于以一种更广泛的城市发展方法应对城市保护这一挑战，但这一历程却随着现代主义的出现而遭到彻底中断，进而出现对保护的否定，并把历史城市界定为游离于城市发展主流以外的地区。此外，第 1 章还回顾了建筑师和规划师在战后如何应对现代主义的失败，并为城市保护原则和实践的国际性推广创造了理论和操作框架。通过对历史的回顾揭示出现代城市保护视野所固有的矛盾和复杂性，特别是规划师的"理想"世界与市场化现实之间、与社会和经济转型过程之间存在的差距。

第 2 章通过分析战后遗产保护领域的主要国际公约、宪章和组织，考察了

图 11　秘鲁库斯科（Cusco）

图 12　印度德里（Delhi）

图 13　也门萨那（Sana'a）

图 14　尼泊尔杰内（Djenné）

　　地方社区是历史城市物质和非物质遗产的守护者。无论是居民还是游客，都共同肩负着保护当地"场所感"的责任。

城市保护的兴起和发展过程，这一过程推动了对当今世界具有重要意义的国际
公认原则和实践的建立。城市保护过程中出现的各类矛盾，以及把城市保护纳
入一个更广泛的城市发展框架的需求，促使国际社会开展了更新和修改国际保
护原则的若干尝试，主要形式既包括一些地区性的宪章，又包括由联合国教科
文组织发起的针对历史性城镇景观概念的讨论。这一修正过程主要涉及需要由
国际保护界审议的保护范式的若干方面。

第3章概述了推动修改保护范式背后的几大全球性进程。其中直接与历史
城市未来相关的包括：全球的城市化进程、促进城市可持续发展的需求、气候
变化的影响、城市在全球经济中作用的改变、旅游业作为主要的城市新型经济
部门的兴起，以及人们对历史城市遗产价值观的不断变化和遗产的非物质方面
在当今日益重要的作用。

这些进程进一步说明我们必须更加关注当代变革的影响，甚至应当把保护
定义为对变化的管理。第4章考察了近几十年为了应对上述挑战，在城市化和
城市保护领域出现的国际层面的创新方法。这些方法已由联合国的各类专门机
构和计划（UNESCO、UNDP、UNEP或UN-Habitat）以及其他重要的参与方（世
界银行、欧盟、OECD）引入，用来推动城市治理和财政的改革，并促进实现减
少贫困的主要目标。

在这一背景下，文化遗产——特别是历史城市——已担负起重要的使命，
它既是城市身份和社会稳定的一大要素，也是与旅游和创意等产业相关的一个
经济部门。与可持续发展、城市韧性和对气候变化的适应性相关问题的出现，
也使城市政策在国际层面的合作得到加强。

毫无疑问，新的政策必然催生一系列创新的工具来解决监管、社区参与、
技术分析和财务支持等领域出现的特定问题，本书第5章就对上述内容进行了
分析。其中一些工具就是为了保证城市进程中的规划和管理具有较高的连贯性，
因此是以空间和社会的协调一致以及社区的参与和协作为基础的。源自不同学
科领域工具的使用经证实是有效的，同时也带来许多创新的建议。

本书第 6 章为最后的总结部分，介绍了历史性城镇景观方法试图解决的一系列问题，包括：应对由全球化趋势所带来的城市保护方面挑战的需求、把保护以及城市规划和城市发展纳入一个统一过程的需求，以及重温以往的传统保护范式，从而认识文化多样性即城市遗产动态本质的需求。

最后，还有几句想对本书读者说的话。显然，本书探讨的问题是致力于城市保护的专业学界所关注的问题。但是，本书也与其他的专业人士，如建筑师、规划师和景观设计师，以及参与到城市未来设计并且渴望学习创新模式和理念的政策制定者们息息相关。由于这些问题也与学术界和广大学生的主要兴趣相一致，因此作者补充了从不同来源（包括网络，如维基百科）获得的注释和摘录信息，进一步丰富了本书的内容，以此来帮助读者更好地理解其中所讨论的理论和实践过程。

弗朗切斯科·班德林   吴瑞梵

致 谢

几年前，本书的作者参与了联合国教科文组织内部一份新的关于城市保护的国际准则性文书的政策制定过程，并在这一过程中萌发了写书的念头。因此，本书得益于此次工作以及世界各地众多同行和专家的建议。首先，要感谢联合国教科文组织世界遗产中心的所有同事，尤其是城市组的同事们，对这一问题的全面反思所作的贡献。原口幸子（Sachiko Haraguchi）为我们的研究提供了大量帮助，帕洛马·古斯曼（Paloma Guzman）协助编写了案例材料，丹尼斯·扬（Denis Young）做了最终版的文本编辑工作。还要感谢洛杉矶盖蒂保护研究所的支持，尤其是蒂姆·惠伦（Tim Whalen）、珍妮-玛丽·图托尼科（Jeanne-Marie Teutonico）以及苏珊·麦克唐纳（Susan Macdonald）在研究阶段给予的帮助。一些同事对本书的第一版做了审校，提出了有益的意见和看法，帮助我们完善观点、减少疏漏。我们还要特别感谢以下学者所给予的帮助：阿兰·贝尔托（Alain Bertaud）、尤卡·约基莱赫托（Jukka Jokilehto）、沙希德·优素福（Shahid Yusuf）、弗朗切斯科·西拉佛（Francesco Siravo）、乔蒂·霍什格拉哈（Jyoti Hosgrahar）和迈克尔·特纳（Michael Turner）。最后需要说明的是，本书之观点及可能出现的谬误所产生的责任均由本书作者承担。

弗朗切斯科·班德林　吴瑞梵
2011 年于巴黎

简写和缩写

AFD（Agence française de développement）法国发展机构

AKTC（Aga Khan Trust for Culture）阿迦汗文化信托

CABE（Commission for Architecture and the Built Environment）建筑与建设环境委员会

CBD（Central Business District）中央商务区

CDS（City Development Strategy）城市发展战略

CECI（Centre for Advanced Studies in Integrated Conservation）综合保护高级研究中心

CIAM（Congrès internationaux d'architecture moderne）国际现代建筑协会

CIVVIH（ICOMOS Scientific Committee on Historic Towns and Villages）历史村镇科学委员会

CTBUH（Council of Tall Buildings and Urban Habitat）高层建筑和城市住区理事会

DOCOMOMO（International Committee for Documentation and Conservation of the Buildings, Sites and Neighbourhoods of the Modern Movement）国际现代建筑遗产保护理事会

ECTP（European Council of Town Planners）欧洲城镇规划师委员会

EIA（Environmental Impact Assessment）环境影响评价

ERDF（European Regional Development Fund）欧洲地区发展基金

EU（European Union）欧盟

GDP（Gross Domestic Product）国内生产总值

GIZ（Deutsche Gesellschaft für Internationale Zusammenarbeit）德国国际合作机构

GTZ（Deutsche Gesellschaft für Technische Zusammenarbeit）德国发展机构

HIA（Heritage Impact Assessment）遗产影响评估

HUL（Historic Urban Landscape）历史性城镇景观

IAIA（International Association of Impact Assessment）国际影响评估学会

IBRD（The International Bank for Reconstruction and Development – The World Bank）重建和开发国际银行——世界银行

ICCROM（International Centre for the Study of Preservation and Restoration of Cultural Property）国际文化财产保护与修复研究中心

I.C.L.E.I（Local Governments for Sustainability）地方政府可持续发展国际理事会

ICOM（International Council of Museums）国际博物馆协会

ICOMOS（International Council on Monuments and Sites）国际古迹遗址理事会

ICT（Information and Communications Technologies）信息通讯技术

IDB（Inter-American Development Bank）美洲开发银行

IDP（Integrated Development Planning）综合发展规划　　　　　　　　　　

IFC（International Finance Corporation）国际金融公司

IFHP（International Federation of Housing and Planning）国际住房与规划联合会

IFLA（International Federation of Landscape Architects）国际景观设计师联盟

IIED（International Institute for Environment and Development）环境和发展国际研究所

IMEMS（Integrated Metropolitan Environment Management Strategy）大都市环境管理综合战略

IMEP（Integrated Metropolitan Environment Policy）大都市环境综合政策

IPCC（Intergovernmental Panel on Climate Change）政府间气候变化专门委员会

ISoCaRP（International Society of City and Regional Planners）国际城市与区域规划师学会

IUCN（International Union for the Conservation of Nature）国际自然保护联盟

JCIC（Japan Consortium for International Cooperation）日本国际合作联盟

KCCC（Kyoto Center for Community Collaboration）京都市景观与社区营造中心

LEED（Local Economic and Employment Development Programme）地方经济和就业发展计划

MAB（Man and the Biosphere Programme）人和生物圈计划

MDG（Millennium Development Goals）千年发展目标

MOST（UNESCO Programne on Management of Social Transformations Programme）联合国教科文组织社会变革管理计划

NGO（Non-Governmental Organistaion）非政府组织

OECD（Organisation for Economic Cooperation and Development）经济合作与发展组织

OMA（Office for Metropolitan Architecture）荷兰大都会建筑事务所

OWHC（Organisation of World Heritage Cities）世界遗产城市联盟

PUF（Presses universitaires de France）法国大学出版社

RGPP（Réforme générale des politiques publiques）国家公共政策综合改革计划

RPAA（Regional Planning Association of America）美国区域规划协会

SACH（State Administration of Cultural Heritage of China）中国国家文物局

SAM（Stakeholder Analysis and Mapping）利益攸关方分析和普绘

SEA（Strategic Environmental Assessment）战略环境评价

Sida（Swedish International Development Co-operation Agency）瑞典国际发展合作机构

SIDS（Small Island Developing States）小岛屿发展中国家

SPD（Supplementary Planning Document）补充规划文件

SUD-Net（Sustainable Urban Development Network）城市可持续发展网络

SWOT（Strengths, Weaknesses, Opportunities and Threats）SWOT 分析模型（势态分析法）

UCLG（United Cities and Local Governments）世界城市和地方政府联合组织

UIA（International Union of Architects）国际建筑师协会

UNCHS（United Nations Centre for Human Settlements）联合国人居中心

UNCTAD（United Nations Conference on Trade and Development）联合国贸易和发
展会议

UNDAF（United Nations Development Assistance Framework）联合国发展援助框架

UNDP（United Nations Development Programme）联合国开发计划署

UNECE（United Nations Economic Commission for Europe）联合国欧洲经济委员会　　xxvii

UNEP（United Nations Environment Programme）联合国环境署

UNESCO（United Nations Educational， Scientific and Cultural Organisation）联合国
教科文组织

UNFCCC（United Nations Framework Convention on Climate Change）联合国气候变
化公约

UN–Habitat（United Nations Human Settlements Programme）联合国人居署

UNWTO（United Nations World Tourism Organisation）世界旅游组织

USGBC（United States Green Building Council）美国绿色建筑协会

WUC（World Urban Campaign）世界城市运动

WWF（World Wide Fund for Nature）世界自然基金会

第 1 章

城市保护: 一个现代概念的简史

有一点我可以确信,如果我们就过去和现在展开一场争吵,我们会发现自己已经失去了未来。

——温斯顿·丘吉尔爵士(Sir Winston Churchill)

1　## 1.1　城市保护的起源：在工程学和浪漫主义之间

　　城市保护是一个进入现代社会后才出现的概念。尽管与城市的传统以及美有关的社区意识、身份和自豪感同城市文明本身一样古老，且必然存在于所有文化背景之中，但城市保护的概念却形成于法国大革命之后，并随着 19 世纪欧洲新的社会和经济秩序的出现而得以发展。正如弗朗索瓦丝·萧伊（Françoise Choay）1992 年时所说，文化遗产的现代性视野是在对历史性纪念物（historic monument）所具价值的认可的基础上才得以形成的。

　　“遗产”概念的出现与现代民族国家的建立，以及这些国家定义各自传统和身份的需求息息相关。在贯穿 19 世纪和 20 世纪的建立国家身份的运动中，“历史性纪念物”成为歌颂民族史诗和创造传统的方式（Hobsbawm，1983）。各类机构（如 1837 年成立于法国的历史性纪念物委员会）的出现、包罗万象的纪念物名录（如 19 世纪中期由普罗斯佩·梅里美 [1]（Prosper Mérimée）制定的清单）

3　以及威廉·莫里斯 [2]（William Morris）1877 年在英国创建的古建筑保护协会等，都显示了遗产和纪念物对欧洲现代社会发展与日俱增的重要性。这一想法也受到当时一些最知名的知识分子，如维克多·雨果 [3]（Victor Hugo）等的支持。

---

[1]　普罗斯佩·梅里美（Prosper Mérimée，1803—1870），作家和保护人士，是法国从事纪念物记录、保护和修复的机构得以发展的关键人物。1834 年，他被任命为历史性纪念建筑总监察官，并为法国遗产清单的编制开展了大量活动。

[2]　威廉·莫里斯（William Morris，1834—1896），英国艺术家和作家，曾参与英国艺术与工艺美术运动，是纪念物保护领域的带头人以及颇具影响力的倡导者。1877 年出版的《古建筑保护协会宣言》是提倡保护和建立保护原则方面的首次尝试。

[3]　维克多·雨果（Victor Hugo，1802—1885），19 世纪法国最重要的作家之一，也是纪念物保护方面的领头人和具有影响力的倡导者。1831 年，他在其著作《巴黎圣母院》的序言中写道：“……在我们期待着新的纪念性建筑的时候，还是把古老的纪念性建筑保存下来吧。假若可能，就让我们把对于民族建筑艺术的热情灌输给我们的民族吧。”两年后，他发表了《关于法国的文物破坏》。

图 1 希腊雅典（Athens）

图 2 中国北京（Beijing）

　　"历史性纪念物"的保护已成为 20 世纪保护理论和实践的核心。这也对更侧重于纪念物而非城市肌理和公共空间的历史城市保护方法产生影响。

3　　　　然而，这场重要的运动并未涉及历史城市，而仅仅关注历史上的单个纪念物。在整个 19 世纪以及 20 世纪的多数时期内，城市公共政策的焦点主要集中在国家实力的体现、交通系统的现代化、公共空间的提升、满足新兴上层和中层阶级的居住需求，以及改善工人阶级的住房条件上。

　　　　工业革命将农村人口驱往本已缺乏基本卫生条件的城市内。在长达半个多世纪的时间内，直到人们对历史城市的遗产价值有所认识之前，历史城市从本质上仍被视为物质和精神条件都极为衰败的场所。对这些状况的声讨，其中包括著名的恩格斯 [1] 对英国的质疑以及孔西得朗 [2]（Prosper Victor Considérant）对法国的抨击等，最终促成了一股由社会思想家、慈善家和政治家领导的创新的乌托邦试验潮。傅立叶 [3]（Charles Fourier）的"法伦斯泰尔"（Phalanstère of Fourier）和罗伯特·欧文 [4]（Robert Owen）的新拉纳克（New Lanark）即是对危

5　机的乌托邦式回应，这些尝试给予社会改革重要的启迪，也对现代城市规划原则的明确具有重要贡献。

　　　　然而，它们对历史城市变革的推动作用，往往不及以改善工人阶级恶劣的卫生条件为目标的"城市工程师"运动（Calabi，1979；Zucconi，1989）。工程师们主要关心的是拆除历史城市的大片区域，以创造更好的居住环境、开放空间和卫生基础设施——一个多世纪以来，这些政策对城市规划产生了广泛的影响，甚至在当今许多新兴世界城市中依然盛行（尤其在中国）。

---

[1]　弗里德里希·恩格斯（Friedrich Engels，1820—1895），德国哲学家、社会学家，卡尔·马克思的挚友，两人共同度过了大部分时间并经历政治战斗，是马克思主义几大基本段落的作者。

[2]　维克多·孔西得朗（Prosper Victor Considérant，1808—1893），法国哲学家、经济学家和社会改革家，傅立叶思想的追随者。终其一生都在从事宣扬工人和妇女权利以及民主进步的运动。流放期间，在德克萨斯创建了"法伦斯泰尔"，但这次尝试并未取得成功。

[3]　傅立叶（François Marie Charles Fourier，1772—1837），法国哲学家，提出了和谐社会的理论。"法伦斯泰尔"是一座能容纳近 2 000 人的乌托邦式的社区建筑，服务于农业生产。它被视为新型国家的组织基础。

[4]　罗伯特·欧文（Robert Owen，1771—1858）是一位社会改革家，也是社会主义及合作运动的创始人之一。他在自己位于新拉纳克的棉纺织工厂里对工业制造过程的改革建议进行了实践。该尝试成为改善工人阶级社会状况的一个典范。1821 年，罗伯特·欧文发表了《致拉那克郡关于缓解公众危机计划的报告》。

图 3　法国巴黎（Paris）

图 4　埃及开罗（Cairo）

以卫生和安全之名对城市进行拆除成为 19 世纪以来欧洲及许多世界其他地区的惯例，并一直延续至今。肌理的缺失和使用功能的变化往往对地方的意义产生影响。

5   欧洲、美国甚至明治时代的日本，每一个处于工业化进程中的国家都曾制定过清除破败城区的规定和计划：许多历史城市都见证了从拆除内城墙到开辟新广场和街道的更新过程。即使那些拥有伟大城市传统的地方也未能幸免，例如在意大利的佛罗伦萨，1865 年新的共和广场代替了原有的古罗马城镇广场，中世纪街区和旧有的犹太区被一并抹去。这种"净化"（risanamento）最终成为意大利和其他许多城市效法的模式。

然而，与 1850 年至 1870 年间奥斯曼男爵[1]在巴黎实行的大改造计划相比，一切其他的更新规划及其在世界范围内的影响力都相形见绌。奥斯曼的规划并非针对局部状况，而是试图重新设计整个城市来应对现代生活（尤其是交通）的需求，为中高收入阶级开发新的居住和商业空间，并进一步加强 1848 年革命后城市的军事管制（Pinon，2002）。奥斯曼对城市的改造尺度，不亚于整个城市被自然灾害或者战争摧毁后进行的重建，如 17 世纪伦敦、18 世纪里斯本和 20 世纪柏林所经历的过程。

此外，欧洲等地的许多首府和历史城市也纷纷采用"奥斯曼模式"。在 1870 年成为意大利首府之后，罗马的历史城区也经历了类似的规划改造。对开罗、德黑兰、索菲亚和伊斯坦布尔以及地中海沿岸殖民地首都进行的宏伟规划，也都受到奥斯曼男爵这一成功尝试的启发。就像城市史学家科斯托夫[2]（Spiro Kostof）所言，"奥斯曼模式"从未真正消失过：我们可以从 1950 年代罗伯特·摩斯（Robert Moses）在纽约的作品中略窥一二，也能在二战后欧洲、美国和世界其他地区开展的"城市更新"项目中察觉其踪迹，更不必说当下许多亚洲城市正在经历的城市更新过程。

---

[1] 乔治 - 欧仁·奥斯曼（Georges-Eugène Haussmann，1809—1891）法国行政长官和城市规划师，被拿破仑三世任用主持巴黎的改造工程。这个从 1852 年开始至 1870 年结束的工程改变了法国首都的面貌。

[2] Kostof，1992：266–279.

历史城市在整个 19 世纪都不曾被视作一个遗产系统。在当时而言，重要的是那些象征传统的纪念物，如大教堂、宫殿、花园和雕像。很久以后，直到 19 世纪末 20 世纪前半叶，历史城市才最终被确认为现代意义上的遗产类型。而历史城市的保护进入规划师和建筑师的关注视野也是在 20 世纪的后半叶，首先在欧洲，并逐渐扩展到其他地区。

紧随法国大革命而来的遗产"制度化"，包括专门的保护机构的诞生，是社会对这一新兴概念作出的反应，也证实了它在公共领域的价值。同时还引发了一场围绕遗产进行的重要的智力辩论，正是这场辩论奠定了现代保护方法和实践的基础。

遗产领域内多数的现代概念均形成于 100 至 150 年前，是由理论家和管理者共同制定的。他们视历史纪念物的保护为社会和文化发展的重要支柱。约翰·拉斯金 [1]（John Ruskin）以及后来的威廉·莫里斯，从工业化以前的城市中看到了历史最重要的一大馈赠，并努力争取把它们保存下来。

这种"浪漫主义"的方法在本质上是一种对随着工业革命而来的现代化进程及其破坏力的反抗。虽然它未能产生某种城市保护理论，但无疑促进了将历史城市视为超越国界的"共同"遗产这一理念的发展。

这一重要时期见证了不同遗产概念之间的对立和冲突，最著名的当属英国拉斯金的浪漫主义和法国维奥莱 - 勒 - 杜克 [2]（Eugène Emmanael Viollet-Le-Duc）信奉并实践的激进干预主义之间的碰撞。拉斯金在其著作《建筑的七盏明灯》（*The Seven Lamps of Architecture*）中写道："无论是公众，还是那些关心公共纪念物的保护者，都没有理解修复（restoration）的真正含义。它意味

---

[1]　约翰·拉斯金（John Ruskin，1819—1900），英国艺术评论家、社会思想家和艺术家。在维多利亚和爱德华时期极具影响力。他在其著作《威尼斯之石》中否定了古典传统，这也是 19 世纪最具影响力的作品之一（Ruskin，1960；1851—1853 年间第一次出版）。

[2]　维奥莱 - 勒 - 杜克（Eugène Emmanael Viollet-Le-Duc，1814—1879），法国建筑师，在法国中世纪纪念物的修复领域享有公众声誉。他也是重要的理论家，其作品以理性主义为特征，成为现代运动几位大师的灵感来源。

着一座建筑所能遭受的最彻底的破坏：在这场破坏中，任何东西都荡然无存；这场破坏伴随着对被破坏者虚假形象的描绘。我们不要在如此重要的事情上自欺欺人。就像不能使死者复活一样，建筑中曾经伟大或美丽的东西都不可能被修复。"[1]

而在维奥莱-勒-杜克看来，修复一座建筑是对纪念物"完整"和"理想"状态的重新建构，这种状态可能是从未存在过的。如他在《理性词典》(*Dictionnaire Raisonné*) 中所述："修复一座建筑不是保存它，不是修缮它，也不是重建它，而是把它恢复到一种完完整整的状态，即使这种状态从未在历史上存在过。这种方法不但适用于诸如巴黎圣母院这样的单体建筑，也同样适用于复杂的城市，比如他对卡尔卡松城的修复和重建。"但是，维奥莱-勒-杜克并没有否定历史。他的理念是坚定向前看的，他在 1863 至 1872 年间发表的《建筑谈话录》(*Entretiens sur l'architecture*)，正是让我们理解发生在 19 世纪的社会和技术变革如何改变了建筑以及城市的作用的基本读物 (Viollet-Le-Duc，1977)。

通过研究古代建筑，维奥莱-勒-杜克希望能在当时众多的复兴运动以外，找到一种确认建筑发展延续性的方法，从而为现代社会找到符合其自身语言的实践奠定基础。从此，维奥莱-勒-杜克开启了对建筑和城市遗产进行现代阐释的道路，其后由奥地利建筑师卡米洛·西特[2] (Camillo Sitte) 实现了更进一步的发展。尽管一些欧洲国家也出现了关于修复的其他立场[3]，但上述怀旧派和干预派方法的两极化争论在相当长的时间内共同存在，可能至今都尚未完全消弭。

正是这些富有远见的思想家和实践者的贡献，为 20 世纪初各种现代保护概念的出现奠定了基础。其中对理论发展最主要的贡献来自伟大的维也纳艺术史

---

[1] Ruskin，1989：194.

[2] 卡米洛·西特 (Camillo Sitte，1843—1903)，奥地利建筑师和建筑理论家。他在遵循现有公共空间的美学和功能的基础上，把历史融入到城市规划中，提出了城市规划和管理的原则，极大促进了城市理念的更新和发展。

[3] 重要的如卡米洛·波依托 (Camillo Boito，1836—1914) 的意大利学派，既同意尊重纪念物的真实性，也支持一种积极的修复实践 (Boito，1893)。

8

图 5　土耳其安卡拉（Ankara）

图 6　埃塞俄比亚阿克苏姆（Axum）

9

图 7　美国华盛顿（Washington）

图 8　英国伦敦（London）

城市纪念物在世界各地民族身份的建立中起了至关重要的作用。它们被用来纪念建国者（凯末尔·阿塔图克或乔治·华盛顿）、标记政府机构（如威斯敏斯特），或被重新诠释为民族自豪感的象征（如阿克苏幕方尖碑）。

学家阿洛伊斯·李格尔[1]（Alois Riegl）。他的观点界定了遗产在当代社会的地位，　7
并为当今的遗产保护理论打下了基础。

　　他在著作《纪念物的现代崇拜》（*Der Moderne Denkmalkultus*）中指出了遗产的两类价值（Riegl，1903）。第一类是"记忆"价值（Erinnerungswerte），指作为遗产价值要素之一的"年代性"（antiquity）。对"年代价值"的欣赏无　10
需特殊的教化，相反，是最易被公众理解的一个概念。第二类价值与纪念物的"当代性"（Gegenwartswerte）以及"使用价值"（use value）相关，这一特征使其有别于考古遗址和遗迹。使用价值具有一种"艺术价值"（art value）和一种"新"（newness）价值。前者指我们所能观察到的古老纪念物所具有的艺术特性，而后者指艺术作品"未被触动过的"外表，赋予纪念物在大众眼中更高的价值。

　　李格尔从根本上带来了概念的创新，直至今日仍然影响着人们对遗产的看法，即从价值理论的角度来理解纪念物的保护。此外，他还探索解决遗产不同价值（如历史价值和使用价值）之间矛盾的方法。这本书也为管理者和从业者如何应对遗产问题提供了重要的指导。但它的雄心壮志远不止于此，因为它还触及了当今保护领域一个越来越关键的问题，即大众对年代价值日益增长的兴趣，以及围绕它所发展而来的产业——文化旅游业。李格尔的努力最终让遗产同现代性发生了关联（Choay，1992）。

　　尽管这些早期的发展并未特别关注历史城市本身，但它们无疑为城市遗产保护的现代方法奠定了基础。现代的宪章文件以及历史性城镇景观（Historic Urban Landscape）方法中所运用的一些概念均由此阶段发展而来，如遗产的记忆价值、对遗产美学享受的权利、共同的保护责任等。

---

[1]　阿洛伊斯·李格尔（Alois Riegl，1858—1905），奥地利艺术史学家和评论家。1886 年至 1897 年间曾在维也纳的奥地利艺术工业博物馆担任保护管理人，后任维也纳大学教授。在《纪念物的现代崇拜》（*Der Moderne Denkmalkultus*）一书写作期间，还担任历史纪念物委员会主席。

1.2   作为遗产的历史城市

历史城市迟迟未能进入遗产领域的范畴，其原因可以解释为：城市有机体具有的场所双重性使问题变得复杂，它既包含了具有重要象征和艺术价值的纪念物，还拥有"次要"架构——乡土建筑的肌理，后者往往更易遭到改变和替代。对这种肌理在兴趣和知识上的匮乏，以及相关地籍信息和技术文献的缺失，造成了上述严重的落后局面。

直到 19 世纪末，历史城市诞生了"运作"（operational）概念，与此同时，一门新的学科发展起来，那就是城市规划（city planning）。作为当时最重要的城市专家，卡米洛·西特提出历史城市拥有一种优于现代城市的"美学"价值。1889 年西特出版的《根据艺术原则建造城市》（*City Planning according to Artistic Principles*）（Sitte，1965）标志着建筑理论的转折，也成为城市规划的起点（Collins et al.，1986）。西特在书中首次把城市作为历史的连续体进行探讨，认为必须充分了解城市形态和类型的发展，才能得出现代城市发展的规则和模式。

11   对现代的城市保护原则而言，西特的理论具有两个重要的意义：它让历史城市成为一种美学模式，是现代设计的灵感来源；同时，它也为城市保护实践的发展铺平了道路。

他提出的有关城市发展的连续性理论也成为后来制定保护政策的重要推动力。西特的作品受到现代主义者的批判，特别是勒·柯布西耶（Le Corbusier）和国际现代建筑协会（CIAM），他们认为西特的理论与现代城市主义相违背，是过于怀旧保守的方法。然而，西特的创新理念激励了欧洲和殖民世界的城市保护工程，为新的建筑和规划方法的发展奠定了基础，也是首个从运作角度探索城市保护的理论。

事实上，现代的城镇规划和城市保护恰恰可以追溯至这一时期。西特及其追随者，最重要的如德国的维尔纳·黑格曼[1]（Werner Hegemann）（Crasemann Collins，2005）、英国的雷蒙德·昂翁[2]（Raymond Unwin）（Unwin，1909）、意大利的古斯塔夫·乔万诺尼[3]（Gustavo Giovannoni）（Giovannoni，1931）、法国的马塞尔·波艾特[4]（Marcel Poëte）（Poëte，2000）和比利时的夏尔·布尔斯[5]（Charles Buls）（Smets，1995）等，他们的作品在展示对未来现代都市设想的同时，也表现出对历史及其连续性的理解和尊重。

城市纪念物和城市的历史肌理被视为现代设计的坚固支点。城市不再被当成静态的对象，相反，城市处于持续的变化状态。这一观点标志着对以往城市"净化"式方法的彻底颠覆，转而将规划师和建筑师的主要目标设定为功能需求与美相结合的艺术，不同的欧洲国家用不同的术语来命名这种趋势和分析方法，如"公众艺术"（Art Public）、"城市艺术"（Civic Art）或者"街头艺术"（Art Urbain），在美国则被称作"城市美化运动"（City Beautiful Movement）（Bohl et al.，2009）。

在这个思潮涌动的年代，最具创新意识的学者和实践者也许当属德国建筑师、评论家维尔纳·黑格曼以及苏格兰城市学家、生物学家帕特里克·盖迪斯[6]（Patrick Geddes）。

12

---

[1] 维尔纳·黑格曼（Werner Hegemann，1881—1936），德国城市规划师和建筑评论家。1910 年担任首届国际城市规划展运营官。他曾旅居美国，并于 1921 年定居德国，直到 1933 年因纳粹迫害而离开。他曾任纽约哥伦比亚大学新社会研究学院教授。

[2] 雷蒙德·昂翁（Raymond Unwin，1863—1940），20 世纪上半叶最具影响力的英国建筑师和城镇规划师之一。他尤其关注工人阶级住房的改善，在英国主持了多个创新的城市规划项目。1919 至 1928 年间，担任住房和城镇规划首席技术官。1931 年至 1933 年，任英国皇家建筑师协会（RIBA）主席，也是 1933 年罗斯福总统新政的顾问。

[3] 古斯塔夫·乔万诺尼（Gustavo Giovannoni，1873—1947），意大利建筑师和工程师，卡米洛·波依托（Camillo Boito）学派的跟随者。他是一位实践者也是一位教师，关注建筑和艺术史、城市规划和建筑。1927 年至 1935 年间，管理罗马大学建筑学院，教授纪念物的修复。

[4] 马塞尔·波艾特（Marcel Poëte，1866—1950），法国史学家和城市规划师，专门从事巴黎史的研究。他是巴黎城市规划设计院共同创办者之一，为 20 世纪上半叶法国城市规划学科和实践的发展作出了贡献。

[5] 夏尔·布尔斯（Charles Buls，1837—1914），比利时政治家、城市规划师和教育家。1881 年至 1899 年曾任布鲁塞尔市市长。在任期间，对城市的艺术和遗产进行了保护，最著名的有布鲁塞尔大广场。其文章在欧洲极富影响力。他还是一名教育家，并在 1866 年协助筹建了附属于布鲁塞尔皇家美术学院的高等艺术装饰学院。

[6] 帕特里克·盖迪斯（Patrick Geddes，1854—1932），苏格兰生物学家和城镇规划师。他是城市规划领域最具影响力的现代思想家之一。是约翰·拉斯金空间形态影响社会进程理论的追随者。他有幸在漫长的执教生涯中对自己的观点进行了阐释，并为英国（爱丁堡）、印度和中东（以色列特拉维夫）编制了城市规划。

维尔纳·黑格曼以西特的观点为基础,进而将其发展成完整且具创新性的规划方法论(Crasemann Collins,2005)。他也是首个在欧洲和美国的建筑话语间建立起联系的规划师,这在他的著作《美国的维特鲁维斯》(*The American Vitruvius*)中有所体现(Hegemann et al.,1988)。作为现代社会最杰出的建筑手册之一,这本于 1922 年出版的著作有一个醒目的副标题"建筑师的市镇艺术手册"。他在书中运用了西特开创的分析方法,通过不同时期和地点的案例展示,论证了城市营造原则的普适性。[1]

在黑格曼看来,在和谐发展的过程中,虚实关系构成了一座城市的连续性要素。他把城市看作一幅连续且不断累加的拼贴画,其中所有的组成部分都在维持自身属性的同时相互作用着,进而产生一种全新的空间意义。由此得出,历史城市作为这一漫长发展进程的产物,以及作为其自身发展的"宣言"所具有的重要意义。

盖迪斯,作为当时最具创见性的城市规划师之一(Welter,2002),不同于西特及其追随者以视觉和美学欣赏的角度为主,他选取了另一个角度来研究城市。他把城市视作一个处于演进过程中的有机体,其中的自然和社会成分在由变化和传统交织成的复杂网络内进行交融。

作为典型的自然主义观点,这种"有机体"的概念具体体现在中世纪的城市概念中,也早已为拉斯金和莫里斯所推崇,并经盖迪斯的重新解读成为一种连续演进的环境。其中,每一代都对环境的结构和功能做出改变和增加,并以特有的方式推动了自然空间的发展。在 1915 年出版的《进化中的城市》(*Cities in Evolution*)一书中,盖迪斯把历史城市当作模型进行研究,希望理解它的运行和设计原理,并总结出管理集体公共空间的措施。正是他第一个看到了理解场所精神(genius loci)对城市规划的重要意义。遗迹、记忆以及人类对空间价值所共有的联想是城市转变的主要决定因素(Geddes,2010)。

---

[1] Calabi,Donatella. "Handbooks of Civic Art from Sitte to Hegemann". Bohl,Charles C.,Lejeune,Jean-François,2009:161-174.

　　盖迪斯用一种真正综合的方式来审视城市——一种兼具形态学和社会学的视角。他认为城市的历史是公民教育和合作的基础。他还探索了城市及其地理和自然环境之间的关系。在他看来，城市应该作为一个整体得到保护，而不仅仅保护有限的区域或部分地区。为了促进城市保护，他提出了"保守治疗"（conservative surgery）这一新术语，这种做法旨在最大限度地减少对历史建筑和城市空间的破坏，并使它们能够适应现代社会的要求。他在爱丁堡、都柏林、印度的巴尔拉姆普尔、拉合尔以及其他城市都进行了尝试。

　　毫不夸张地说，在 20 世纪上半叶，世界各地新出现的城市设计模式都不同程度地受到了这些理念的启发。这些城市设计模式也体现了在新设计中融入城市在经历历史演变后所展现出的（美学、功能和象征）价值的一次尝试，与此同时也试图把城市的设计过程界定为对过去历史的延续。

　　盖迪斯的理念在欧洲影响深远，也推动了美国 1920 年代早期一场重要行动的兴起。在克拉伦斯·斯坦因[1]（Clarence Stein）的带领下，一群建筑师发起并建立了美国区域规划协会（RPAA），并获得史学家和评论家芒福德[2]（Lewis Mumford）在思想上的支持。尽管只是一个小型团体[3]，但 RPAA 却成为美国城市和区域规划领域最具影响力的倡导者，他们推动了对地方文化价值观的尊重以及这些价值观与城市发展的和谐相融，同时还支持以社会为本的规划，反对

14

---

[1]　克拉伦斯·斯坦因（Clarence Stein，1882—1975），美国城市规划师、建筑师和作家，是美国"花园城市"运动的主要倡议者。1923 年，斯坦因和其他人共同创办了美国区域规划协会来解决大尺度的规划问题，如经济适用房、城市扩张的影响和原野的保护等。他的主要作品包括：Sunnyside 花园设计（1923）、纽约皇后镇的一个社区和新泽西 Fair Lawn 的雷德朋社区规划（1929）。1930 年代，斯坦因及协会其他成员所提出的社会住房目标获政府通过。

[2]　刘易斯·芒福德（Lewis Mumford，1895—1990），美国史学家、哲学家和文学评论家。他博学通才，在技术史领域著有多本颇具影响力的作品。他被认为是城市史和规划领域的大思想家。他极度批判城市扩张的进程，并把西方的社会问题与其城市结构相联系。被奉为环境运动和生态规划的先驱。

[3]　RPAA 是一个松散的伙伴圈，主要来自纽约市区，成员从未超过 25 人。协会成立于 1923 年，除斯坦因和芒福德以外，还有美国建筑学院学刊编辑查尔斯·惠特克（Charles Whitaker）、本顿·麦克卡耶（Forester Benton MacKaye）、经济学家斯图尔特·切斯（Stuart Chase）、建筑师亨利·莱特（Henry Wright）、拉塞尔·布莱克（Russell Van Nest Black）、弗雷德·阿克曼（Fred Ackerman）、罗伯特·D. 科恩（Robert D. Kohn）和弗雷德·比格（Fred Bigger）、社会科学家罗伯特·布鲁埃尔（Robert Bruere），以及住房专家伊迪斯·爱尔默·伍德（Edith Elmer Wood）和凯瑟琳·鲍尔（Catherine Bauer）。这一团体合作至 1933 年，对所有新政期间的城市和区域政策产生了影响。

土地投机。

这些观点的重要意义在 20 世纪下半叶受到广泛认可，被视作是对现代主义的反历史主义和功能主义方法的反思。在当时众多的建筑师、规划师和社会思想家之中，把历史城市在现代社会中的作用理解得最透彻的也许要属意大利建筑师和城市规划师古斯塔夫·乔万诺尼，他还同时制定出了一系列城市保护的方法（Zucconi，1997）。事实上，一种由他定义的城市保护的技术方法，构成了当今城市保护实践的基础（Choay，1992），正是他提出了"城市遗产"（urban heritage）这一术语。

如西特对后世的启迪一样，在乔万诺尼的启发下，现代的城市规划需求引发了新的思想。在机械化和大众传播的时代，需要广袤的空间以及地域范围内的城市扩张和规划，而历史城市则显得不足以满足这些要求。

即便紧凑、密集型城市的时代已经走向终结，历史城市仍然可以发挥重要的作用，这些作用往往无关乎生产和传播，而是与生活和社会交往紧密相连。根据这种创新的观点，历史城市被视为城市功能网络的一部分，而并非西特所认为的，历史城市仅仅是为了创造新的城市中心而被参考的一个模型；相反，它更是一片可以吸纳与传统城市形态相匹配的新功能的区域。美学功能，即历史城市之美，是使上述作用获得进一步巩固的要素，同时还在过去和现代的城市形态之间，构建起层级对话关系。

乔万诺尼提倡的方法极具现代性：它将拉斯金[1]的浪漫主义纪念性功能与西特的理性主义模型方法熔于一炉，成功地把各类社会需求整合到一个综合性的观点之中。从某种程度上说，这种方法与现代主义所表述的各类理论，尤其与以勒·柯布西耶的伏瓦生规划（Plan Voisin）为代表的观点相对立，而伏瓦

---

[1] 《建筑的七盏明灯》（*The Seven Lamps of Architecture*）是最早的现代建筑条约之一，拉斯金在他这本 1849 年的学术著作中定义了建筑在现代社会的功能，一些术语直至今日仍为城市、建筑和保护等领域所津津乐道。"七盏明灯"指：1. 献祭之灯——与价值（精神、社会等）相关的建筑意义；2. 真实之灯——真实地呈现材料和结构；3. 力量之灯——表现人类的努力和成就；4. 美感之灯——对和谐和自然的探索；5. 生命之灯——设计和建筑过程的创新性；6. 记忆之灯——尊重地方的文化；7. 尊崇之灯——拒绝铺张并坚守文化和社会价值观。

生规划事实上就是将历史城市完全抹去，代之以全然理性和功能主义的现代化网络。

　　乔万诺尼的贡献不单局限于上述理论范畴。作为一位激进的实践者，他还为历史城市的管理和保护制定了一整套方法论，至今仍被当作该学科方法的基础。在现代的城市发展中，综合的规划体系是管理历史城市最为重要的工具。因此需要对历史城市功能的选择进行建构和引导，使其能够正确地与新的城市肌理和连接系统相衔接，同时保留人口的社会结构。乔万诺尼设立的一个重要的原则便是保护历史纪念物的建成"环境"，也就是可以展现时间积淀的城市肌理，这是对建筑"肢解"立场的明确反对，而后者至今仍然是世界许多地方最易采用的方法。

　　城市环境的保护需要一种类似于保护单体纪念物的方法。根据这些基本原则，并在尊重城市形态和建筑类型的前提下，制定一套能够把缺失的成分重新整合进来，并且对阻碍城市肌理充分发挥作用的附加物进行稀释（diradamento）的战略。乔万诺尼强烈反对将历史城区像博物馆般封存起来。这也是当时意大利和其他国家的惯例做法，包括把历史肌理从当代生活中孤立出来，并设置专门服务于旅游目的的区域。考虑到他所提出的方法的复杂程度，我们可以把他视为保护政策的先驱。20 世纪下半叶，国际范围内发展起来的保护政策在很大程度上均受到了乔万诺尼及其追随者的影响。

　　20 世纪上半叶，城市规划发展为一门独立的学科，由此奠定了现代城市保护方法的基础。从某种程度而言，在理论上，它甚至比 20 世纪后半叶出现的一些城市保护方法更为综合全面。事实上，城市规划的奠基者们都把城市看作是历史的连续体，以及一个与其周围更广阔区域相关联的环境。即使是以反对城市恶劣生活条件立场出现的反城市主义乌托邦，也是用历史上的城市模型作为其基础的（Fishman, 1977）。在现代城市保护方法的发展过程中，这些理念具有极其重要的意义，同时也体现在当代众多的文件和宪章之中。的确，把城市保护与更广泛的背景以及与自然环境相联系，一直都是当代城市保护思想的核心。

15

1.3   分裂：现代运动与历史城市的对抗

要想理解如今城市保护所面临的挑战，就不得不提及由现代运动引发的在建筑和城市规划领域出现的设想与实践上的重大突破。

16   案例 1.1   北京和沈阳的明清皇家宫殿（中国）

图 9   明十三陵神道碑亭

图 10   明十三陵神道

　　该遗产最初在 1987 年作为紫禁城及其景观园林和主要建筑群被列入世界 17
遗产名录。2004 年，沈阳清朝故宫及其 114 座建筑作为扩展项目登录。紫禁
城，作为世界上最大的宫殿建筑，受到来自旅游业和空气污染等方面的压力。
过去 20 年间，其周边环境也经历了飞速发展。随着北京成功获得 2008 年奥
运会的主办权，政府在 2003 年登录的遗产相邻区域内规划了一系列城市工程，
这一举动引起世界遗产委员会的关注，尤其是南池子传统大街沿线的城市开
发项目，这些项目拟更新的历史地区正好位于遗产的缓冲区内。针对委员会
提出的质疑，北京市政府取消了原定项目，进而避免又一处城市传统社区被
夷为平地，沦为大型房地产开发项目的牺牲品。此外，北京还制定了皇城保
护规划，加强所界定的世界遗产缓冲区的保护。通过这些行动，遗产的扩展
项目提名以符合标准（ⅰ）（ⅱ）（ⅲ）和（ⅳ）获委员会批准，并就缓冲区内
的土地使用和旅游控制提出特别建议。

　　来源：世界遗产委员会保护状况报告（27COM7B.43 和 28COM15B.54）

　　这场知识界的运动的确重新定义了建筑和城市规划在现代社会的作用及其
各自的原则，并以管理大众的社会需求为目标，制定出远景；同时它所重塑的
设计审美在 20 世纪的大部分时期都有迹可循。

　　现代运动使城市规划者们不再关注 19 世纪晚期和 20 世纪早期运动中所提
倡的和谐发展的理念，而是转向了城市功能发展的概念。那些年，为应对新的
工业社会需求而出现的各类运动，推动了建筑和城市设计语汇的重建，例如：
英国和美国的工艺运动[1]、德意志制造联盟[2]（Deutscher Werkbund）和维也纳

---

[1]　工艺运动是一场国际范围内的设计运动，在 1880 年至 1910 年间在英国兴起并壮大，其影响一直延续到 1930
年代。受 1860 年代英国艺术家和作家威廉·莫里斯的鼓动，并在约翰·拉斯金作品的启发下，这场运动首先在
英伦三岛发展至高潮，之后又被用来反对装饰艺术所处的恶劣情境和制作环境而传遍欧洲大陆和北美地区。见：
Kaplan & Crawford，2005.

[2]　德意志制造联盟是德国一个由艺术家、建筑师、设计师与实业家组成的联盟，对现代建筑和工业设计的发展，
特别是后来包豪斯学派（Bauhaus）的出现影响巨大。该联盟于 1907 年成立于慕尼黑，一直延续至 1934 年，后在
二战后的 1950 年重新成立。见：Schwarts，1996.

18   工坊 [1]（Wiener Werkstätte）等（Pevsner，2005）。与此同时，还出现了一系列
以满足现代工业城市需求为目标的其他创新提议，甚至在著名的城市乌托邦传
统内部也出现了创新思潮，例如加尼耶 [2]（Tony Garnier）的工业城市理论（Garnier，
1917）。包括勒·柯布西耶和密斯·凡·德·罗（Mies van der Rohe）在内的众
多现代主义建筑师都曾参与了这些运动，或受到这些运动的启发。但为知识界
的现代主义革命创造了条件的，是因一战、俄国革命和工业社会的大规模发展
而导致的欧洲旧秩序的分崩离析。[3]

　　一战后，在几乎所有的艺术表现领域都活跃着先锋派的思潮，诸如德国的
包豪斯学院 [4]（Bauhaus）、苏联的高等艺术与技术创作工作室 [5]（Vkhoutemas）
以及荷兰的风格派运动（De Stijl）等。1923 年，随着柯布西耶《走向新建筑》（Vers
une Architecture）的出版，建筑和城市规划的范式被重新定义（Le Corbusier，
1977），他呼吁建筑师们不应囿于先前的模式和风格，因为它们已不再适应当
前的需求和现实。

　　1920—1930 年代，在国际现代建筑协会（CIAM）的推动下，现代主义运动
在国际范围内呈现发展态势，并且彻底告别了老一辈中最先进的思想家们所信

---

[1]　维也纳工坊是一个由视觉艺术家组成的团体，成立于 1897 年，由"维也纳分离派"发展而来。工作坊的主要
目的是把制作具有较高美学价值的日常用品的建筑家、艺术家和设计者们聚在一起。工坊最终在 1932 年停止活动。
见：Farh-Becker，2008.

[2]　托尼·加尼耶（Tony Garnier，1869—1948），法国建筑师和城市规划师，基于现代主义城市功能和工业活动
分离的原则规划了一座城市乌托邦。他的"工业城市"理论在一战后尤其对苏联具有巨大的影响。他多数时间都
待在家乡里昂，并在那里设计了几个重要的建筑项目。

[3]　值得注意的是，在柯布西耶思想形成的过程中，他主要受到来自西特的影响。多年后回想，他认为这是保守
和反启蒙主义式的思想抗争，是一次否认社会和技术进步的怀旧式的尝试。

[4]　包豪斯是由建筑师格罗皮乌斯于 1919 年在魏玛创办的一所艺术工艺学院，并在建筑和设计、摄影、服装设计
和舞蹈领域产生了极大的影响力。欧洲最重要的先锋派艺术家和建筑师都在此授课。1925 年，包豪斯迁至由格罗
皮乌斯亲手设计的位于德绍的新址。1928 年格罗皮乌斯离开后，由迈耶和密斯接手管理。1933 年该学校遭到纳粹
关闭。

[5]　高等艺术与技术创作工作室（Vkhoutemas）是列宁在 1920 创办的一所苏联学校，旨在培养工业生产所需的高
素质的艺术家。在校有约 100 位老师和 2 500 位学生。它是当时一些重要建筑和艺术运动的中心，如构成主义、理
性主义和至上主义等。这所与包豪斯相关的学校最终在 1930 年关闭。

奉的历史城市的保护方法（Mumford，2000）。该协会支持拆除传统城市，在高 　19
密度的公共住房的基础上建造新型的现代城市综合体，辅以功能性和创新性的
建筑类型和精密的交通设施。

　　出自 CIAM 领军人物之一范·伊斯特伦[1]（Cornelis van Eesteren）之手的阿
姆斯特丹规划，成为第一个运用基于功能分区、层级交通体系、弹性和模块化
空间及社会合作的现代主义原则的规划示例。1920—1930 年代，在维也纳、柏
林和苏联开展的这些社会试验，以及通过诸如柯布西耶、格罗皮乌斯[2]（Walter
Gropius）、密斯[3] 和汉斯·迈耶[4]（Hannes Mayer）等大师们的辛勤努力，共同
构筑起影响了整个 20 世纪房屋建设和城市开发进程的一系列模型。

　　在这股新思潮中，最伟大的理论家当属柯布西耶[5]。他提出了一系列激进的
方案，如以现代的高层建筑网络取代巴黎市中心的伏瓦生规划，还有阿尔及尔
规划（Plan Obus）和里约热内卢的规划等，基本上都无视旧城区的存在，或代
之以巨型结构（Le Corbusier，1935）。在他的带领下，CIAM 起草了协会最重要

---

[1]　科尼利斯·范·伊斯特伦（Cornelis van Eesteren，1897—1988）和特奥·范·杜伊斯伯格（Theo van
Doesburg）共同创立了新造型派的建筑原则。他负责编制了阿姆斯特丹总体扩展规划（1936），并担任城镇规划部
门的总建筑师近半个世纪之久。他曾任 CIAM 的主席（1930—1947）。

[2]　瓦尔特·格罗皮乌斯（Walter Gropius，1883—1969），建筑师，出生于德国，后加入美国籍。他是 20 世纪现
代主义最重要的代表人物之一。1919 年，接任亨利·凡·德·威尔德（Henry van de Velde）成为魏玛美术学院院长，
并将之发展成包豪斯学院，成为当时最具影响力的现代建筑和艺术学校。直至 1928 年以前，学校都一直在他的管
理之下。

[3]　路德维希·密斯·凡·德·罗（Ludwig Mies van der Rohe，1886—1969），建筑师，生于德国，后加入美国籍。
被称为现代建筑大师。1930 年至 1933 年接任瓦尔特·格罗皮乌斯，管理包豪斯学院。1937 年离开纳粹统治下的
德国赴美，任芝加哥伊利诺伊理工大学建筑学院院长。

[4]　汉斯·迈耶（Hannes Mayer，1889—1954），瑞士建筑师，任 1928 年至 1930 年包豪斯学院在德绍的第二任院长。
辞去院长职务后，他搬到莫斯科，成立了名为"左列"的团体，从事以社会主义理想为目标的建筑和城市规划项目。
之后又搬到墨西哥为墨西哥政府服务，在城市研究与规划研究所任负责人。

[5]　勒·柯布西耶（Le Corbusier），原名 Charles-Édouard Jeanneret-Gris（1887—1965），生于瑞士，后加入法国国籍，
建筑师。现代运动中最重要的建筑师之一。他是世界建筑领域最重量级的大师，还是一位设计师、城市规划师和
一位多产的作家。作为 CIAM 的领头人，由他设计的现代建筑杰作遍布各个领域。1950 年代，柯布西耶及其表兄
皮埃尔·让纳雷（Pierre Jeanneret）共同设计了印度旁遮普省昌迪加尔的新首府。

20

图 11　智利圣地亚哥（Santiago）

图 12　英国爱丁堡（Edinburgh）

　　现代主义造就的分裂对历史城市的保护产生了重大影响，其长远的影响一直延续至今。建筑师应以何种方式面对历史环境，成为当代争论的核心话题。

的一份宣言——《雅典宪章》，并在 1933 年协会第四次会议[1]上发起讨论，但直到 1943 年才由他本人公开发表（Le Corbusier，1957）。

《雅典宪章》把历史城市作为反面模型，这些地区往往密度过大，缺少采光、通风和日照，服务设施也远离居住区域，并就此提出了最为简单直接的解决方法：把破败的社区全部拆除，代之以绿色空间和现代化的住房。文件有专门涉及城市遗产的章节，认为城市遗产，本质上指纪念物群，因其具有的历史和"情感"价值而应予以珍视，周边的贫民窟可以清除，此外，某些具有记录价值的可作为样本予以保留。

尽管，现代主义运动的理念最先在革命之国俄国暴露出不容忽视的固有缺陷，但这并没有阻止这场运动在长达半个多世纪的时间内对城市规划产生重要的影响（Curtis，1996）。

各地方的具体情况有所不同，区划法成为半个多世纪以来最主要的城市发展工具。大面积的社会住房成为新的主要的城市景观，并对历史城市产生了巨大影响。而城市设计也已被私人交通所主导（Relph，1987）。在一些案例中，如昌迪加尔和巴西利亚，现代主义的梦想成为现实，整座城市都根据统一的原则进行修建。尽管最终的结果与原先的乌托邦理想相去甚远，但大体上，这一模式在发达和发展中国家占据了半个多世纪的主导地位。

案例 1.2　格拉茨城的历史中心（奥地利）

1999 年，格拉茨城历史中心被列为世界遗产。这座历史中心是中欧复杂的城市范例，展现了中世纪以来先后在此出现的各种建筑风格和艺术运动的和谐融合。新世纪伊始，一些当代建筑陆续在这个世界遗产地出现，再次

---

[1]　CIAM 第四次会议于 1933 年在地中海和雅典的 SS Patris II 邮轮上召开。会议提出了功能城市的原则。紧随柯布西耶在同年发表的著作《光辉城市》中提出的上述原则，这次大会的主要"原则性决议"奠定了现代城市主义的基础。见：Mumford，2000：84.

激发了几十年来建筑和保护领域关于历史环境中新建筑的争论。2005 年的一次调研后，三处用新建筑替代原先历史建筑的情况被予以通报。这些新的建筑与周围的历史环境极不协调，其中，为建造塔利亚中心甚至直接拆除了原有的保护建筑 Kommod-house。这些在世界遗产地新出现的突兀的建筑创作引发了对遗产地完整性的质疑，以及与既有城市历史肌理不协调的城市开发项目优先权的质疑，进而对遗产地的突出普遍价值造成了威胁。为防止历史建筑群遭到进一步破坏，格拉茨制订了一份管理规划并于 2007 年生效。此外，遗产地的范围被扩展到埃根伯格城堡，以便保存城市与城堡间的历史联系，从而更加保证了遗产的完整性。对遗产地的扩展使得缓冲区也相应地扩大。

来源：世界遗产委员会保护状况报告（29COM7B.63 和 30COM7B.76）

22   的确，对历史城市的彻底否定，使现代主义的建筑师们既无法理解为城市的空间性质提供基础的"层积"过程，也无法看到既有的社会网络在塑造发展模式方面所起的作用。由于其意识形态上的局限性，现代主义不可能听取同一时期在遗产保护和城市形态方面其他重要讨论的声音。

颇具讽刺意味的是，第一个关于保护的现代文件，即现在通常所说的《雅典宪章》（虽然这份文件从未以这个名字发表），竟是与 CIAM 的宣言几乎同时产生的（Iamandi，1997）。[1]

受到一个由包括乔万诺尼和比利时建筑师维克多·霍塔[2]（Victor Horta）在内的建筑师、考古学家和保护者组成的国际团队的激励，这次会议标志着一个

---

[1] 此处指 1931 年历史纪念物建筑师及技师国际会议通过的《有关历史性纪念物修复的雅典宪章》，与 CIAM 的《雅典宪章》是两份不同的文件——译者注。

[2] 维克多·霍塔（Victor Horta，1861—1947），比利时建筑师，新艺术运动的杰出代表人物之一。他拥有众多的建筑作品，也是一位老师，影响力盛极一时，引领了现代主义的语言和风格。

多世纪以来有关古代纪念物和遗址保护的讨论和理论发展的最终成果。

从某种程度上，这正是现代保护的起点，也是遗产保护国际运动（虽然当时还是集中在欧洲）的开端，进而为后来的各种现代宪章、为各类国际保护机构的建立以及如 1972 年《世界遗产公约》的通过奠定了基础。1931 年的雅典会议，首次对不同国家之间的保护方法和法律进行比较，并为不同学科之间联系的建立提供了机遇。

尽管会议的主要动因依然是"遗产"的美学观这一典型的传统欧式方法，但它也为包括公众教育和科学使用等在内的保护问题开辟了新的思路。最终，此次会议开创了城市遗产的概念，支持把遗产纳入城市规划的范畴，并且保护历史肌理的用途，尤其在规划新的建筑时，尊重纪念物所处的环境。

虽然早在 1932 年，会议的结论就得到了国际联盟（League of Nations）的认可，但直到二战以后，随着 1964 年《维也纳宪章》的通过，以及联合国教科文组织支持下的国际保护运动的发展，它的重要意义才逐渐显现出来。

20 世纪上半叶，城市规划的原理和实践呈现出多样性，这种多样性也一直延续到当代的争论之中。然而，城市保护的地位和作用日益重要，它开启了一场在西方、甚至是首次在世界其他地区影响政策制定的国际运动，同时也已成为城市规划领域的重要主题。

城市保护的现代政策是以对城市肌理所具有的历史价值的认可、对城市结构和形态的理解，以及对其背后复杂的层积过程的了解为基础的。这也是我们将在所有现代理论和宪章中一再溯及的知识资本，它们也同样体现在对城市保护的当代思考之中。

23

1.4   现代主义之外：城市保护的新方法

由现代主义造成的遗产保护的基本原理与新的发展趋势之间的错位严重影响了历史城市的保护。虽然早在 19 世纪和 20 世纪早期，至少在欧洲，纪念物的保护原则就已被载入几部国家法律，并且也设立了专门的保护机构，但多数情况下历史城区并未被当作"遗产"来进行保护，并由此导致在二战前后，许多历史街区以"规划"之名遭到拆除。

现代的建筑类型和技术似乎更能适应战后紧迫且广泛的重建和经济扩张需求。在战后 20 年中，决策者对保护也乏有问津。但是，这些年间形成了两大重要的发展趋势。

首先，对现代主义的反思激发起建筑师、规划师和政府官员对新的设计和城市管理所需的政策和方法的激烈探讨。由于后来在社会、自然和文化领域的目标以及新的实施工具基本上都是在这一时期形成和制定的，因此这场争论成为理解战后城市保护发展的关键。

其次是成功设立了国内和国际机构，以及制定出原则和实施规则的国际保护运动的发展。1960 年代起，对现代规划和建筑原则的标准化应用，以及由此带来的房屋质量问题、千篇一律的城市空间景象以及社会边缘化问题开始日益凸显出来。

低品质的现代城市空间暴露出新的建设与历史城市之间的巨大反差，虽然后者的居住条件艰苦，但却具备更为愉悦的城市空间。现代主义运动圈内部的危机也日益显现。1959 年，CIAM 召开了最后一次会议 [1]，成员承认现代主义运动已经走到尽头，之后便劳燕分飞，各自寻求新的方向。甚至早在专业人士制

---

[1]   CIAM 最后一次会议于 1959 年在荷兰欧特罗召开。会议上，以"十人小组"（Team 10）为代表的青年一代的建筑师对战后 CIAM 的组织结构表示反对，CIAM 走向终结。

定出新的方法之前，普通民众间便已出现了反对的声音，美国的简·雅各布斯 [1]   24
（Jane Jacobs）极具说服力的批判即是其中之一（Jacobs，1993）。

　　建筑师和规划者们到了必须寻求新方法来应对发展的时刻，他们必须尊重历史形态以及空间和社会之间的重要联系。[2] 但是，现代主义的原理在世界各地依旧沿用了几十年，虽然也往往会依据当地情况进行相应调整，例如在印度或拉美地区所看到的情况，但是这场运动的主力阶段已接近尾声。

　　现代主义的终结开启了知识界的百花齐放，这些丰硕的思想成果为当代的城市保护方法指明了方向，也促进了实施工具的发展。从现代主义危机爆发伊始便不断涌现的思想潮流无疑都可以追溯到 19 世纪初发生的那些论战之中，但与此同时，它们也反映了现代民主社会的精神。

　　相较纪念物而言，对城市保护范式的界定出现较晚，同时这些范式灵活多变，对它们的解读也较为开放，因此战后涌现的各类方法提供了极为多样的城市保护模式。

　　作为现代主义的立足点，对社会规划的关注仍在 CIAM 青年一代成员的研究中延续，如荷兰建筑师凡·艾克 [3]（Aldo van Eyck）和贝克玛 [4]（Jacob Bakema）、英国的史密森夫妇 [5]（Alison Smithson & Peter Smithson）、希腊的坎

---

[1] 简·雅各布斯（Jane Jacobs，1916—2006），作家和活动家，对美国规划的修正起了决定作用，将社区权力置于私人利益之上。从城市问题到劳动经济学和社会哲学，都是她关注的领域。

[2] 雅各布斯的著作对参与式规划方法在不同国家的传播起了极为重要的影响，也对其他规划者影响深远，包括美国"倡导性规划"（advocacy planning）的奠基人达维多夫（Paul Davidoff）等。

[3] 凡·艾克（Aldo Van Eyck，1918—1999），荷兰建筑师，先后任阿姆斯特丹建筑学院（1954—1959）和代尔夫特理工大学（1966—1984）教授。曾在 1959 年至 1963 年以及 1967 年任建筑杂志《论坛》编辑。曾是 CIAM 的成员，后于 1954 年共同创办"十人小组"。

[4] 贝克玛（Jacob Bakema，1914—1981），荷兰建筑师、二战后鹿特丹市重建的领军者。1946 年起参加 CIAM 会议，1955 年担任会议秘书，是"十人小组"的核心成员。

[5] 艾莉森·史密森（Alison Smithson，1928—1993）和皮特·史密森（Peter Smithson，1923—2003）都是英国建筑师，是建筑界的搭档，自始至终都在批判现代主义的原则。在 1956 年 CIAM 第十次即最后一次会议上，脱离了该协会，加入"十人小组"。

迪利斯 [1]（George Candilis）和意大利的德卡罗 [2]（Giancarlo De Carlo）等，在脱离 CIAM 之后，他们共同创立了"十人小组"（Team 10）。他们的作品对新的城市设计和城市保护方法的建立以及把人类的居住问题推向国际舞台都产生了重要影响，正是这一努力最终促成了 1978 年联合国人居中心的成立。[3]

在团队成员中，为历史城区的管理开辟出新天地的是意大利建筑师德卡罗。他批判了典型的现代主义时期的技术统治论模式，并赞成把公民的参与和共识作为一种规划和建筑设计的工具（De Carlo，1972）。因此，他设计的建筑追求的是，反映包括文化、自然和历史要素在内的环境的本质。通过这种方法论，他能够运用与现代民主社会相适应的方式来解决当代设计在历史城市中所面临的问题。他把保护过去的价值设定为一个主要目标的同时，也表达出一种与历史肌理相兼容的、令人信服的新的设计语汇。他在该领域的最大贡献依然是为意大利文艺复兴小城乌尔比诺做的总体规划，在他的规划中，新的大学建筑被和谐地融入整个城市景观之中（Guccione et al.，2005）。

---

[1] 坎迪利斯（George Candilis，1913—1995），希腊建筑师，二战后成为柯布西耶的主要合作者之一，主持了马赛公寓大楼的建设。他在高密度住宅领域取得了巨大的成功；是"十人小组"的创始人之一，一直是小组成员，直至 1977 年最后一次小组会议。

[2] 德卡罗（Giancarlo De Carlo，1919—2005），意大利建筑师，任威尼斯建筑学院教授；CIAM 最年轻的成员也是"十人小组"的创始人。在其职业生涯中，管理着著名期刊《空间与社会》（*Spazio e Società – Space & Society*），还创立了国际建筑和城市设计实验室。

[3] 1976 年在温哥华召开的第一次人类居住大会（"人居一"）期间创立了联合国人居中心。会议通过了多项建议，其中涉及既有城市肌理的有：
"B.8 号改善现有居所的建议：
（1）对众多业已存在的居住区而言，居所的规划不能仅仅着眼于城市的新发展。因此，对这些居住区的改善、更新和改造应具有连续性。由此展现了改善生活品质及现有肌理所面临的一个重要挑战。若得不到周全考虑，则可能导致整个社区经济和社会肌理的解体。
（2）居住区必须不断地进行升级。对现有居所的更新和改造必须以改善生活条件、提升功能结构和环境品质为导向。这一过程必须尊重居民的权利和意愿，尤其是最弱势群体的权利，并保存现有肌理所蕴含的文化和社会价值。
（3）应特别注意：
①通过开发和使用低成本的技术以及发动现有居民的直接参与，改良和保存现有的人居环境；
②只有在无法实施保护和改造以及出现重新安置居民的情况下，才实施重大的清理行动；
③为受影响的居民提供救助福利，特别是就业机会和基本的基础设施；
④地区的社会和文化肌理事实上可能是当地社会服务的唯一来源，因此需要保存，包括老幼照料、妇保、手艺传承、就业信息和保障等"。

图 13 埃及新古纳尔村（New Gourna）

图 14 巴西里约热内卢（Rio de Janeiro）

　　非正式居住区在全球范围内的发展已经促使建筑师和规划师们就政府应如何满足穷人需求的问题进行了重新思考，他们也意识到传统知识和技艺所具有的价值。

25   事实上，甚至在这些试验以前，设计和规划的可参与性和"自下而上"的方法便已经拥有了重要的实践和理论基础。早在 1945 年，埃及建筑师哈桑·法

27   蒂[1]（Hassan Fathi）就开始了对埃及南部乡土建筑的研究，对当地农民所掌握的上千年历史的建造技术进行重新利用。尽管在当时并未引起注意，但这一创新性的举动随着他 1973 年《穷人的建筑》（*Architecture for the Poor*）一书的问世，而变得众所周知（Fathi，1973）。哈桑·法蒂被认为是现代主义末期出现的各种城市管理理念的先行者（Aga Khan Trust for Culture，1989），他的作品也使整整一代建筑师和规划师关注到，世界上许多发达和发展中国家已有的历史城市保护的可参考的观点。

英国建筑师约翰·特纳[2]（John Turner）延续了这种传统，并深受德卡罗理念的启发。凭借在拉美地区多年的实地经验，他制定出一套重要的自助和"自建"（self-building）式的规划和建筑法则（Turner，1976），为新一代的建筑和规划师们开辟了道路。这些建筑师和规划师都有志于对当地传统进行再挖掘，并对此加以运用来保存当地社会和自然的完整性，同时为当地居民提供经济上负担得起的居所。[3]特纳认为所有房屋，无论新旧，最好都由居住者自己进行管理，而非外部的规划者。事实证明，由外部提供协助的自助式管理是实现可持续发展、同时保存城市内在社会联系最有效的方式。特纳认为，发展中国家拥有太多值得发达国家借鉴的经验，而"建造自由"是使当地经验能够胜过规划技术论方法的途径。

---

[1]   哈桑·法蒂（Hassan Fathi，1900—1989），埃及建筑师和教授，通过对农村地区的传统建造技术的研究和改造，为穷人提供便宜的自建住房。很多工程都出自他手，最著名的是位于卢克索的新古纳尔村。2010 年联合国教科文组织在该村启动了一项修复工程，目前仍在进行中（2011 年）。

[2]   约翰·特纳（John Turner，1927—   ），英国建筑师和教授，撰写了大量关于住房和社区组织的著作。特纳的核心观点是最好的方式是由居住者自己来提供和管理住房，而不是由国家以集中的方式进行管理。

[3]   在这一方面具有突出贡献的建筑师有：沃尔特·西格尔（Walter Segal，1907—1985）、赛德里克·普莱斯（Cedric Price，1934—2003）和约翰·哈布拉肯（John Habraken，1928—   ）。

尽管这些原则的应用范围未能如社会改革者所预期的那样广泛，但对城市保护必须是参与式的这一观点起到了重要的巩固作用，同时也让保存历史城市的社会脉络成为规划行为最重要的一大目标。

由现代主义发展而来的另一个重要的思潮，则把目光放在城市的自然结构——历史层积过程的最终结果上。这一源于地理学领域的方法（Whitehand，1992），经由英国的城市地理学者康泽恩[1]（Conzen）发展后，在世界不同地区得到应用。该分析方法以动态的城市空间为对象，考察每个社会时期城市景观留下的痕迹，并对反映出当时社会所需的形态进行研究（Conzen，2004）。"城镇景观"（townscape）是由其真实历史所塑造的。康泽恩注意到，20 世纪以前，世界上多数地区的城镇景观和"占据"其上的人类社会之间都不存在任何对城镇地貌造成威胁的矛盾关系。

由此，城镇被赋予了"历史性"，即随着时间推移而累积起来的各种历史形态和历史意义。这一漫长的历史过程孕育了居住者的文化认同，以及需要被纳入到规划和管理之中的城镇的物质结构。而要把城镇作为一个层层累进的"积淀物"进行管理，则必然要求我们在理解这种复杂的形态变化的基础上（包括建筑结构、建筑类型、地块组合、街区和街道布局），开发相应的分析工具。

虽然，这个由康泽恩提出，并由怀特汉德[2]（Whitehand）进一步发展的理论，最终成为一种有趣的用来描述和解释城市历史发展过程的分析框架，但它的现实应用却十分有限。

---

[1]　康泽恩（M.R.G. Conzen，1907—2000），英国（生于德国）地理学家，城市形态学的先驱。1933 年到达英国后，康泽恩开始在后来合并到纽卡斯尔大学的地理部门工作。康泽恩开展了一系列突破性的研究，其中最为著名的可能要属对诺森伯兰郡的阿尼克镇的研究，其成果最终于 1960 年出版。

[2]　Whitehand，Jeremy W.R.. *Morphology and Historic Urban Landscapes*. Van Oers（ed.），2010：35–44.

案例 1.3 阿勒颇古城（叙利亚）

图 15　叙利亚阿勒颇

29

图 16　叙利亚阿勒颇古城内市场

　　阿勒颇古城的修复改造历时近 15 年，由当地政府和德国的开发机构 GTZ（今 GIZ）共同合作完成。其中，GTZ 主要提供建造所需的技术支持（不参与项目的具体实施），阿勒颇市则提供基本的人力和制度措施来保证项目的实施。1993 年到 1997 年，经过四年的分析论证，最终在 1999 年出台了一份发展规划，并于次年获政府批准。根据规划，将对公共空间在内的整片区域进行改造更新，包括 Bad Quinniserin 和 Jdeideh 街区等。同时，古堡周围的 Farafra 地区也在近期完工。实施的修复改造工程主要涉及：供水系统（完成 98%）和排污系统（完成 80%）的更新、包括铺设道路和交通管理（古堡周围的交通减少）在内的环境改善工程、为私人住宅的改造提供资金和技术支持（通过住房基金的设立），并为旧城制定特殊的建造准则（叙利亚的文物法不允许以增加新功能为目的对纪念性建筑进行开发和再利用）。据此，实施方制定了一套城市保护和发展工具包，详细解释了一种专门针对阿拉伯历史城市的综合方法。大部分当地居民都积极参与其中，他们看到自身生活状况发生了改变。这项措施同时也使遗产价值得到了保护。这些行动为私有部门的投资注入了强大的动力，突出体现在众多老城正在发展的高端精品酒店行业。

来源：http://www.gtz.de/en/praxis/8234.htm

　　1950—1960 年代，在穆拉托里[1]（Saverio Muratori）带领下发展起来的意大利建筑类型和形态分析学派，也对规划方法、保护立法和管理实践的发展产生了巨大的影响。这位颇具创造性的思想家和建筑家，从 20 世纪上半叶乔万诺尼对现代主义的批判中获得启发，开创了一种理解城市形态发展的新方法：类型形态学分析法（typo-morphological analysis）。穆拉托里的方法主要依靠地籍制图对建筑类型进行分析，并以此为基础了解城区结构的演变历程。这种方法的

30

---

[1]　穆拉托里（Saverio Muratori，1970—1973），罗马大学和维也纳大学教授，除了设计建筑和城市设计项目，他还是城市形态学的奠基人，对威尼斯和罗马有突破性的研究。

目的不仅仅是为了得出分析结果，更是为了寻求一种"可操作的"（Muratori，1960）、规约性的方法，并发展出一种城市设计的理论。

意大利建筑师卡尼吉亚[1]（Gianfranco Caniggia）对一系列的后续发展进行关注，从而对类型转变的"演化"过程进行了梳理。他试图将每一种建筑类型都与有限数量的基本空间结构联系起来，他将其命名为基本要素（Basic Elements）。由此，便能用一种同时包含了自然因素和人为因素的统一模型来解释城市形态结构（Caniggia et al.，2001）。

这些原理被投入到具体的应用中，并于 1979 年在包括贝纳沃罗[2]（Leonardo Benevolo）在内的建筑师和规划师们的带领下取得了重要的进展，特别体现在古城博洛尼亚[3] 和其他历史城市的保护规划之中。事实证明，类型形态学方法能够有效地指导历史肌理的保护和更新过程，并被当作设计和管理建筑改造过程的依据而得到广泛应用。尽管形态分析学派在英国和意大利各自呈独立发展的态势，并拥有不同的背景和目标，但双方的对话已经催生出一个新的跨学科领域，并让类型形态学分析的原理能够在不同的社会背景中进行传播。[4]

受到反现代主义运动的启发，战后一代的建筑师和规划师们纷纷对各自原有的分析方法进行了更新，并融入了从地理学到心理学各个学科的成果。那些试图运用"视觉"方法来阐释和设计空间，并以此促进城市保护学科新发展的

31

---

[1] 詹弗兰科·卡尼吉亚（Gianfranco Caniggia，1933—1987），意大利建筑师，罗马大学教授。主要的理论贡献是对建筑类型历史发展进程的分析。他是穆拉托里理论的继承人，并发展了他的理论，根据不同时期和空间类型的不同发展来解释最基本的原则。他的方法与结构主义原理相关。

[2] 贝纳沃罗（Leonardo Benevolo，1923— ）意大利建筑师和建筑史学家。曾任教于罗马、佛罗伦萨、威尼斯和巴勒莫等多所大学。他的著作获得国际社会的认可。他也积极参与了意大利国内和国际上的专业工作。他曾编制了博洛尼亚历史中心保护的总体规划以及其他几个意大利历史城市的规划。

[3] Bandarin, Francesco. *The Bologna Experience*. Appleyard, Donald（ed.），1979：178–202.

[4] 在法国，城市形态学方法主要由凡尔赛建筑学派进行发展。值得一提的是，城市类型形态学的分析已被用于阿拉伯历史城市的结构阐释，主要由麻省理工的 Aga Khan 伊斯兰建筑项目和 Aga Khan 文化基金历史城市支援项目进行研究。阿尔多·罗西（1978）和卡洛·艾莫尼诺（2000）也在运用类型学和形态学工具来解释城市动态性方面取得了重要成就。然而，他们的解释是基于一种不同的方法，即把类型概念作为一种主观的设计工具而不是客观的城市背景要素。尽管缺少清晰的方法论，但罗西的作品因对历史城市进行的大量分析而在国际上广受好评（Jencks et al.，2006）。

建筑师和规划师们推动了各类新视角的形成。尽管这些探索主要关注的是设计过程，但它们也包含了全新阐释与历史城市有关的城市经验所需的要素。两个重要人物对这一领域的贡献尤为突出，他们是英国的科伦[1]（Gordon Cullen）和美国的凯文·林奇[2]（Kevin Lynch）。

科伦的主要兴趣在于城市对人类的视觉影响，但用学科内的传统科学工具是无法对这一过程进行解释的，而是需要对个人的记忆和感觉经验进行分析（Cullen，1961）。由于城市是景观的一种特殊形式，因此他的分析涉及环境的一切组成元素，包括建筑、树木、自然、水、交通等。这种分析最终是为了建立一种超越城市建造的"技术"维度，并界定出一种能够将建筑和环境融于一体的"艺术"设计方法论。

在科伦的话语内，现代的规划（尤其是对新城镇的规划）及其技术法规均无法把城市视为一个统一的空间（一种城镇景观）。他认为，由于忽视了对历史城市所具有的历史空间层积的借鉴，我们通过规划创造品质空间的能力最终受到了限制。尽管与 19 世纪的"美学"方法，尤其是西特理论有着明显关联，但这并没有阻碍人们努力克服规划领域专业实践的局限性，并提出一种集城市规划和保护于一体的创新视野。

尽管凯文·林奇的著作也从类似的关注点出发，但他的目标却是建立一套系统的城市理论。他在自己的开创性著作《城市意象》（*The Image of the City*）（Lynch，1960）中，为规划者界定了一个新的研究对象：精神意向（mental image）。为了达到这一目的，林奇研究了个人与环境之间的互动关系，这一关系无需技术专家的介入，就已存在于所有居住者和其所处的环境之间。

32

---

[1]　科伦（Gordon Cullen，1914—1994），英国建筑师和城市设计者，其著作和项目作品在规划和建筑领域具有重大影响。其著作《简明的城镇景观》（*The Concise Townscape*）于 1961 年首次出版，即成为 20 世纪最受欢迎的城市设计类图书之一。

[2]　凯文·林奇（Kevin Lynch，1918—1984）美国建筑师和城市规划师，麻省理工学院教授，他执教期间在城市规划领域开展了极具创新性的研究。他主要关注个人是如何看待并指引城市景观的发展的。他也积极开展了各种专业工作。

根据对居住者的采访以及他们绘制的地图，林奇建立了"城市意象要素"的分类，这是一种来自个体视角的新的城市形态学形式，而城市经验的时间维度在其中起了最根本的作用。基于运用该方法得到的经验，林奇继而发展出一套全面的城市设计理论（Lynch，1981），并由此引发了对环境变化过程更广泛的探讨（Lynch，1972）。在这本书中，林奇对最基本的保护要义进行发问（要保存什么？为什么要保存？如何对变化进行管理？），并认为保护的原因往往在于既有的惯例，如社会和制度方面的公约等，无法与不断变化的社会需求相匹配。他最后得出结论：对需要保存的元素作出选择并对变化进行管理的能力，胜过对过去历史刻板的敬畏。在某种程度上，选择被保存对象更应该以对未来而非对过去的关注为依据。

案例 1.4   科隆大教堂（德国）

科隆大教堂是科隆的地标。这座哥特式杰作的修建整整经历了七个世纪（1248—1880）。但大教堂的突出地位和符号功能却因城市的高层建筑规划（Hochhauskonzept）而受到损害。这份由当地政府在 2003 年核发的规划，展示了将在城市不同地区建造起的一系列高层建筑。这些高楼的选址就包括莱茵河右岸的道依茨地区，正好位于科隆大教堂的视觉轴上，同时，不少其他的视觉轴线事实上也在过去几年间开始陆续遭到高层建筑的阻挡。经过一番激烈的争论，多数意见认为这一举动具有潜在的破坏性并将损害大教堂的历史地标功能。因此，2004 年世界遗产委员会决定将该遗产地列入濒危世界遗产名录，并由此导致了城市当局和保护机构之间对城市发展规划的分歧，焦点在于对高层建筑经济学意义上的考虑。遗产所面临的除名危机使政府最终放弃了道依茨区的项目。之后，科隆大教堂又于 2006 年重新恢复到世界遗产名录之中。

来源：世界遗产委员会保护状况报告（30COM7A.30）

　　尽管经过证明，类型形态学方法是指导城市保护和规划的有效阐释工具，但在不少关注历史环境的人士看来，这种方法似乎过于决定论，其应用也太过机械化，因此存在着与现代运动所具有的负面影响相似的风险。

　　另一种从 CIAM 发展而来的观点则倡导对"场所精神"（genius loci）——这一盖迪斯已经提及的旧概念进行更新。其中最典型的代表人物是挪威建筑师和理论家诺柏 – 舒尔茨[1]（Christian Norberg-Schulz）。他采用海德格尔的现象学哲学方法，将"场所精神"界定为一种存在主义意义上的空间，即人与环境之间的相互关系（Norberg-Schulz，1980）。这种方法类似于当代对非物质遗产的定义，真正重要的并不是建成或自然空间的物理本质，而是场所在被"占据"期间所发生的一切。从这个角度来看，空间的意义及其精神品质的创造源于那些在其间居住的人，因此塑造存在空间的便不仅仅是建造者，还包括居住者（Turgeon，2009）。

　　显然，因为牵涉鲜活的人的参与，所以这种关系是动态的，并且随着时间的推移而发展。诺柏 – 舒尔茨回顾了海德格尔提出的一个概念（Räumlichkeit），将之译为"存在"（presence），指作为所有"场所"（places）共同构成的整体环境而存在的日常生活空间。他使用了"生活世界"（world of life）的基本概念，其中不仅包含了居住地，还有它们所处的自然环境。在他看来，空间由"场址"（situs）不断演变为"场所"（locus），因为生活在这里"发生"。[2] 由于遗产概念的演变需要对被保护的要素的价值进行确认，而物质性的结构被当作这些价值要素的载体，因此诺柏 – 舒尔茨的观点对当代关于城市保护的讨论作出了极为重要的贡献。

　　虽然"文脉"（context）已成为规划和建筑领域的关键性概念，但它却是在战后作为对现代主义危机的反思才最终进入了讨论的视野。学界对文脉进行了

[1]　诺柏 – 舒尔茨（Christian Norberg-Schulz，1926—2000），挪威建筑师，曾是 CIAM 成员并参与了运动的最后阶段。他的研究和著作均以海德格尔的现象学为基础，发展了一套完整的场所现象学理论。

[2]　在英语中，事情的"发生"（take place）一词本身就意味着"占有场所"——译者注。

多角度的探讨。库洛特 [1]（Maurice Culot）和克里尔 [2]（Leon Krier）对现代化开发行为给历史城市造成的破坏进行了批判，并赞成使用那些受传统城市启发而来的风格（Culot，1980；Krier，1978）。

　　库洛特积极发起了反对破坏历史城区的运动。之后，针对威尔士亲王提出的"在制定新规划时回归传统建筑语言"的建议和历史城市中的建设措施，克里尔搭建起了一个知识框架（Jencks，1988）。

　　在这些观点的基础上出现了新城市主义运动，并受到广泛的关注，尤其是在美国地区（Katz，1994）。这一理论借鉴了"城市艺术"的传统以及黑格曼所提倡的传统规划模型的观点。虽然这些立场得到了公众和知识界的广泛支持，但它们却从未能跳出传统建筑语言，或者依然仅仅是对历史模型的重复。

34　　　几乎在同一时期，柯林·罗 [3]（Colin Rowe）发表了里程碑式的著作《拼贴城市》（Collage City）。他在这部极富影响力的理论著作中指出，需要终止保护与设计之间的对抗，并在既有的形态和新的形态间找到一种"可行的缓和"。因此，新的建筑必须与其"已知的，或许是日常平凡的，但又必须是充满记忆的环境" [4] 相联系。这一理论提出了一种分析和设计的方法——拼贴法，为的是在新旧之间建立起一种方法论的对称，从而能够在变化和既有肌理之间实行必要的协调。在这一方法中，历史城市本身成为一块从历史层积过程中分离出来的碎片。

---

[1]　莫里斯·库洛特(Maurice Culot, 1937—   )，比利时建筑师、城市规划师和建筑史学家，专注新艺术和装饰风艺术。他是欧洲最大的建筑档案馆和图书馆之一的现代建筑档案（A.A.M）的创始人。他是欧洲城市复兴运动的重要人物，支持传统城市环境对可持续发展和平衡的经济发展的重要性。

[2]　莱昂·克里尔（Leon Krier, 1946—   ），来自卢森堡的建筑师、建筑理论家和城市规划师，是欧洲和美国新城市主义运动最具影响力的代表之一。他根据威尔士亲王的指示设计了英国的彭布里镇。他也是一位积极的实践家。

[3]　柯林·罗（Colin Rowe, 1920—1999），出生于英国的美国建筑史学家、理论家和教师。他是建筑和规划界最具影响力的知识分子之一，尤其是在城市复兴方面。他是第一批对现代运动的失败进行评论的人，并发展出一套协调现代建筑和传统建筑及城市形态的理论。他曾任康奈尔大学建筑系教授。

[4]　Rowe & Koetter, 1978：49. 见：Isenstadt, Sandy "Contested Contexts", in Burns and Kahn, 2005：163.

战后最具创新性的美国建筑师之一罗伯特·文丘里[1]（Robert Venturi），也把文脉作为自己理论研究的核心。文脉的重要性在于它表达了意义，并且它还认可了一个场所在超越单体建筑以外所具有的属性（Vernturi，1966 & 2004）。

文丘里反对对风格的简单复制，支持使用一种可以确保文脉中不同元素间和谐的现代设计词汇。他对历史肌理做了广泛的研究，这些研究显示出他支持建筑语言的不协调性，并且认为这体现了物理层积过程的复杂性。在柯林·罗和文丘里的基础上，汤姆·舒马赫（Thomas Schumacher）又成功地发展出一个被他称为"文脉主义"（contextualism）的概念（Schumacher，1971），并试图在历史城市的"凝固化"和被完全拆除并替代之间找到一个中间点。舒马赫分析了历史城市层层叠加进而逐渐形成的方式，并运用这一过程建立了一种方法论来指导新的城市设计，而丝毫没有对建筑传统语言的反溯。包括柯林·罗和文丘里在内的当时的建筑师和规划者们，都逐渐意识到对城市过程进行管理和控制这一现代"理想"不过是一个乌托邦，甚至只是一种空想，因此纷纷开始寻找其他能够阐释城市的破碎化和矛盾化形态的模式。

作为当代对城市最具前瞻性的阐释之一，雷姆·库哈斯[2]（Rem Koolhaas）的《癫狂的纽约》（*Delirious New York*）也是这一研究的集中体现。通过对现有的、复杂的现代和历史城市的研究，库哈斯提出了一份"回溯宣言"，试图用一种连贯一致的阐释来重构城市碎片。通过为曼哈顿虚拟一个假定的"项目"实验，揭示出随着时间的推移而形成的城市肌理及其内在冲突的各种

35

---

[1] 罗伯特·文丘里（Robert Venturi，1925—　），美国建筑师，是 20 世纪建筑领域最主要的人物之一。与他的妻子及搭档丹尼斯·斯科特·布朗（Denise Scott Brown）一起为当代建筑话语的发展作出了重要贡献。文丘里在 1991 年获得普利兹克建筑奖。

[2] 雷姆·库哈斯（Rem Koolhaas，1944—　），荷兰建筑师、建筑理论家和城市规划师，哈佛大学设计研究所教授。是荷兰大都会建筑事务所（OMA）及其在荷兰鹿特丹的研究机构 AMO 的创始人。曾主持过众多建筑和城市设计获奖项目，也是创新研究项目的协调人。2000 年，被授予普利兹克奖。

策略、计划和理论，以及它们相互交织而成的芜杂的网络。这有助于我们确认"理想城邦"（蓝图），即识别出构成城市有序且重叠图景的原型（Koolhaas，1978）。

过去 30 年中，建筑界的目光毫无疑问已经偏离城市主义（urbanism），进而转向设计的"对象"（objects），现有城市的保护和新的设计之间所呈现的反差日益尖锐，并引发了专业人士和机构的激烈讨论（Frampton，1983）。

然而，虽然主流文化在设计过程中缺乏环境文脉的意识，但许多建筑师和规划师已经为城市发展过程重新制定了系统性的方法。这些方法均以较大的实施规模为基础，涵盖了历史、自然特征和土地功能在内的地区的一切要素。

类似的观点早在二战后[1]就已经提出，特别是维多利奥·格里高蒂[2]（Vittorio Gregotti，1966）和伊安·麦克哈格[3]（Ian McHarg，1969）。这些学者从不同角度出发并朝着不同的目标前进。格里高蒂关注将建筑融入一片区域，即城市化地区的发展中，而麦克哈格则致力于定义一种城市化和生物圈和谐发展的方法。格里高蒂尝试建立一种结合了场所精神概念的新理性主义的方法，从而构建起"场所的建筑"（architecture of place），作为建成形态和自然形态之间理性对话的组成部分。他的目标是在纯粹的古典主义传统中构建起一种景观，虽然现代主义早已将之抛诸脑后，但这一传统从未真正遭到摒弃。认识到空间的非连续性对建筑而言也是一种价值所在，格里高蒂将设计过程界定为一张必须在项目以上层面和范围内寻找自身平衡关系和意义

36

---

[1] Frampton, Kenneth. "Architecture in the age of globalisation". International Architecture Biennale Rotterdam, 2007: 171-178.

[2] 维多利奥·格里高蒂（Vittorio Gregotti，1927— ）意大利建筑师和理论家。曾任维也纳、米兰和帕拉莫多所大学建筑学院的教授。于 1955 年至 1963 年间管理意大利建筑评论杂志《卡萨贝拉》（Review Casabella）。曾负责意大利和国外多个重要的建筑和城市设计项目，是同时代的大师级人物之一。

[3] 伊安·麦克哈格（Ian McHarg，1920—2001），生于英国的景观建筑师，也是利用自然系统进行区域规划方面的著名作家。是宾夕法尼亚大学景观建筑系创始人。他的著作《设计结合自然》（Design with Nature）开辟了生态规划的概念。

的网（Gregotti，1966）。麦克哈格则定义了一种不同的、或许是截然相反的方法，在对人类环境的界定过程中，他优先考虑自然。他的观点超脱于西方两大对立的观念，基于大型设计尺度，包括都市尺度和地区尺度，奠定了"生态"规划的基础，即在大型的设计尺度范围内，无论是在都市还是地区尺度的基础上，把自然环境的所有变量纳入一种全新的"人类生态规划"之中（McHarg，1981）。

虽然这些方法拥有各自的使用范围和方法论，但它们都解决了当下极为重要的问题。确保"可持续性"发展的需求不但重启了将历史城市作为"模型"的思考（历史城市是低能耗产品且为长远而设计），也让人对城市及其土地和环境文脉的关系展开思索。

时至今日，在考量城市保护和城市发展需求的基础上，重建关于建成环境的一元话语权，依然是当代建筑和城市规划领域争论的核心问题。战后各类理论的发展表明，建筑师和规划师在城市保护领域的方法已得到极大的丰富。没有哪一个"学派"可以声称占据了主流，这恰恰显示了理论和实践需要适应不同背景的价值观，适应社会对遗产理解的方式以及适应社会的变革模式。

然而，现代的保护方法已为各类试验的发展奠定了基础，在不同程度上反映了现代建筑师所表达的众多原则，如个人和社会对遗产及其变化过程的看法在规划和设计选择中所起的作用成为保护政策一个重要的新角度，这也是一种有别于传统精英意识的、自上而下式的遗产观。历史城市及其意义和历史形态的本质，已通过历史城市结构、层积过程以及不同时期集体和个人价值体系形成过程的分析而揭示出来。

最后，对城市保护和管理的过程，包括对建成环境和自然环境在内的物理环境重要性的认知，均从微观和宏观层面颠覆了以往的定义，从而保证了正确理解城市及其所在地区各组成部分之间的关系，这也是确保城市空间品质和尊重社会需求的必经之路。

当代的历史保护方法恰恰都是以这些原则为基础的，同时也在现有的宪章和文件中有所体现，并在世界各地已获得通过的各类政策和规划框架内得以实施。经过一个多世纪的理论和实践尝试，城市保护已成为公共政策的一个重要领域。

第 2 章
与城市保护相关的国际公共政策

威尼斯就像是一口气吞下了整盒酒心巧克力。

——杜鲁门·卡波特（Truman Capote）

37

2.1 二战后的城市保护政策

二战后期，世界所有地方的历史城区均因规划的原因遭到大规模的破坏。这主要是为了应对一系列的需求，包括城乡间较高的人口流动性、日益增长的私家车保有量以及住宅和商业开发面临的投资压力（Freestone，2000）。1950—1960 年代，欧洲和北美的城市率先卷入这一进程（Appleyard，1979），1960—1970 年代阿拉伯国家和拉美紧随其后，并随之蔓延到亚洲城市，时至今日这一过程仍在持续（Tung，2001）。

历史城市遭遇的破坏引起了保护、规划和建筑界的关注，许多国家开始意识到保护历史城市价值的重要性，并由此催生出一系列政策和法律，确保历史城市在经济和社会巨大变革的时代还能拥有未来。

许多国家都有关于保护政策方面好的案例，它们也反映了不同的规划传统，如法国在 1962 年设立的"保护区"（secteurs sauvegardés）、意大利 1973 年通过的《历史中心保护法》、英国 1967 年的《城市宜人环境法》等。这些规划法律为 20 世纪上半叶制定的一系列城市保护目标提供了支持（Larkham，1996；Giambruno，2007；Roberts et al.，2000；Tiesdell et al.，1996；Cohen，1999）。

38

正如我们所预期的，由于意识到城市的物质肌理和纪念物与社会之间持续的关联性，它们也是维持身份和场所相关的价值的一种途径，因此对上述两个方面的保护成为这些法规政策的主要焦点。

尽管许多保护政策在保护城市的历史肌理方面有所收获，但事实证明，保存这些城市的社会结构却很难实现。二战后，许多历史城市发生了剧烈的社会转型，首先是部分人口的外迁，通常是中高收入群体为寻求更好的住房和生活条件而迁往别处，紧随其后的则是相对贫穷的群体的涌入，包括外来移民，他们在内城闲置的居所和空间里居住下来。

10~20 年后，通常伴随着内城区首批保护和复兴项目初步成效的显现，高收入群体重新迁回城区，这一次则是为了城市中心区域的居住空间，并迫使"原始"居民迁出，导致众多历史城市出现"绅士化"（gentrification）现象（Bidou-Zachariasen，2003）。旅游业的发展、当地物价的抬升以及对二套住房的需求加剧了当地的人口压力，也加速社会的转型。事实上，直至今日这一过程仍在世界各地继续。

战后时期，国际层面的保护运动经历巨大的发展，同时从事遗产保护的主要政府组织和非政府组织纷纷建立。1945 年联合国教科文组织的成立，以及 1950—1960 年代国际遗产保护运动的发展（1966 年的威尼斯、1979 年的加德满都、1980 年的哈瓦那、1984 年的萨那），都为一系列重要的城市保护行动创造了有利条件。与此同时，主要国际保护机构的建立，如 ICOMOS[1]、ICOM[2] 和 ICCROM[3]，也极大地促进了关于城市保护的争论，并使之推向国际化。

---

[1]　ICOMOS（International Council on Monuments and Sites，国际古迹遗址理事会）是一个国际性的非政府组织。由联合国教科文组织在意大利威尼斯举办的第二届历史古迹建筑师和技师会议上发起，并于 1965 年成立。ICOMOS 是一个专业人士的组织，现有来自 110 个国家共约 9 500 位会员。其国际秘书处位于巴黎。它以 1964 年的《保护文物建筑及历史地段国际宪章》（《威尼斯宪章》）的原则为行动基础。

[2]　ICOM（International Council of Museums，国际博物馆协会）是由博物馆领域的专业人士在 1946 年建立的一个国际非政府组织。它隶属于联合国教科文组织，也是联合国经济及社会理事会（ECOSOC）的咨询机构。其国际秘书处位于巴黎，现有来自 151 个国家的 26 000 名会员，并拥有 118 个国家委员会、30 个国际科学委员会和 17 个附属机构。

[3]　ICCROM（International Centre for the Study of the Preservation and Restoration of Cultural Property，国际文化财产保护与修复研究中心）是一个致力于文化遗产保护的政府间组织（IGO）。1956 年联合国教科文组织新德里大会提议通过后，于 1959 年在罗马成立。它拥有 129 个成员国。

39

2.2   国际宪章和准则性文书中的城市保护

这些发展使城市保护问题被纳入到一个国际性的原则和宪章体系内成为可能，其中具有奠基意义的文件无疑是 1964 年的《保护文物建筑及历史地段国际宪章》（*International Charter for the Conservation and Restoration of Monuments and Sites*，亦称《威尼斯宪章》）。它由 ICOMOS 在 1965 年正式通过，标志着贯穿了整个 20 世纪前期有关遗产保护的漫长讨论的顶峰。这份文件以历史性纪念物及其环境的保护为焦点，强调了对其真实性的保护，以使它们的自然结构免遭改变。[1] 需要注意的是，除纪念物的"环境"以外，此份文件中并未提及历史城市的概念。显然这并非因为对历史城市所面临的问题缺乏认识所致，而是由于文件最早是由从事修复的专业人员和艺术史学家而不是城市保护领域的专家所起草的。

当时，也通过了一些间接涉及历史城市问题的文件。尤其值得一提的是联合国教科文组织 1962 年通过的《关于保护景观和遗址的风貌与特性的建议》[2]（*Recommendation Concerning the Safeguarding of the Beauty and Character of*

---

[1]   1964 年 ICOMOS 通过的《威尼斯宪章》，其中第一条写道："历史古迹的要领不仅包括单个建筑物，而且包括能从中找出一种独特的文明、一种有意义的发展或一个历史事件见证的城市或乡村环境。这不仅适用于伟大的艺术作品，而且亦适用于随时光逝去而获得文化意义的过去一些较为朴实的艺术品。"

[2]   《关于保护景观和遗址的风貌与特性的建议》的定义和总则部分如下：
"I. 定义
   1. 在本建议之中，保护景观和遗址的风貌与特征系指保存，并在可能的情况下指修复，具有文化或艺术价值，或构成典型自然环境的自然、乡村及城市景观和遗址的任何部分（无论是自然的或人工的）。
   2. 本建议的规定也拟作为保护自然的补充措施。
II. 总则
   3. 为保护景观和遗址所进行的研究和采取的措施应适用于一国之全部领土范围，并不应局限于某些选定的景观和遗址。
   4. 在选择将采取的措施时，应当考虑有关景观与遗址的相关意义。这些措施可根据景观与遗址的特征、大小、位置以及它们所面临威胁的性质而有所区别。
   5. 保护不应只局限于自然景观与遗址，而应扩展到那些全部或部分由人工形成的景观与遗址。因此，应制定特别规定确保对那些通常受威胁最大、特别是因建筑施工和土地买卖而受到威胁的某些城市中的景观和遗址进行保护。对进入古迹应采取特别保护措施。"

Landscapes and Sites），这份颇具远见性的文件不但将国际社会的注意力引向场所的自然美感遭受破坏的危险，同时还关注了人工景观尤其是城市景观受到的威胁。体现当时精神的还有联合国教科文组织 1968 年通过的《关于保护公共或私人工程危及的文化财产的建议书》[1]（*Recommendation concerning the Preservation of Cultural Property Endangered by Public or Private Works*）。与先前的文件不同，这一建议书为遗产保护所需的合理的管理和财务措施提出了具体意见。尽管这份建议书的对象并不局限于城市历史区域，但它尤其针对这些区域的管理进行了详实的研究，并指出开发适宜的规划工具以及制定更为详细的管理法规的必要性。

40

联合国教科文组织在 1970 年代发布的两份重要文件突破了第一阶段制定遗产保护准则性文书所面临的局限性，它们分别是 1972 年的《保护世界文化和自然遗产公约》（*Convention concerning the Protection of the World Cultural and Natural Heritage*，即《世界遗产公约》）和 1976 年的《关于历史地区保护及其当代作用的建议》（*Recommendation concerning the Safeguarding and Contemporary Role of Historic Areas*，即《内罗毕建议》）。《世界遗产公约》（UNESCO，2005 版）虽未直接提及历史城市，但把它们划归到"建筑群"类别，而这一概念也一直沿用至今。

---

[1] 《关于保护公共或私人工程危及的文化财产的建议书》为历史区域的保护提供了一套详细的定义和规范，例如以下针对历史中心的章节：

"24. 可能受到公共或私人工程危害的重要考古遗址、特别是难以确认的史前遗址、城乡地区的历史居住区、传统建筑群、早期文化的民族建筑以及其他不可移动的文化财产，应通过划分区域或列入目录予以保护。

（a）应划定考古保留区并将其列入目录，如有必要，买下不可移动的财产，以便能够对遗址内的遗物进行全面发掘或保护。

（b）应划定城乡中心的历史居住区和传统建筑群，并制定适当的规章以保护其环境及其特性，比如对重要历史或艺术建筑能够翻修的程度以及新建筑可以采用的式样和设计实行控制。保护古迹应是对任何设计良好的城市再发展规划的绝对要求，特别是在历史城镇或地区。类似规章应包括列入目录的古迹或遗址的周围地区及其环境，以保持其联系性和特征。对适用于新建项目的一般规定应允许进行适当修改。当新建筑被引入一历史区域时，这些规定应予以中止。用招贴画和灯光告示做一般性商业广告应予以禁止，但是可允许商业性机构通过适当的显示标志表明其存在。"

《实施保护世界文化与自然遗产公约的操作指南》[1]（*Operational Guidelines for the Implementation of the World Hertage Convention*）则罗列出历史城市的三种主要类别，并对该定义进行了补充完善，它们分别是：①无人居住的城镇；②尚有人居住的城镇；③ 20 世纪的新城。上述界定的目的是为了指导世界遗产的申报程序（所要考虑的物质结构的类别、边界等），并不包含任何建议或政策规约的内容。

虽然存在这些局限性，但三个原因使得 1972 年的《世界遗产公约》代表了保护领域重大的"质的飞跃"。首先，它标志着专家间争论了近一个世纪的原则，在历史上首次成为一个国际性法规体系的内容对象；其次，该公约将先前分属于自然和文化领域内的不同类别的原则集合到了一起；最后，它还建立了一套国际责任机制来保护和监测在那些被认定为具有"突出的普遍价值"（OUV）[2]的遗产地所发生的演变。

---

[1] 1972 年《实施世界遗产公约的操作指南》附录三第 14 节：

（ii）尚有人居住的历史城镇：处理尚有人居住的历史城镇困难较多，很大程度上是因为它们的城市构造较脆弱（它们中大部分在工业时代到来后遭到了严重的破坏），发展速度失控，周围的环境不断被城市化。要达到申报资格，这些城镇需具备一定的建筑价值，而不应该仅仅依赖它们在历史中曾经的重要角色和作为历史象征的价值（将文化遗产列入《世界遗产名录》的标准（六））（参见《操作指南》第 77（vi）段落内容）。为了达到该名录的要求，空间结构、构造、材料、形式，可能还包括建筑群的功能应从本质上反映遗产所在地区文明社会的文明化过程和演变。可分为以下四类：

a）在某一特定时期或文化中具有代表性的城镇，保存完整且未受到后续开发的影响。这种城镇将作为一个整体被申报，其周围环境也要受到保护；

b）延续自身特征并保护了在历史时期交替中的典型空间安排和结构的城镇，有时它们位于特殊的自然环境中。这种情况下，明确定义的历史城区比当代环境更具价值；

c）"历史中心"与古镇的范围完全相同，今天它们被包围在现代城市中。这种情况下，有必要在最宽泛的历史维度下确定遗产范围并为它邻近的环境制定适当的规定；

d）城区、地域或一些孤立的城市空间，即使残破不堪，也为一个已消失的历史城镇提供一致的特征证明。这种情况下必须充分证实该遗存和建筑是原整体地区和建筑的一部分。

只有当历史中心和历史区域包含了大量的具有重大意义的古建筑，能直接显示一个具备极高价值的城镇的典型特征时，它们才应该被列入《世界遗产名录》。如只是若干孤立和毫无关联的建筑群，无法体现历史城市格局，则不应申报。

可以申报空间有限但却对城镇规划的历史影响重大的遗产，申报需明确归于文物古迹组，该城镇只是作为其所在区域被提及。同样的，如果一座具有明确的突出的普遍价值的建筑坐落在已严重退化或不具有充分的代表性的城市环境中，则应被独立申报，不必涉及城镇。

[2] 突出的普遍价值（outstanding universal value）是指超越了国家界限，对全人类的现在和未来均具有普遍的重要意义的特殊的文化和 / 或自然价值（UNESCO，2008）。

图 1　阿尔及利亚阿尔及尔（Algiers）

图 2　智利瓦尔帕莱索（Valparaiso）

43

图 3　埃塞俄比亚拉利贝拉（Lalibela）

图 4　英国爱丁堡（Edinburgh）

　　250 余座城市被列入世界遗产名录标志着世界所有地区对历史城市作为遗产的高度认可。但是，它们繁多的种类和多样性也对传统的保护框架带来挑战。

　　即使《世界遗产公约》并未给城市保护领域带来主要的概念创新，但它无　　44
疑推动了有关城市遗产定义和管理的方法论的发展[1]，并使之成为世界所有地
区最为重要的遗产类型之一。[2]1975 年欧洲建筑遗产年期间，随着《阿姆斯特
丹宣言》[3]（ *Declaration of Amsterdam* ）和《关于建筑遗产的欧洲宪章》（ *European
Charter of the Architectural Heritage* ）这两份具有划时代意义的文件的颁布，城市
保护受到了更为广泛的关注。[4]

---

[1]　《实施世界遗产公约的操作指南》要求对登录世界遗产名录的遗产地进行一系列"评估"，其中最重要的便
是对遗产地真实性和完整性的评估。然而对历史城市而言，上述原则（显然受《威尼斯宪章》的影响并源于纪念
物保护领域）的应用则通常会伴随着重重的困难和争议，体现了在"转化"运用这一原则时遇到的矛盾。见《操
作指南》第 89 段：
　　"依据标准（i）至（vi）申报的遗产，其物理构造和 / 或重要特征都必须保存完好，且侵蚀退化得到控制。能
表现遗产全部价值绝大部分必要因素也要包括在内。文化景观、历史名镇或其他活遗产中体现其显著特征的种种
关系和能动机制也应予保存。"

[2]　《公约》四十周年之际，世界遗产名录中的历史城市和历史城区超过 250 个，占所有世界遗产地的三分之一。

[3]　由欧洲建筑遗产大会（1975 年 10 月 21 日至 25 日）颁布的《阿姆斯特丹宣言》包括以下要点：
　　（1）"除了具有不可估量的文化价值，欧洲建筑遗产还给欧洲人民带来关于共同历史和共同未来的意识。因此，
其保护是极其重要的事情。
　　（2）建筑遗产不仅包括品质超群的单体建筑及其周边环境，而且包括城镇乡村的所有具有历史和文化意义的
地区。
　　（3）由于这些瑰宝是所有欧洲人民的共同财产，人们有共同责任保护遗产免受越来越强烈的危险——忽略和
衰败、故意拆除、不协调的新建设和过度的交通。
　　（4）建筑保护必须作为城镇和乡村规划的一个重要的目标，而不是可有可无的事情。
　　（5）由于大多数重要的规划决策由地方管理机构做出，所以他们尤其有责任保护建筑遗产，应该通过交流思
想和信息相互帮助。
　　（6）如果可能，在酝酿和实施历史地区修复的时候，应确保不对居民的社会组成造成重大改变，社会所有阶
层都应享受到由公众基金支持的修复所带来的利益。
　　（7）遗产保护所需的法律和行政管理措施应该加强，使其在所有国家都更有效。
　　（8）为了帮助筹措修复、改建和维护具有建筑或历史意义的建筑物和区域所需的资金，足够的经济援助应该
到达地方管理机构，经济支持和财政减免同样应该到达私人业主。
　　（9）建筑遗产只有得到公众赏识尤其是年轻一代的赏识才能得以续存。为所有年龄设置的教学计划，应该越
来越多地考虑建筑遗产保护的问题。
　　（10）应该鼓励国际的、国家的和地方的独立组织，它们有助于唤醒公众的关心和兴趣。
　　（11）由于今天的新建筑将会是明天的遗产，应该努力确保当代建筑的高水平。"

[4]　由欧洲理事会在 1975 年通过的《关于建筑遗产的欧洲宪章》主要阐释了以下问题：
　　（1）欧洲的建筑遗产不但包括最重要的纪念性建筑，还包括那些位于古镇和特色村落中的次要建筑群及其自
然环境和人工环境。
　　（2）建筑遗产体现出来的历史为均衡和完整的生活提供了不可或缺的环境。
　　（3）建筑遗产是拥有精神、文化、社会和经济价值的不可替代的资产。
　　（4）历史中心和古迹的结构有利于社会的和谐平衡。
　　（5）建筑遗产具有重要的教育意义。
　　（6）这种遗产正濒临危险。
　　（7）可以通过综合保护减少这些危险。
　　（8）综合保护需要法律、管理、财务和技术多方面的支持。

45　　　　这些文件清楚地建立起保护和城市规划之间的联系，并指出城市遗产，包括其"次要"的乡土形式的肌理，也是一切保护政策的重要组成部分。这些文件还指出需要把对历史城市社会结构的保护作为整体保护过程的一部分。当时在一些国家率先开展的实验已经表明：城市遗产，因其所具有的利用价值以及对教育和社会发展的积极作用，而被视为一种文化"资本"。

　　　　最后，这些文件还涉及了历史地区中当代建筑所具有的作用。这些原则之后被纳入 1985 年欧洲理事会在格拉纳达通过的《保护欧洲建筑遗产公约》（*Convention for the Protection of the Architectural Heritage of Europe*）之中。[1]

　　　　然而，在专家和管理者关于政策的争论中，历史城区的重要性得到了明确。之后不久，联合国教科文组织便着手制定《关于历史地区保护及其当代作用建议》，并最终于 1976 年 11 月在内罗毕通过。时至今日，这一文件仍然是城市保护的基础性文本。虽然这份文件并不是以城市地区[2]为对象专门制定的，但它包含了与城市保护相关的所有要素。这份建议给出了以下重要的定义和指导意见：

46　　　　（1）历史地区是历史存在于现代生活中的生动见证，是人类社会文化多样性在时间和空间上的表现形式，也是推动不同个人和社会身份形成的强有力要素；

---

[1]　《保护欧洲建筑遗产公约》（1985，格拉纳达）；详见第 10 条：
　　"各方承诺采用综合的保护政策，包括：
　　1. 把建筑遗产的保护作为城镇和乡村规划的基本目标，并确保在制定发展规划和工程授权的所有阶段均对上述要求予以考虑；
　　2. 促进建筑遗产的修复和维护项目；
　　3. 使文化、环境和规划政策具备保护、宣传和提升建筑遗产的重要特征；
　　4. 对于那些重要性不足以达到本公约第 3 条第 1 款规定的保护要求的某些建筑，但从它们所在的环境来看对当地城市或农村环境以及生活品质是有利的，应在一切可能的情况下，在城镇和乡村的规划过程中促进这些建筑的保护和利用；
　　5. 促进传统技术和材料的应用和发展，这是保证建筑遗产未来的必要保证。"

[2]　1976 年的《内罗毕建议》规定的历史地区定义如下：
　　"（a）'历史和建筑（包括本地的）地区'系指包含考古和古生物遗址的任何建筑群、结构和空旷地，它们构成城乡环境中的人类居住地，从考古、建筑、史前史、历史、艺术和社会文化的角度看，其凝聚力和价值已得到认可。在这些性质各异的'地区'中，可特别划分为以下各类：史前遗址、历史城镇、老城区、老村庄、老村落以及相似的古迹群。不言而喻，后者通常应以精心保存，维持不变。"

（2）需从整体上把历史地区及其周围环境视为一个相互连贯的统一体，对历史地区及其环境的保护和保存是人类的集体责任，同时也应该被纳入公共政策和专门的法律之中；

（3）需保存历史地区的环境特征并使新的建筑符合既有的城市背景；

（4）需把文化和社会的复兴与物质保护联系在一起，以此保存历史地区的传统社会结构和功能；

（5）需制定并实施合理的历史地区保护措施，包括土地使用控制、建筑法规、保护规划、交通管理计划、污染控制、适当的融资和补助机制、参与性框架以及公共意识和教育方面的行动等。

案例 2.1　撒马尔罕——文化的十字路口（乌兹别克斯坦）

图 5　撒马尔罕

47

图6　撒马尔罕（街巷）

　　拥有众多伊斯兰建筑杰作的撒马尔罕是古往今来各文化汇聚的中心。该遗产地尽管并不具备特定的管理工具，但仍被完好地保存下来。然而在过去几十年里，当地政府开始陆续使用现代化的材料，传统的建筑材料几乎被完全取代，进而导致传统营造方式的失落。这一状况也在各类城市开发和修复项目中得到进一步恶化，对这个13世纪城镇景观的真实性和完整性造成严重损害。此外，2006年当地新建了径直穿过世界遗产地的四车道公路，进一步引发了当地政府和世界遗产委员会之间关于制定管理规划来加强遗产地治理的激烈讨论。为了推动当地政府及其他参与方的合作，缔约国在实施城市保护的战略方法方面获得了国际协助。

　　来源：世界遗产委员会保护状况报告（32COM7B.79和33COM7B.84）

1976 年《内罗毕建议》代表了国际社会有关城市保护的讨论的一种先进理念，特别是它还制定了极为具体的可供从业人员和政府遵守的一系列标准和政策。从这个意义上说，它仍是一份极具现代性同时也是与城市保护极为相关的文件。与此同时，它还反映了一个时代的精神，既展现了对公众规划权力的坚定信念，又体现出对公共财政能力的过分乐观。

但事实证明，这份文件有关社会和经济措施的章节是极为薄弱的，因为它对社会过程的观点从本质上是"静止的"，同时预见了额外修复成本向公共领域的转移。此外，它还低估了过去 30 年间影响城市保护的两个主要进程，即绅士化进程和旅游业的显著发展。

为了适应城市保护的具体特征并填补《威尼斯宪章》未涉及的空白，ICOMOS 在 1987 年决定颁布一份特别文件《保护历史城镇与城区的宪章》(*Charter for the Conservation of Historic Towns and Urban Areas*)，即《华盛顿宪章》。[1] 该宪章是首份专门针对历史城区及其保护的国际性文件。在这方面，它体现了城市遗产定义许多重要的创新，它认为"真实性"不仅仅与物质性结构和它们之间的相互关系有关，同时也与环境及周边地区，以及城市随时间推移获得的一系列功能相关。[2]

《华盛顿宪章》明确了历史城市所具有的复杂性和特殊性，并反映了战后建筑师和规划师们的主要研究成果，即以一种与周边环境相联系的视角来看待城市，并重视社会价值和社会参与。宪章还指出规划师和建筑师在城市保护和管理中必须面对的一些主要问题，包括机动车交通、基础设施以及诸如由制造

---

[1] ICOMOS 最先于 1986 年在匈牙利的埃格尔小镇提出《华盛顿宪章》，并在次年的 ICOMOS 第八届大会上重新进行了制定并颁布。

[2] 《保护历史城镇与城区的宪章》节选：
　　"2. 所要保存的特性包括历史城镇和城区的特征以及表明这种特征的一切物质的和精神的组成部分，特别是：
　　a）由地段和街道表明的城市的形制；
　　b）建筑物与绿地和空地的关系；
　　c）用规模、大小、风格、建筑、材料、色彩以及装饰说明的建筑物的外貌，包括内部的和外部的；
　　d）该城镇和城区与周围环境的关系，包括自然的和人工的；
　　e）长期以来该城镇和城区所获得的各种功能。任何危及上述特性的威胁都将损害历史城镇和城区的真实性。"

业向服务业转型等经济活动的重组。

49   这份文件首要关注城市保护的物质方面，本质上依赖于一种局部规划形式——"保护规划"作为主要工具对过程进行指导，撇开了保护行动所需的国家层面和地方层面的政策支持。在考虑了诸如各类传统活动的消失、绅士化进程以及旅游业的影响等引起历史城市物质和社会变化过程的众多因素的同时，宪章还提倡把公共干预作为控制社会和经济进程的主要机制，也反映出了当时的规划文化。

同样，文件把经济生产力和保护过程联系在一起，确保维护和保护周期的可持续性等观念都没有得到充分的认识。在 UNESCO《内罗毕建议》和 ICOMOS《华盛顿宪章》通过后的几十年里，未出现任何其他关于历史城市的国际性文件。然而，对遗产概念及其管理需求的讨论却日渐激烈，从一个方面反映出这一学科的进步性，同时也预示着脱离一个世纪以来过度受"欧洲中心主义"框架统治的时刻已经到来。

1994 年的《奈良真实性文件》（ *Nara Document on Authenticity* ）被认作是《威尼斯宪章》的延伸，使之顺应了当今不断扩展的遗产范畴。文件把遗产定义为文化多样性的一种表现形式，并把保护实践和每种文化赋予遗产的价值特性联系在一起。由此，《威尼斯宪章》所认可的真实性概念，需要依据源于遗产所处的文化语境的标准来进行理解。

《奈良真实性文件》第 13 条论及："取决于文化遗产的性质、文化语境、时间演进，真实性评判可能会与很多信息来源的价值有关。这些来源可包括很多方面，譬如形式与设计、材料与物质、用途与功能、传统与技术、地点与背景、精神与感情以及其他内在或外在因素。使用这些来源可对文化遗产的特定艺术、历史、社会和科学维度加以详尽考察。"

这些文件体现了遗产概念在近几十年中的演变。1992 年"文化景观"作为一种遗产类别被纳入《世界遗产公约》也是这一演变的表现。

2003 年《保护非物质文化遗产公约》（ *Convention for the Safeguarding of the*

Intagible Cultural Heritage）获联合国教科文组织大会通过，使国际保护界进一步意识到非物质文化的价值与作用，这也是对现有的关于遗产保护的国际性准则文书的新的重要补充，并在国际公共利益的领域与《世界遗产公约》的行动形成互补。这份 2003 年的公约，在概念方面的贡献还包括：促进了对特征的多重层积性，以及对与文化景观和历史性城镇景观等有关的其他非物质方面的认识和理解。[1]

50

之后 2004 年的《保护物质和非物质文化遗产综合方法大和宣言》（*Yamato Declaration on Integrated Approaches for Safeguarding Tangible and Intangible Cultural Heritage*）又推动了用一种综合性的方法对 1972 年《世界遗产公约》和 2003 年《非物质文化公约》进行统筹。[2] 最终，随着联合国教科文组织分别于 2001 年和 2005 年通过了《世界文化多样性宣言》[3]（*Universal Declaration on Cultural Diverstiy*）和《保护和促进文化表现形式多样性公约》[4]（*Convention on the Protection and Promotion of the Diversity of Cultural Expressions*），文化多样性在界定遗产价值方面所具有的重要意义又得到进一步的确认。

---

[1]　《保护非物质文化遗产公约》第 2 条对非物质遗产的定义为：
　　"1.'非物质文化遗产'，指被各社区、群体，有时是个人，视为其文化遗产组成部分的各种社会实践、观念表述、表现形式、知识、技能以及相关的工具、实物、手工艺品和文化场所。这种非物质文化遗产世代相传，在各社区和群体适应周围环境以及与自然和历史的互动中，被不断地再创造，为这些社区和群体提供认同感和持续感，从而增强对文化多样性和人类创造力的尊重。在本公约中，只考虑符合现有的国际人权文件，各社区、群体和个人之间相互尊重的需要和顺应可持续发展的非物质文化遗产。"

[2]　《保护物质和非物质文化遗产综合方法的大和宣言》第 11 条规定：
　　"考虑到其相互依赖性，以及物质和非物质遗产及其各自保护方法之间的差异，我们认为，应在一切可能的情况下，制定详尽的综合方法，以使对社区和群体的物质和非物质遗产的保护始终如一并能互惠互强。"

[3]　《世界文化多样性宣言》第 7 条把文化遗产定义为创造的源泉：
　　"每项创作都来源于相关的文化传统，但也在同其他文化传统的交流中得到充分的发展。因此，各种形式的文化遗产都应当作为人类的经历和期望的见证得到保护、开发利用和代代相传，以支持各种创作和建立各种文化之间的真正对话。"

[4]　《保护和促进文化表现形式多样性公约》（第 4.1 条）写道：
　　"'文化多样性'指各群体和社会借以表现其文化的多种不同形式。这些表现形式在他们内部及其间传承。文化多样性不仅体现在人类文化遗产通过丰富多彩的文化表现形式来表达、弘扬和传承的多种方式，也体现在借助各种方式和技术进行的艺术创造、生产、传播、销售和消费的多种方式上。"

2.3　地区性宪章

除国际性的宪章和准则性文件以外，值得一提的还包括一系列的地方性
宪章，如 1979 年 ICOMOS 澳大利亚《巴拉宪章》（*Burra Charter*）、1987 年
ICOMOS 巴西《伊泰帕瓦宪章》（*Itaipava Charter*）、2000 年 ICOMOS 日本《街
並[1] 宪章》（*Machi-nami Charter*）以及 1994 年的《奥尔堡宪章》（*Aalborg
Charter*）。此外，2005 年的 ICOMOS《西安宣言》（*Xi'an Declaration*）对过去几
十年的"教义"做了进一步充实，也是一份重要的文件。

澳大利亚 ICOMOS 在 1979 年制定（1999 年修订）的《保护具有文化重要性
场所的宪章》（*Charter for Places of Cultural Significance*）（简称《巴拉宪章》），
虽然是一份针对国内状况的文件，但因为它提出了"具有文化重要性的场所"
（places of cultural significance）的概念，所以具有特别重要的意义。它对拟保存
的价值（重要性）和场所本身做了区分，并将前者界定为构造、环境、用途、关联、
意义、记录、相关场所和相关物体。

《巴拉宪章》引起了对本质为非物质的、象征性的以及精神的一整套价值
体系的关注，而这通常不会体现在传统的"西方"宪章中。它还解决了保护和
管理中的重要问题。宪章的第 2.2 条认为"保护的目标是保护该场所的文化重要
性"，同时"保护是妥善管理具有文化重要性的场所的有机组成部分"（第 2.3 条）。
此外，持续性的用途也是具有文化重要性的场所具有的主要特征之一。

1987 年 7 月，在伊泰帕瓦举办的首届历史中心保存与修复巴西研讨会上，
颁布了由 ICOMOS 巴西制定的《伊泰帕瓦宪章》，为城市遗产提供了其他有趣
的角度。它不仅仅把城市看作拥有建成和自然特征的有形的人造物，同时还把
它们看成是由其间的居住者的"经验"所组成的一个"活态的"遗产。

[1]　街並，日语指街市容貌——译者注。

　　《伊泰帕瓦宪章》在其"基本原则"章节里说道："城市历史地段可以看成是集中了各类城市文化生产痕迹的空间。由于城市作为一个整体，其本身就是一个历史对象，因此对这些历史地段的划分应当以其作为'重要地区'所具有的运行价值，而非与之相对的城市非历史场所为依据（Ⅰ）"。此外，"城市的历史地段是一个更广泛整体的组成部分，包含了自然环境、建成环境以及居住者的日常生活体验。这个更大范围的空间，蕴含着来自远古或新近产生的各种价值观，并永远处于连续变化的动态过程中。在这个空间内，新的城市空间可以被看成是其形成阶段中的环境证据（Ⅱ）"。这些原则强调了城市历史地段中的居民以及传统行为的重要性，并将复兴视作连续和永久的过程，而其中，城市遗产的社会价值应优于其市场价值。

　　2000 年，ICOMOS 日本国家委员会通过的《关于保护日本历史城镇和聚落的宪章》（*Charter of Historical Towns and Settlments of Japan*，即《街并宪章》）涉及城市历史核心区的有形和无形组成部分以及物质和精神方面。1974 年，街并保护和复兴协会成立，成为日本各地组织当地居民运动的联络和合作机构，并以此来促进历史城镇的保护。宪章包含了社区周边自然和文化环境的概念，认为"保护历史城镇的目的不是将建筑群及其周边的景观作为物质对象保存下来，而是要试图重建当地居民日常生活与当地建筑、周边环境之间的关系"（第3 节）。此外，宪章的第 6 节讨论了保护的重要性，解释了由于地形、气候和地震因素，导致日本传统房屋的寿命通常很短，同时这些建筑基本都是由自然材料建造而成，这也使得它们较易在事故中损毁。"尽管如此，这些充满地方特色的历史城镇的形成，正是源于持续的保护行为，包括运用新材料替换腐烂的旧材料的技术的传承，也是过去几个世纪不断重复的循环过程的结果。此外，当地居民所共有的技术、习俗和一整套价值体系，也成为当地生活和每年传统活动的组成部分"。这种特殊的保护实践成为 1994 年奈良会议上对真实性探讨的基础。

52–53

案例 2.2　巴伊亚州的萨尔瓦多历史中心（巴西）

图 7　萨尔瓦多古城

图 8　萨尔瓦多古城（街景）

　　萨尔瓦多古城于 1985 年被列入世界遗产名录。这座古城建于 1549 年，是新大陆（New World）第一个奴隶交易市场，拥有众多杰出的殖民纪念物和建筑。1992 年，州政府在当地启动了改造工程，包括对当地建筑的更新以及居民的迁出。一年后，世界遗产委员会对该遗产地的状况表示担忧。这一工程原计划依据巴伊亚州艺术和文化遗产研究院制定的指南，从三个方面进行干预来扭转当地经济下滑以及环境退化的局面，分别是：环境和地区结构、社会和经济发展进程以及司法和制度框架，尤其是对该地区房屋所有权的行动措施。原计划涵盖了对城市核心街区进行更新、改变房屋后院的设计和格局并将其变为庭院等内容，因此必须拆除一些建筑以保证足够的新的商业和旅游空间。这一工程目前仍在实施过程中（第七期工程），并获得了巴西文化部和美洲开发银行（IDB）的资金支持。由于缺乏严密的分析论证，并涉及最贫困阶层居民的动迁，项目在启动初期曾受到各方的强烈批评。但到了现阶段，已经在保护方面显示出重大的进步。经过对前六期工程的修改，又在 2000 年对第七期工程的规划范围和焦点做了变动。之后，又设立了多个计划来支持该地的住房改造。此外，在 2009 年，市级的法律框架得到强化，并针对社会和城市领域内的城市干预设立了指导原则，强调当地利益攸关方的管理和参与。通过在当地引入新的经济动力，积极的效果已开始显现。经过二十多年对旅游业、娱乐和休闲业的关注，该地最终成为一片具有多类混合型用途的中心城区，同时保持了当地房屋和商业的投资吸引力。

来源：Zancheti Mendes，2010

54

图 9 老挝琅勃拉邦（Luang Prabang）

图 10 中国四川丹巴地区的村落

55

图 11　阿拉伯南部村落

图 12　黎巴嫩的黎波里（Tripoli）

56

图 13　马里廷巴克图（Timbuktu）

图 14　坦桑尼亚桑给巴尔（Zanzibar）

图 15　苏里南帕拉马里博（Paramaribo）

图 16　厄瓜多尔基多（Quito）

58

图 17　法国波尔多（Bordeaux）

图 18　挪威罗弗敦群岛的赖因（Reine, Lofoten Islands）

　　对城市遗产地区多样性的认可和尊重是历史性城镇景观方法的核心。这种多样性正是物质和非物质表现形式层层累积的结果，也应当在城市保护的政策和战略中有所体现。

1994 年，在奥尔堡（丹麦）召开的欧洲可持续城镇会议通过了《面向
可持续发展的欧洲城镇宪章》（*Charter of European Cities and Towns towards
Sustinability*，即《奥尔堡宪章》），肯定了城市作为持久的社会生活中心、经济
载体以及文化、遗产和传统的守护者的角色，同时作为工业、手工艺、贸易、
教育和政府机构中心的地位。宪章承认了当今的城市生活方式——特别是功能
分离、交通模式、工业生产、农业、消费和休闲活动——与人类面临的环境问
题以及社会公平缺失之间的因果联系。它还认识到世界上的自然资源是有限的，
人类的生存必须在自然可承受的范围内，同时作为消费活动中心的城市必须担
负起解决全球变暖和实现环境可持续发展的重要责任。[1]

　　根据《奥尔堡宪章》，可持续发展（sustainability）是一种创新且地方化的
寻求平衡的过程，是对城市进行负责任地管理的核心。宪章认为，决策过程必
须优先考量城市自然资本的保护和补给、城市的生活质量、土地的可持续利用
和人口流动模式（包括通过鼓励混合用途的高密度社区来降低人口流动的需求），
以及可再生能源的使用。宪章提倡公平的地区间相互依赖的理念，以此来平衡
城乡间的流动，并防止城市对其周边地区资源的掠夺。它还强调运用一种生态
系统观来管理城市，并预言城市公民将在地方的长远行动计划的制定和实施过
程中发挥越来越重要的作用。

---

[1]　《奥尔堡宪章》对可持续发展的定义如下：

　　"1.2 可持续发展的概念和原则

　　我们认为，可持续发展理念有助于将我们的生活标准建立在自然承载力的基础之上。我们寻求实现社会公正、
经济的可持续性和环境的可持续发展。社会公正必须建立在经济的可持续发展和公平的基础上，而经济的可持续
发展则依赖于环境的可持续发展。环境的可持续发展意味着维持自然资本。这要求我们消费可再生材料、水和能
源的速度不能超过自然系统补充它们的速度；并且，我们消费不可再生资源的速度不能超过可持续的再生资源更
新的速度。环境可持续还意味着污染物排放速度不能超过空气、水、土壤吸收和处理它们的能力。

　　此外，环境的可持续发展需要保护生物多样性和人类健康，以及空气、水和土壤质量，要使它们达到足以永
远维持人类与动植物生存和健康的标准。

　　1.3 面向可持续发展的地方战略

　　我们确信，城镇既是最初产生许多损害现代世界的建筑、社会、经济、政治、自然资源与环境平衡的最大地
理单元，也是能够在一个整合的、整体的以及可持续的方式中，针对性地解决这些不平衡问题的最小地理单元。
由于每个城镇都是不同的，所以，我们必须寻求适合每个城镇的个性化的可持续发展途径。我们将使我们的可持
续发展的理念融入各项政策中，整合城镇的各个方面的力量，制订适合地方特征的发展战略。"

　　这些文件由于包含了众多全新的尝试，因而体现出遗产概念的重要变化。例如，保持场所文化的重要性，在认可场所作为活态遗产的基础上引入系统性的动态分析，或者强调特定的文化环境的重要性，如"街並"（Machi-nami）体现了组成整体的有形和无形要素的结合，包括居民以及自然和文化环境等不可相互分割的因素。

　　未来对城市遗产的定义及其保护原理和实践的研究，都将以过去的保护思想的发展脉络为基础，同时也必须建立在上述创新方法的基础之上。

案例 2.3　荷兰《贝威蒂尔战略》（Belvedere Strategy）

图 19　阿姆斯特丹水线

　　阿姆斯特丹水线（阿姆斯特丹城历史上的军事防线）是《贝威蒂尔政策》文件中的一个国家工程，旨在"以发展促保存"。

1999 年，荷兰政府通过了《贝威蒂尔备忘录》，这是一份以促进文化导向的可持续发展项目为目标的政策性文件。

《贝威蒂尔战略》的目标是提高在空间发展过程中文化和历史价值的受重视程度。对这一目标的实现既不是通过对变化的全盘否定，也不是以埋葬历史为手段，而是寻求有效的方法创造双赢的局面：通过这样一种方式来利用空间，即保留具有文化和 / 或历史意义对象的空间，并使其带动提升周围新环境的品质。

文化—历史性特征被视作荷兰未来空间设计的一个决定性因素，政府应为此创造适宜的政策环境。

这一核心目标可以分成以下从属目标：

● 识别城乡地区的文化—历史性特征，并保持这些特征的可识别性，以此作为未来发展的特征和根本出发点。

● 在荷兰最具文化历史价值的地区，即所谓的"贝威蒂尔"地区，加强并利用文化—历史性特征以及组成这些特征的基本属性。

● 为旨在加强文化历史主题的第三方行动创造有利条件。

● 传播文化历史的相关知识，并推动在空间规划中把文化历史当作灵感的来源。

● 促进市民、机构、地方和地区当局以及政府之间的合作。

● 提高现有工具的实用性和使用性。

《贝威蒂尔战略》还提倡将"过去"（即遗产）作为一个单独且完整的关系进行展现。考古遗址、历史建筑和具有历史意义的景观都应被视作一个统一的公共综合类别：文化遗产，而不是考虑把它们作为单独的实体埋藏起来。

2000 年到 2010 年《贝威蒂尔备忘录》应用的 10 年间，政府每年的预算达到约 7 500 000 欧元。在首个 5 年间，约一半的预算都投入到一项补助计划中，各省、市和私营机构都可以在地方或地区层面获得针对研究、信息搜集

61

和规划过程的资金支持。在前7年中，由贝威蒂尔出资补助的项目超过300个。在国家和省级空间政策方面的效应开始逐渐释放并显现。荷兰每个地区都加入到利用文化遗产制定发展规划的行列：从"国家景观"到城市结构重组，从水管理规划到教育领域。未来的任务将瞄准对现有成果的巩固，主要手段包括持续开发明确有用的信息和工具，并延伸面向新的目标群体。

来源：荷兰国家政府，1999

2.4　城市保护再思考 [1]

在新世纪的第一个十年中，针对成形于之前半个世纪的城市保护的原则，联合国教科文组织以及其他保护和专业性组织 [2] 已经展开热烈的讨论，为的是评估这些原则在面临由全球化力量释放出的新挑战时所具备的可行性。虽然这一讨论以及对这些原则的修正仍在进行，但在近期的文件和宣言中，一些重要的观点已浮出水面。

其中，2005 年的《维也纳备忘录》（*Vienna Memorandum*）当属 20 年来对现代城市保护范式进行修订和更新的首次尝试。它是源于 2005 年 5 月应世界遗产委员会要求在维也纳召开的一次国际专家会议。[3] 会议指出历史城市内部和周边相邻地带出现的越来越多的现代或高层建筑，对世界遗产的"视觉完整性"构成了威胁，并对这一日益凸显的现象表示担忧。[4]

世界遗产委员会已开始意识到现有的工具——包括其操作指南以及各类国际宪章和建议书——在应对当代新出现的压力时存在的局限性。

《维也纳备忘录——保护具有历史意义的城市景观》（*Vienna Memorandum on World Heritage and Contemporary Architecture*）提出了历史性城镇景观（Historic Urban Landscape，HUL）的概念："根据 1976 年联合国教科文组织《关于历史地区的保护及其当代作用的建议》，历史性城镇景观指自然和生态环境内任何

62

[1]　此章节部分内容改编自 Bandarin，2011a.

[2]　以下组织已经参与到历史性城镇景观行动中：ICOMOS（国际古迹遗址理事会）、IUCN（世界自然保护联盟）、ICCROM（国际文化财产保护与修复研究中心）、UIA（国际建筑师协会）、IFLA（国际景观设计师联盟）、IFHP（国际住房与规划联合会）、OWHC（世界遗产城市联盟）、Aga Khan 文化信托、IAIA（国际影响评价协会）、联合国人居署、世界银行、美洲发展银行、OECD（经济合作与发展组织）、ISOCARP（国际城市与区域规划师学会）、DOCOMOMO（国际现代建筑遗产保护理事会）、盖蒂保护研究所。

[3]　"世界遗产与当代建筑——管理城市历史景观"国际会议由联合国教科文组织世界遗产中心与 ICOMOS 和维也纳市（奥地利）合作举办。

[4]　世界遗产委员会当时考察的案例包括：波茨坦、维也纳、科隆、圣彼得堡、波尔多、伊斯法罕、伊斯坦布尔、德累斯顿、里加、维尔纽斯、塞维利亚、阿维拉、格拉茨、利物浦和塔林。

建筑群、构筑物和开放空间的整体组合，其中包括考古遗址和古生物遗址，在经过一段时期之后，这些景观构成了人类城市居住环境的一部分，从考古、建筑、史前学、历史、科学、美学、社会文化或生态角度看，景观与城市环境的结合及其价值均得到认可。这些景观造就了现代社会，对我们理解当今人类的生活方式具有重要价值"（第7条）。"历史性城镇景观植根于当代和历史上在这个地点上出现的各种社会表现形式和发展过程。这些景观的定性因素包括：土地使用和模式、空间组织、视觉关系、地形和土壤、植被以及技术性基础设施的各个部件，其中包括小型物件和建筑细节（路缘、铺路、排水沟、照明设备等）"（第8条）。虽然这一概念已经过多次讨论和修正（见附录A），但"历史性城镇景观"至今仍被认作是一种用来重新阐释城市遗产价值的工具。由此也清晰地反映出制定新的城市保护方法和工具的必要性。

在2005年世界遗产大会期间，世界遗产委员会表达了对这一备忘录的欢迎，并构成了《保护历史性城镇景观宣言》（*Declaration on the Conservation of the Historic Urban Landscape*）的基础。2005年10月，这一宣言最终获第十五届缔约国大会的通过。[1]

63

《维也纳备忘录》和《保护历史性城镇景观宣言》反映了历史城市的管理向可持续发展方向的改变，以及对城市遗产本质更为广泛的认识视野。[2]尤其是《维也纳备忘录》，并没有把历史城区定义为纪念物和城市肌理的"总和"，而是把它看成一个综合性系统，不但与其周边地区及环境之间存在历史、地形和社会方面的联系，还以复杂的层积性意义和表现形式为特征，从而突破了传统方法的某些局限性。

《维也纳备忘录》把历史城区视作长期以来并且仍在发生的动态过程的结果，并把包括社会、经济和自然在内的变化看成是需要进行管理和理解的变量，

---

[1] 第15GA7号决议（Resolution 15GA7）。

[2] 世界遗产委员会之后还决定就缓冲区的功能和性质展开探讨。

而不仅仅是产生反差对比的来源。"城市景观"不是一个新的概念：比如它常被用于城市地理学学科，也经常被史学家和规划师援引。[1]

为了给城市保护带来新的视角，《维也纳备忘录》的起草者们试着对概念进行完善。根据该备忘录的定义，历史性城镇景观强调物质形态和社会演变之间的联系，把历史城市界定成整合了自然和人工要素的系统，这一系统具备历史的连续性，并体现了历史上各种表现形式的层积性。对文化表现形式多样性所具有的价值的肯定是历史性城镇景观的基础，也是把动态的社会和经济要素理解为影响价值和城市形态变化与适应性的正面因素。

《保护历史性城镇景观宣言》通过后，ICOMOS 就历史性城镇景观课题组织了一次重要的国际论坛。[2] 论坛回顾了当前城市保护的方法论，指出城市保护实践和既有的指导原则之间的差距，并得出最后结论："现有的方法论虽然从根本上仍是有效的，但城市区域的发展压力不断增大，导致拟定的干预措施在量和规模上相应地改变，因此要求制定并拓展管理工具，来识别、评估并减缓拟定的政策、规划和工程对历史城市系统的影响"（Firestone，2007）。ICOMOS 的这一回顾过程也为现阶段对《华盛顿宪章》的修订奠定了基础。

为了解决世界遗产委员会提出的问题，以及在《维也纳备忘录》阐释过程中出现的某些问题，ICOMOS 的两届大会（2005 年中国西安第十五届大会和 2008 年加拿大魁北克第十六届大会）都对关乎遗产价值在现代的重新诠释等主题进行了探讨，虽然这些讨论针对普遍意义上的遗产地，但都对城市遗产地的"环

64

---

[1]　例如，可参见：Schuyler, 1986; Relph, 1987; Whitehand, 1992; Waller, 2000; Sanson, 2007; Tatom et al., 2009.

[2]　ICOMOS 内部的两个国际科学委员会引领了关于 HUL 的探讨，它们是历史村镇科学委员会（CIVVIH）和国际古迹遗址理事会—国际景观建筑师联盟（ICOMOS-IFLA）文化景观委员会，后者于 2006 年起上线成立。

2007 年夏，网上讨论组扩展到 5 个，包括来自各学科背景的约 150 名成员，分别是古斯塔夫·阿劳斯（Gustavo Araoz）协调下的美国 ICOMOS 组、佩德罗·德·曼纽尔（Pedro de Manuel）协调下的伊比利亚美洲国家小组（Ibero-American group）、苏·杰克逊－斯泰普瓦斯克（Sue Jackson-Stepowsk）协调下的澳大利亚小组、丽娜·马柯能（Leena Makkonen）和玛丽安·雷提马基（Marianne Lehtimaki）共同协调的芬兰小组以及西村幸夫协调的日本小组。另有三个 ICOMOS 行动对讨论起了促进作用，分别是 2007 年 CIVVIH 年度会议对 HUL 进行的探讨、在首尔举办的 ICOMOS 亚太区第四次会议对该课题的讨论，国际科学委员会成员小组也召开会议提议对《维也纳备忘录》进行修改。

境"（setting）和"场所精神"（genius loci）表现出浓厚的兴趣。

2005 年《西安宣言——保护历史建筑古遗址和历史地区的环境》（*Xi'an Declaration on the Conservation of the Setting of Heritage Structures*，*Sites and Areas*，后文简称《西安宣言》）的第 1 条把"环境"定义为"直接的和扩展的环境，即作为或构成其重要性和独特性的组成部分"。考虑到世界众多地区经历的快速的城市发展，《西安宣言》强调了保护遗产周边环境的必要性。这份文件的重要意义在于：它认为"环境"不仅仅是一片实体地理区域，而且是与自然环境之间的相互作用关系。此外，环境还包含社会和精神活动，以及促进环境空间和社会文化背景形成的其他非物质遗产形式。[1] 针对构成环境本身的地区的保护和管理，这份宣言也为其规划工具和战略的制定起到了推动作用。

2008 年的《魁北克宣言——场所精神的保存》[2]（*Quebec Declaration on the Preservation of the Spirit of Place*）从物质和非物质要素的相互作用和构建出发，尝试定义一种阐释某一场所价值和意义的方法。在宣言的第一部分"场所精神的再思考"中写道：

"1. 了解场所精神由有形元素（场址、建筑物、景观、线路、对象）与无形元素（记忆、口头叙述、书面文件、节日、仪式、庆典、传统知识、价值、质地、颜色、气味等）构成。这些元素不仅对场所

---

[1] 2005 年 10 月 21 日，在中国西安举办的第十五届 ICOMOS 大会通过了《西安宣言——保护历史建筑、古遗址和历史地区的环境》。对环境对遗产价值的贡献做了以下定义：

"1. 历史建筑、古遗址或历史地区的环境，界定为直接的和扩展的环境，即作为或构成其重要性和独特性的组成部分。

除实体和视觉方面含义外，环境还包括与自然环境之间的相互作用；过去的或现在的社会和精神活动、习俗、传统知识等非物质文化遗产方面的利用或活动，以及其他非物质文化遗产形式，它们创造并形成了环境空间以及当前的、动态的文化、社会和经济背景。

2. 不同规模的历史建筑、古遗址或历史地区，包括个体建筑、设计空间、历史城镇、陆地景观、海洋景观、文化线路和考古遗址，其重要性和独特性来自于人们所理解的其社会、精神、历史、艺术、审美、自然、科学或其他文化价值，也来自于它们与其物质的、视觉的、精神的以及其他文化的背景和环境之间的重要联系。"

[2] 2008 年 10 月 4 日，在加拿大魁北克召开的第十六届 ICOMOS 大会通过了《魁北克宣言——场所精神的保存》。

的形成有重大贡献，还赋予它灵魂。我们宣布，无形的文化遗产可为
整体遗产提供更丰富、更完整的意义，所以，所有文化遗产的相关立法，
以及所有纪念物、场地、景观、街道与收集的对象的保存与维修计划，
都必须将其列入考虑。……"

　　"3. 由于场所精神是应社区改变及持续发展之需而不断再造的一
种过程，我们认同场所精神依其记忆的习惯，会因时间及文化之不同
而有所改变，所以同一场所可以拥有数种精神，且由不同群体共享。"

2.5　城市保护的新范式

　　过去 10 年间制定的新方法，以及在国际层面对城市保护范围、过程和价值重新定义的种种尝试都显示，一种新的范式正在逐渐形成。这些努力的基础是对城市遗产所面临的挑战的本质的认知，联合国教科文组织的文件（UNESCO，2009）已对这些挑战进行了总结，并对制定新的关于历史性城镇景观的建议书的可能性进行了探讨。[1] 下面将就这些挑战进行更为细致的考察。

[1] 指 2009 年 4 月联合国教科文组织执行局第 181EX/29 号文件。文件中指出城市历史区域保护面临以下"新的"威胁：
"城市化的压力日益加大
　　12. 目前，一半以上地球人口居住在城市地区。对城市中的老城部分的改造往往表现为：建筑日趋单一，公共空间减少，历史中心割裂或商业化。历史地区对促进文化价值、生活方式和社会关系多样性的作用日益受到质疑。传统的区域城市共同体日渐削弱，城市地区绅士化和郊区化的情况也在发生。城市人口膨胀极大地改变了历史城市及其环境面貌。由于城市人口膨胀伴生了急剧、快速的社会变化，历史城市在保持遗产价值的同时，其提供住房和在变化中发展的能力逐渐成为令人关切的重要因素。
全球化与地方发展之间的矛盾
　　13. 全球化进程对历史城市的认同和视觉完整性，及其扩大的环境以及居住在此的人们有着直接的影响。一些城市呈指数级发展，而另一些城市却因经济发展进程交替变换和新的移民模式的出现而不断萎缩甚至完全重建。为了解决这些问题，地方城市战略逐渐成为城市发展规划的重要组成部分。不断扩大的经济全球化彻底地改变了当代许多城市，给一些群体带来利益的同时也使一些群体脱离社会发展进程。在一些国家，中央统筹规划被非集中化和以市场为导向的办法所取代。其结果是，城市及其规划进程变得越来越零散，而不平等现象和环境退化问题则不断加剧。
新的发展不协调
　　14. 随着城市房地产投资加大，基础设施和翻新工程成为城市改造的推动力，因此历史城市的实际景观遭到极大地改变。在日益以市场为动力的房地产开发进程中，当代的现代建筑体现出日益重要的作用。然而，规模、背景、可持续材料、维修和舒适度等干预措施的效果并非总是决策者优先考虑的问题。这就使现代表达形式与历史性城镇景观的背景和环境完美融合的问题成为城市遗产保护准则和实践的核心。历史城市的现代干预措施（如为满足人口增长需要而新增的住房、标志性摩天大楼、水力发电工程、能源和工业发展，以及废弃物处理问题）的力度不断加大，很可能对历史城市的物理和视觉完整性及其社会和文化价值产生有害的、不可逆转的影响。
不可持续的旅游业
　　15. 历史城市旅游业的发展已成为城市保护者关心的主要问题之一。虽然旅游业能够通过改进基础设施、提高对文化价值和传统价值的认识，给文化遗产保护带来利益，但是也对文化遗产的物理、环境和社会完整性带来挑战。鉴于未来几十年国际旅游业的蓬勃发展趋势，有必要制定可持续的旅游方法，以便更好地保护历史性城镇景观的遗产价值。
包括气候变化在内的环境退化问题
　　16. 近几十年来，影响物质遗产的环境因素，如污染、车辆交通和拥塞、垃圾和工业废弃物、酸雨，其破坏性均大幅提高。同时，处理气候变化带来的负面影响已成为当今时代最严峻的要务。许多历史城市极其容易受气候变化的影响。虽然城市和人类住区随着时代变迁已适应了气候的突变，然而目前气候变化的密度和速度是前所未有的，需要立即采取行动。一些重要的战略要求将缓和与适应气候变化问题纳入国家政策和计划，从而触发了一系列法规和各级政府政策文件的制定。联合国发起的许多国际大会、议定书和倡议，整合了技术、财务和人力资源，并推动了处理上述问题的专门机构的建立。这些基本手段为将与遗产价值相关的环境"可持续性"纳入人工建设环境的规划和管理提供了依据。由于最初的重点在于世界遗产所承受的风险的性质和规模，世界遗产委员会推动了就应对气候变化的经验教训而展开的讨论。
　　17. 危及历史性城镇景观的气候变化带来的直接影响包括：海平面上升，雨季和旱季循环发生变化，暴雨和极端天气更加频繁，水文和植被模式变更。就可预测的气候变化对城市区域的影响而言，相关研究的现有知识和发展推动了新政策的实施。在地方层面尤其如此。气候变化对历史城市内人工建设环境和自然环境日益重要的影响作用，凸显了在国际上将综合方法与历史性城镇景观保护结合起来的必要性。"

案例 2.4   英国的历史景观特征（Historic Landscape Characterisation）评估

图 20   英国乡村自然景观

　　历史景观特征（HLC）项目由英国遗产委员会（English Heritage）在 1990 年代发起，支持在可持续发展的框架内进行历史维度的保护。HLC 赞成保护应该以"对变化的管理"为基础，并把所有利益攸关方的计划和过程整合起来。项目的基础是利用历史聚落的格局来界定"特征地区"的"图示"。这个项目使英国首次建立起关于景观考古、历史和文化作用的详实的视角。因此，HLC 成为历史环境保护和空间规划最核心的要素。以下是支撑 HLC 项目的基本概念：

　　（1）保护必须与当下的景观相联系，以此来促进对变化的管理。并须通过对该地区及其环境的综合性考察，确认该景观具有的历史性特征。

　　（2）历史景观特征是人类与其所在环境长时间相互作用的结果，它也是历史变化过程的结果。文化和历史过程的时间维度是理解景观并对其变化进行管理的关键所在。

（3）历史景观特征必须运用人的知觉和理解。景观是一种文化构筑物，它运用有助于对当今文化属性进行界定的全面的含义，把各种组成部分关联到一起。

（4）历史景观特征是动态和活态的。保护过程中需要我们理解随着时间推移而发生的变化是如何影响着景观的结构的，并在指导当今实践的过程中对此加以思考。

（5）历史景观特征评估是以管理变化过程中的民主参与为基础的。景观作为文化构建物反映了人类的感觉和价值观念，因此，也需要在管理变化的过程中对不同的观点加以考虑。

67   这些原则使我们能够从整体角度而不是通过单个地点的组合来定义景观的特征，并据此绘制地图，从而形成了一套工作方法。使用这一方法并不是为了得出景观历史的唯一定义，而是形成一套可被用来界定不同观点的解释和理念，即一个资源库。最终得到的景观特性则构成了管理的基础。历史景观特征评估已成为英国历史环境保护和变化管理的主要实施机制。它也成为可持续发展过程的关键一环，同时也是促成《欧洲景观公约》的主要推动力之一。

来源：Fairclough, Graham. "Cultural Landscape, sustainability, and Living with Change?". Teutonico and Matero, 2003：23–46.

迄今为止，我们所付出的努力已经收获了一些有意思的结果。但是，为了使该方法真正走向全球、并能够反映价值体系和实践的多样性，尚有很多问题需要我们解决。

从这点看来，对历史性城镇景观的探讨就是一次为解决城市保护方法新的需求而进行的尝试——也可能是突破"城市保护"作为某一专业性实践的尝试，同时还是把保护过程重新纳入更广泛的城市管理和发展背景的一次尝试。以下就讨论的核心问题作一个总结。

1. 价值和意义

68

　　为了重新定义城市保护的全球性路径，首先要对城市遗产的价值加以回顾。为此，从城市保护所处的历史背景来看，创立一套普遍公认的城市保护政策与实践就变得十分必要（Choay，1992）。了解与城市遗产保护相关的价值所发生的变化，对我们界定当今和未来的价值体系是至关重要的。在 19 世纪，对遗产价值的看法主要与其纪念性价值，即它的教育和身份功能相关。

　　到了 20 世纪，在上述价值的基础上又增加了社会保护的要素，同时对历史城市的形态和类型也有了进一步的理解。如今，对历史城市价值的理解则进一步扩展至场所具有的美学和符号价值，以及赋予城市"活态遗产"地位的城市空间所具有的新的使用价值和享受价值。随着社区中各种类型的城市使用者的大量涌现，他们不再局限于某一特定类型，因而即便是"城市社区"的意义也随之发生了改变，这也推动了对历史城市价值的重新阐释。

2. 历史城区的真实性和完整性

　　多元化的城市转型和保护模式对一切有关城市保护和管理的探讨都是极具意义的。事实上，由于地方的价值体系对当地的保护政策与实践具有极为深远的影响，因此真实性和完整性的定义几乎不可能是唯一的。只有让文化多样性发挥越来越大的作用，并成为城市遗产保护的决定性因素，全球环境的复杂性才能真正得到理解。此外，依据特定的城市遗产价值来界定真实性和完整性也十分重要。应当由使用者群体（自下而上式）得出值得保存的价值声明，而仅仅是依靠专家的呼吁（自上而下式）。

　　换言之，把一个城市或部分城区定义为"遗产"，不应是简单地设立一个特殊区域，并在区内实行特别制定的规范。相反，它应该是通过战略和工具的制定，形成有关城市长远发展的政策性说明。可以说，长远的遗产政策比具体

的建筑法规更加重要，因为前者更能确保当地社区和专家认为的重要价值得到
有效保存。

3. 意义的层积性

城市是意义的层积，这些层积源于各类自然和人工对象的特征。虽然，各
类保护政策已经吸收了历史城市是一种复杂构造的观点，但城市的其他方面（如
与地质和自然形态的关系、特殊的视觉或符号轴、场所的象征或精神价值等）
则往往是文化景观而不是历史地区关注的范畴，因为对后者而言，更加注重对
其建筑内容的考察。把城市视作意义的层积，则使我们能够对社区和决策者们
所面对的保护和发展之间的关系作出权衡，并确定保护政策。它终结了旧城及
其现代化发展之间在概念和操作上的分离，而那些未被正确认定为具有特殊重
要性的地区往往正是历史和记忆价值的所在。此外，它还在历史形态和现代的
开发或再开发地区间建立了联系。

4. 对变化的管理

历史城市的保护常常在对变化进行阐释时遭遇困境。需要保护的价值往往
会随着社会、经济和空间的变化而改变。其结果是，现有的原则和实践均不能
对可接受的变化限度进行充分界定，而为此所做的评估往往也是临时和主观的。
由于我们经常性地忽略或误解对历史连续性应有的尊重，因此必须制定一种特
别的方式来界定历史场所内的当代建筑和文化创造所具有的作用。我们需要制
定特殊的方法，来实现对建筑、基础设施、公共空间和现存建筑的使用等变化
的管理。因此，管理规划应被视为连接不同管理领域的战略性文件。

5. 社会和经济的发展

社会经济的发展使得历史城市在现代社会中的作用发生了变化。然而，这
一变化并未在城市管理过程中得到很好的理解，多半是从保护的角度，即被当

作是应加以规范管理的对象。因此，有必要对历史城区不断变化的作用，以及如何实现社会经济发展和保护战略的整合进行反思，从而了解为了确保历史性城镇景观的可持续发展，需要哪些新的定位以及哪些持续性的资源。然而时至今日，这仍是一个难以企及的目标。

6. 环境的可持续发展

　　对城市的反思也包括社会对经济可持续发展的日益关注。环境保护运动越来越大的影响力、新问题的显现（如能源生产和保护、气候变化）以及全球发展进程的全面影响，都让我们对城市环境、城市经济及城市形态的看法发生了巨大改变。一些可持续发展的概念已在历史环境中得到运用，说明了从长远来看历史环境所具有的重要贡献，同时也体现了在面临全球变化影响时它是何等脆弱。这一文化转向已经影响了我们看待城市保护的观念，也呼唤着方法和视野的更新。

案例 2.5　两难困境：威尼斯还是瓦拉纳西？　　70

图 21　意大利威尼斯（Venice）

图 22 印度瓦拉纳西（Varanasi）

71

  历史城市威尼斯运用一种完全符合现有的保护原则的方法，将其环境形态的真实性完完整整地保存了下来，是当今这一领域中最为典型的案例。而在应对未来挑战以及气候变化方面，它也为我们提供了一个城市的范例。

  同时，威尼斯也是当地社会和文化价值几乎完全消失的典型案例，主要反映在当地大部分人口的外迁及替代之中，此外，旅游业也是当地唯一处于主导地位的经济活动。从这一意义上说，威尼斯并不能算作是作为一座历史城市而保存下来的。

  然而，随着非常住人口（通勤族、学生和游客等）的到来，新的社会结构开始创造新的社会维度，并通过当地重要的全球文化事件得到进一步充实。

  虽然仅有小部分文化产品是在当地生产的，但这座历史城市已然成为全球文化的展示舞台，这些文化进而支撑并补充着威尼斯标志性的遗产形象。从社会公认的城市保护原则角度来看，威尼斯无疑是个失败的案例。但是，它所特有的城市形态特征、源源不断的艺术成就以及享誉全球的旅游和艺术中心的地位，都让我们觉得不能简单认为它的普遍意义已经失去。

作为最受印度教徒以及如佛教、耆那教等其他宗教信徒敬畏的城市，瓦拉纳西在过去三个多世纪以来都是人们心中的圣地。大规模的信徒来此朝圣，在神圣的恒河畔沐浴，更希望死后能在这里火化。这是全球最重要的宗教圣城之一，满载沉甸甸的精神和文化价值。过去一个世纪以来，瓦拉纳西的宗教和政治地位给城市带来了极大的破坏和改变，如今的瓦拉纳西主要成形于 16 世纪。

虽然这里和宗教及精神相关的传统价值依然是真实且完整的，但城市和建筑的肌理却并非如此。为了让这些建筑和城市空间的使用适应朝圣者、访客和游客的新需求，它们已被一再改造和变更。尽管整体的城市景观并未发生重大变化，尤其是依傍高止山脉一侧的河岸，远远望去，另一侧仍是一片完整的未经建设的区域，但事实上，仅有极少的物质肌理被完好地保存下来。即便缺乏（物理的）真实性和完整性，瓦拉纳西作为一座历史城市和精神中心的价值依然是完好无损的。

由此我们陷入了两难：威尼斯和瓦拉纳西，究竟哪座城市更能代表当代的遗产概念？

7. 城市保护的新工具

随着时间的推移，我们已有一套详尽的历史城市保护的工具。对于不同的政策和管理方法能否有效地满足保护的总体目标，以及这些政策和方法是否具有连贯性，需要进一步评估和考察。此外，还要制定新的工具来提升有关城市价值识别和保存这一过程的管理。其中包括：在界定历史场所的价值体系时，引入利益攸关方群体参与所需的工具；界定和保护城市肌理和城市景观完整性所需的工具；针对某一历史环境对其可接受的改变作出权衡并确定其程度的工具；或者是能够更好地整合城市景观的建成和自然环境，并确保可持续发展模式的工具。

72

2.6   历史性城镇景观的方法

毫无疑问，现代的"城市"保护原则深受其"建筑"保护起源的局限。1964 年的《威尼斯宪章》，作为现代国际保护的奠基性文件，几乎把注意力都放在纪念物及其修复上。事实上，正是它的局限性促使 ICOMOS 制定了一份具体的关于城市保护的补充性宪章，即后来 1987 年的《华盛顿宪章》。这份文件极大丰富了该领域在国际层面的工具，涵盖了城市布局、公共空间、自然和人工环境等要素。

城市历史保护发展被当作公共政策和城市规划领域得以发展，而上述方法，无疑在这一过程中发挥了极其重要的作用。但如我们所看到的，它也显示出许多不足和局限性。这些不足和局限促使从业者们对过去几十年的创新观点进行反思，并在此基础上探索新的道路。

为此，联合国教科文组织世界遗产委员会在 2003 年发起的大讨论，以及在 2005 年颁布的《维也纳备忘录》，成为 20 年以来修正和更新现代城市保护范式的首次尝试。《维也纳备忘录》本身在很大程度上依然是依托传统的学科方法。但它把历史城区定义为一个综合性系统，而不是纪念物和城市肌理的"总和"，不但与其周边地区及环境之间存在历史、地形和社会方面的联系，还以复杂的层积性意义和表现形式为特征。通过这种定义，它试图对传统方法的局限性作出探讨。它把历史城区视作长期以来并且仍在发生的动态过程的结果，并把包括社会、经济和自然在内的变化看成是需要进行管理和理解的变量，而不仅仅是产生反差对比的来源。

根据备忘录中的定义，历史性城镇景观强调自然形态和社会演变之间的联系，把历史城市界定成整合了自然和人工要素的系统，这一系统具备历史的连续性，并体现了历史上各种表现形式的层层累积。对文化表现形式多样性所具有的价值的肯定，是历史性城镇景观的基础，同时还把社会和经济动态理解为

影响价值和城市形态变化与适应性的正面因素。由于历史城市被看作是意义的 73
层积，而这种层积本身无法将现代的贡献排除在外，由此，这种方法推动了对
历史区域内新建的当代建筑所具有的文化价值的认可，也由此引发了保护界的
激烈争论。但可以明确的是，需要尊重特定场所具有的设计特征上的完整性和
连续性，这作为在历史环境中最基本的干预"原则"在当代的建筑创新中往往
会遭到忽视。

　　《维也纳备忘录》要求制定一种更为综合的方法来保护自然和人为特征的
价值。虽然现有的多数宪章都谈到保存"环境"和"周边地区"的必要性，但
历史性城镇景观方法把自然特征作为城市价值的生成因子，与这些价值的组成
和表现形式都拥有内在的联系。

　　历史性城镇景观并不是一个单独的"遗产类型"。相反，这一概念本已存
在于既有的城市历史区域概念内，同时也为城市保护的实践增添了一种新的视
角：一种更为广泛的遗产的"地域性"视角，并且更加重视历史城市的社会和
经济功能；一种旨在应对现代化发展的、管理变化的方法；亦是针对现代社会
对历史价值所具有贡献的重新评估。它是 21 世纪落实城市保护理念的工具。

第 3 章

不断变化的城市遗产管理背景

显然，都市不是水泥丛林，而是人类动物园。

——德斯蒙德·莫里斯（Desmond Morris）

75   ## 3.1 内外变革力量的引入

前两章描述了国际性保护运动的出现，以及有关城市保护的国际性准则文书的制定。

城市保护学科的发展，不断充实着文化遗产的定义——从纪念物和遗址，到实际上包含了非物质维度在内的整个建成环境，同时也伴随着涵盖几乎所有新的遗产类型和遗产方方面面的公约、宪章和建议书的制定。从这一点看来，20 世纪的文化遗产保护运动确实取得了些许瞩目的成就。

然而，在不断取得新突破的同时，我们所熟知的旧世界也在以超乎我们想象的方式发生着变革。因此，正当学科领域还在就非物质遗产、真实性和突出普遍价值声明的意义和范围等问题进行争论的时候，一些深刻的变革已经悄然发生，并对保护的方法和手段持续地产生深远的影响。自联合国教科文组织最后一份关于遗产保护的国际性文件，即 1976 年的《关于历史地区的保护及其当代作用的建议》通过后的 30 多年间，全世界的历史城市保护经历了重要的外部变革，包括：

（1）全球范围内的城市化呈指数级增长；

（2）对环境和城市发展可持续性的关注与日俱增；

76   （3）气候变化影响带来的城市的脆弱性；

（4）持续的市场自由化、分散化和私有化作为新发展动力推动着城市地位的不断变革；

（5）旅游业成为世界范围内规模最大的产业之一；

（6）对文化遗产概念不断拓宽的认识和理解，包括对与拟保护的城市遗产价值相关的"城市状态"内涵的理解和尊重，成为变革的一大内因。

下面将对上述六种现象——包括城市保护的五种外因和一种内因——分别进行考察，揭示它们在推动保护学科变革过程中所发挥的作用。

3.2　全球范围内的城市化呈指数级增长

1960 年代晚期，农村人口向城市的转移开始呈指数级增长，引发了世界范围内的农村向城市的转型，以及大都市和大型城市的出现。大都市，即人口达到一百万或以上的城市，已从 1900 年的 11 个上升至 1980 的 100 个，预计今天其数量已超过 500 个。

1980 年代初期，世界上仅有 3 座人口超过 1 000 万的城市，即所谓的大型城市，分别是：墨西哥城、纽约和东京。1990 年至 2010 年，居住在城市地区的人口数量增长了 12%，占 2010 年世界总人口的 59.8%。预计 2030 年，这一比例将增至 67.5%，或等同于 48 亿的世界人口，而这一数字在 2000 年仅为 29 亿。

事实上，城市将成为这一增长的集中区域，包括现有的拉各斯、雅加达、马尼拉、孟买、曼谷、大阪—神户、上海、里约热内卢和圣保罗在内的 500 多个大都市和 20 个大型城市的数量将进一步增加。欧洲和北美已经历了较高程度的城市化，2010 年其城市人口比例达到 69.7%，但与此同时，中欧和东欧的部分地区却出现了下降趋势，主要由于当地持续的社会经济结构调整所致。但即便在这些地区，也将保持 5.2% 的总体增长，到 2030 年将达到 74.9%。[1]

发展中国家的城市几乎无一例外地都在经历着这种城市人口的增长，城市居民以每周 100 万的速度空前增加。除了不断增长的大都市数量，在发展中国家，多数的城市居民将住在二级城市中，换言之，即那些人口少于 20 万的城市。随着这些二级城市的持续发展和急剧增长，它们作为城乡地区之间的连接点，未来将同时面临最大的挑战和机遇。数据显示，撒哈拉以南非洲地区的人口数量在 1950 年至 1980 年间翻了一番，但其城市人口却增长了五倍（Yacoob et al.，1999）。

---

[1]　联合国人居署"全球城市指数数据库"，网址：www.UN-HABITAT.org/stats/default.aspx

77

图1 韩国首尔（Seoul）

图2 莫桑比克马普托（Maputo）

　　亚洲和撒哈拉以南的非洲地区都在经历着城市的指数级增长。这一过程为消除贫困提供了机遇，但也对历史性城镇景观的保护造成了威胁。

虽然大型城市仅容纳了近 10% 的城市人口，但人口少于百万的城市却占到 78
总城市数量的三分之二。

仅次于撒哈拉以南的非洲地区，印度和中国也经历着尤为显著的增长。印度的城市人口比例从 1990 年的 26% 增至 2010 年的 30.1%，预计 2030 年将达到 40.6%。1990 年，中国的城市居民比例为 27%，2010 年跳升至 44.9%，预计 2030 年将达到 60.3%。截至 2030 年，亚洲和非洲在城市人口总数上将分列世界前两位，届时世界上每 10 个城市人口中就有 7 个生活在上述两个地区之一（De Mulder et al., 2008）。

由于我们常常混淆城市化（urbanization）和城市发展（urban development）的概念，因此有必要对两者做一下区分。阿兰·吉尔伯特（Alan Gilbert）认为，城市发展或城市增长指居住在城市地区人口数量的增长，从这一层面理解，城市化则是城市发展的同义词，城市化就是城市增长的意思。"但城市化也有一层关于经济、社会和文化变化的微妙含义。它是现代化过程的重要组成部分——现代化涉及人类活动由农业向城市形态的转变、社会关系的变革以及对家庭内部生活的重要改变。人们从乡村向城市迁移，他们的生活方式也随之发生了改变"。[1] 自工业化时代以来，城市化被视作经济增长和社会发展的关键所在。总体而言，城市居民具有较高的受教育比例，较低的生育率以及更多的经济机遇。城市化为城市居民生活质量的提升创造了条件，主要通过规模经济、服务供给、集聚效应、技术转移、临近效应和生产力等（Lanzafame et al., 2009）。

然而，正如城市发展在过去 50 年间所呈现的状况，由于城市的迅速发展和管理的无序，一些"外部效应"开始显现，其中包括环境的压力，如污染和土地消耗；住房和城市服务设施的压力，如（随着贫民区人口数量的增长而来的）电力、供水、排污和固体垃圾的管理，以及收入差距的增大和社会不公的加剧，这些外部效应可能使社会在空间和政治上更加支离破碎，进而造成冲突、犯罪

---

[1]　Gilbert，"Urbanization and Security". Rosan et al., 1999：75.

和暴力现象的进一步升级。

住房、基础设施和服务设施对土地的竞争在城市中心地区尤为激烈，一旦

79　城市无法再向外扩张或城市蔓延受到限制，便产生了摩天大楼这样的建筑形态。

这些城市中心区域和大都市的关键节点收获了来自房地产和通信行业的巨额投资，但城市的其他区域因所处位置偏离市中心或较低的交通可达性而受到忽视（Sassen，2001）。最终，世界上的城市中心历史地区，成为城市发展和复兴过程的关键点，这往往会引发对其城市遗产价值保存的分歧。

图3　埃及亚历山大（Alexandria）

在从农村到城市的迁移中，人们自身的价值和信仰体系，逐渐被新的城市生活方式所取代。

案例 3.1　维也纳历史中心（奥地利）

　　2001 年列入世界遗产名录的维也纳历史中心，拥有丰富的建筑群，从巴洛克城堡和花园到 19 世纪晚期的环城大道纪念物和公园等。2002 年，城市的一个开发项目对整个遗产地的视觉完整性造成了威胁。该项目计划在毗邻世界遗产地的地区（维也纳中心项目）建造四座高 100 米以上的大楼。由于和遗产地近在咫尺，这些高楼将对整个城市的历史性城镇景观造成重大影响。而这些景观保持了高度的完整性，与 18 世纪画家贝鲁托笔下从美景宫望去的维也纳风景画（veduta）如出一辙。公众的强烈反对迫使城市当局对设计方案重新作出考量。其中一个高楼投入建设（维也纳城市大厦）之后，世界遗产委员会就此展开了辩论，表示如果完成全部工程，委员会将可能把该遗产从世界遗产名录中除名。维也纳市政府最终迫于压力，决定取消原定工程，并重新设计项目进而避免对城市视野造成影响。

来源：世界遗产委员会保护状况报告（28COM15B.83）

　　2007 年第 31 届大会期间，世界遗产委员会共审议了 33 份文化遗产的"保护状况"报告，这些报告均涉及城市发展和更新项目的潜在负面影响，包括由基础设施建设、现代建筑和高层建筑带来的威胁等。这一比例占委员会收到相关报告的世界文化遗产总数的 39%（Van Oers，2008），若把全球范围内的历史城市的情况全部考虑进去，这显然只是冰山一角。近几年，世界遗产委员会在大会期间就此话题的争论及其激烈程度与日俱增，反映了现有的框架并不能很好地解决历史城市环境中的当代发展问题。

80

案例 3.2　里加历史中心（拉脱维亚）

　　里加历史中心于 1997 年被列入世界遗产名录，至今仍保持着中世纪的肌理，同时其周边郊区，散布着为数众多的 19 世纪新古典主义和新艺术风格的

图 4   隔岸眺望里加历史中心

建筑。然而，2003 年在基普萨拉岛（岛屿的部分地区为遗产地缓冲区，位于
道格瓦河对岸）进行的开发活动对遗产地的视觉完整性形成了威胁，也显示
出历史中心保护方面法律手段的不足。事实上，里加早在 2004 年便通过了一
份世界遗产地的管理文件，即《里加历史中心保存和发展规划》。但这份文
件未能阻止世界遗产地河对岸的大规模开发活动。尽管世界遗产委员会发布
了相关的建议，但基普萨拉岛的再开发项目依然继续实施，对里加的历史性
城镇景观造成了严重的影响。

来源：世界遗产委员会保护状况报告（28COM15B.74）

世界遗产大会对所有上述问题的讨论，都清楚地表明主管部门在面对城市 81
发展及历史城市的现代化进程，以及它们所传承的特性和价值保护的时候所遇
到的困境，同时也无法很好地兼顾两者。发达国家和各个大陆上的发展中国家
都存在这一状况。我们需要新的强有力的支持，来协调保护地区的发展和保护
关系，也需要为地方的社区和决策者（包括世界遗产委员会）制定全新的战略
和工具。

3.3   环境问题和城市的可持续发展

随着世界范围内城市地区人口的急剧增长，对环境和城市发展可持续性问题的关注也与日俱增。亚当斯（Adams）指出，可持续性的概念可追溯到 40 年前国际自然保护联盟（IUCN）于 1969 年通过的新的宗旨。这一宗旨谈及"生活世界——即人类所处自然环境——以及所有生物赖以生存的自然资源的持续和改善"，指关于"空气、水、土壤、矿物和包括人类在内的生物物种的管理，从而实现最为可持续的生活品质"（Adams，2006）。

可持续性是 1972 年在斯德哥尔摩（瑞典）举行的联合国人类环境会议的中心议题。之后，通过一系列文件和会议，可持续发展的概念得到进一步巩固并逐渐主流化，包括:《世界自然资源保护大纲》（*World Conservation Strategy*）（IUCN，1980），强调了需要保持基本的生态过程和生命保障系统、保存遗传的多样性、并保证物种和生态系统的永续利用；1987 年的《布伦特兰报告》[1]（*Brundtland Report*），关键性地指出以不损害环境为代价的经济发展是可能的，并且也是允许后代人满足其发展所必需的；1992 年在里约热内卢召开的联合国"环境与发展大会"通过了《21 世纪议程》（*Agenda 21*）；2000 年联合国千年首脑会议发表的《千年宣言》（*Millennium Declaration*），为今后的 15 年到 20 年提出了以"八个千年发展目标"[2] 为形式的联合国发展议程，其中之一就是环境的可持续性；此次峰会以后，又于 2002 年在约翰内斯堡召开了可持续发展问题世界首脑会议。

在可持续发展的定义出现 30 多年后，2005 年发布的《千年生态系统评估》[3]（*2005 Millennium Ecosystem Assessment*），又对地球所处的状态和人类对

82

---

[1]　世界环境与发展委员会，1987。网址：http://ourcommonfuture.org/

[2]　参见：http://www.un.org/millenniumgoals/

[3]　参见：http://www.millenniumassessment.org/en/index/aspx

资源的可持续管理提出了发人深省的见解。随着调节生态系统的服务的下降，除了由人类活动带来的对地球生物圈造成的负面影响，人类的贫困也已处于较高水平，同时社会不公也在加剧。[1] 在联合国生物多样性国际年（2010 年）的背景下，生物多样性公约秘书处于 2010 年 5 月 10 日发布了第三版的《全球生物多样性展望》（*Global Biodiversity Outlook*，GBO-3）。这是涉及范围最广的多样性保护和可持续利用的国际条约，共获 193 个缔约国签署。该报告指出，世界未能实现到 2010 年大幅降低生物多样性消失的目标，若不采取果断、彻底和创新的措施来保护和可持续地使用地球资源，人类的经济活动、生命、生活以及消除贫困赖以维系的自然系统将面临迅速退化和崩溃的危险。[2]

1981—2005 年，全球的国内生产总值增长一倍有余，与之相比，世界上 60% 的生态系统正在退化或者以不可持续的方式被利用。而在环境领域的投入只占国内收入的一小部分。全球每年在环境方面的支出预计不超过 100 亿美元，但另一方面，仅仅是能对减少贫困直接产生效果的环境投资需求就在 600 亿至 900 亿美元。[3] 主要由城市和城市化推动的全球发展已历经 30 多年，但无论是环境还是发展的可持续目标似乎都未实现。

在环境问题上，尽管许多城市都以负面形象出现，但正如联合国教科文组织"人和生物圈计划"（Man and the Biosphere，MAB）所提倡的，城市地区在促进可持续发展方面发挥着关键的作用。"人和生物圈计划"设立于 1971 年，是国际上把城市作为生态系统进行研究的最早尝试。研究对象涉及世界范围内的几十个地点，涵盖多种生物物理和社会经济的类型，从小型的乡村聚落到世界上一些规模巨大的大型城市。MAB 采用一种生态学的方法来促进对系统的理解，尤其是城市系统内部，以及城市系统与外围地区之间的关系及其相互作用

84

---

[1] 印度和中国快速的经济发展曲解夸大了全球在减少贫困方面的成就。其他地区，尤其在撒哈拉以南的非洲地区，仍然面临严重的持续性贫困。见：Adams，2006，pp.5–6.

[2] 见：http://gbo3.cbd.int/home/aspx

[3] UNEP，2008。网址：http://www.unep.org/documents.multilingual/default.asp?documentid=548&articleid=5957&l=en

83

图 5　南非开普敦（Cape Town）

图 6　美国纽约市（New York City）

　　联合国教科文组织"人和生物圈计划"将开普敦和纽约作为研究案例，通过保护大都市地区文化和生物多样性促进可持续发展。

的复杂性（Von Droste，1991）。

84

1990 年，经济合作与发展组织（OECD）提出了《针对 1990 年代的城市环境政策》（*Urban Environmental Policies for the* 1990s），以促进城市的可持续发展。[1]当中的建议有：跨学科方法的运用、促进公有和私有部门各自内部和相互之间的合作、执行环境标准并促进可再生资源的循环和利用。21 世纪伊始，以上建议多数被纳入到各国的国家发展战略之中。但与此同时，由于可持续发展"这一概念是整体的、具有吸引力的和灵活的，但也是不精确的"，因此这一概念也逐渐沦为一纸空文、一个可以被轻易拿来囊括几乎所有与经济和环境管理相关的理念或观点的容器。[2]

但亚当斯认为，由于可持续性的概念已得到广泛使用，同时经过 15 年的努力，它已为地方和国家政府、工商界乃至各类学校和大学广泛熟知，因此用清晰明确的语言来重新定义和强调这一概念，而不是将之摒弃，才是更为有效的方法。

此外，还有两大方面的问题需要讨论。首先是可持续性的传统"三大支柱"模式，包括环境、社会和经济的发展，但唯独未曾提及无所不在的文化的作用。1998 年 4 月，在斯德哥尔摩召开的"政府间文化政策促进发展会议"，通过了联合国教科文组织《文化政策促进发展行动计划》（*UNESCO's Action Plan on Cultural Policies for Development*），计划的首个原则指出：可持续发展和文化繁荣是相互依存的。[3]

早在若干年前，世界文化与发展委员会便指出，"如果文化所依存的环

---

[1] Simonis & Hahn，1990. 网址：http：//www.biopolitics.gr/HTML/PUBS/VOL3/qi-sim.htm

[2] Adams，2006：3.

[3] 斯德哥尔摩会议通过了以下五项政策目标：
目标 1：使文化政策成为发展战略的主要内容之一；
目标 2：促进创造力和对文化生活的参与；
目标 3：强化维护、发展文化遗产（有形和无形的、可移动和不可移动的）与促进文化产业的政策和实践；
目标 4：在信息社会中同时为之促进文化和语言的多样性；
目标 5：为文化发展调拨更多的人力和财力。

85

境遭到废弃或趋向枯竭，那么文化也将不复存在。迄今为止，人类与自然环境的关系都主要限于生物物理的范畴内，但如今我们也愈发认识到，社会本身早已建立起一套保护和管理其自身资源的详细程序。这些程序植根于各自社会的文化价值观之中，只有对它们加以考虑，才能实现人类可持续和公平的发展"。[1]

2005 年 1 月，联合国在毛里求斯举行了"小岛屿发展中国家（SIDS）可持续发展巴巴多斯行动纲领十年回顾国际会议"，会议期间，联合国教科文组织召开了一次国际小组会议，就文化在小岛屿发展中国家的可持续发展中起到的作用进行讨论。会议支持把文化作为可持续发展的第四大支柱。[2]

尤其如基特·努尔斯（Keith Nurse）所说，文化不应仅仅作为第四大支柱而被纳入，而应该成为完全融于经济、社会和环境发展的最核心的内容：因为文化是人们身份的根源，并由此决定了人的交流和表达机制及世界观，塑造了他们对包括社会和经济系统在内的环境的看法、理解和行动的认知框架（Nurse，2007）。

联合国教科文组织在 2010 年纽约联合国总部举行的"千年发展目标（MDG）峰会"中提出了上述论点。最主要的目标是保证到 2015 年，当世界领导人对千年发展目标的后续行动进行决策时，把文化作为主要的政策框架之一进行审议，并以此制定针对性的计划和行动。为实现这一目标，必须对文化及其多样性在实现可持续发展方面的促进作用进行论证，这主要依靠（利用物质和非物质文化遗产、文化产业和文化机构等）创造就业和制造收入，以及树立环境意识并推动其行动来实现。而创造就业和制造收入需要通过培养社会凝聚力和缔造和平环境来达成。2010 年 12 月，联合国大会就此议题通过了决议，首次明确了文化对发展进程的推动作用，并在千年发展目标行动的框架内开启了对文化遗产、

---

[1] UNESCO，1996：17.

[2] 关于本次讨论，见：http://www.unesco.org/csi/B10/mim/Panel3sum_English.pdf

文化创造性和文化机构的新思考。[1]

案例 3.3　马拉柯什的阿拉伯人聚居区（摩洛哥）

图 7　马拉柯什的阿拉伯人聚居区

---

[1] 联合国第 65/166 号决议，文化和发展，2010 年 12 月 20 日

　　"1. 强调文化对于可持续发展以及实现国家发展目标和国际商定的发展目标，包括千年发展目标的重要贡献；

　　2. 邀请所有会员国、政府间机构、联合国系统各组织和相关非政府组织：

　　（a）提高公众对文化多样性和对可持续发展重要性的认识，通过教育和利用传媒工具宣传文化的积极价值；

　　（b）确保更加醒目、更加有效地把文化纳入各级发展政策和战略并使之主流化；

　　（c）酌情推动各级能力建设，以便建设一个富有活力的文化和创作部门，特别是鼓励创作、创新和创业，支持发展可持续的文化机构和文化产业、对文化专业人员开展技术和在职培训，并扩大文化和创作部门的就业机会，以促进持续、包容性和公平经济增长和发展；

　　（d）考虑到文化消费范围的不断扩大，并就联合国教科文组织 2005 年《保护和促进文化表现形式多样性公约》缔约国而言，考虑到该公约的各项规定，积极支持发展当地文化产品和服务市场，并为其有效、合法进入国际市场创造便利；

　　（e）维护和保留当地和土著传统知识以及社区在环境管理方面的做法，这些都是文化作为实现环境可持续性和可持续发展的工具的宝贵例子，并增进现代科学与当地知识的协同增效；

　　（f）依据国家立法和相关国际法律框架，支持有关保护和维护文化遗产和文化财产、打击非法贩运文化财产和归还文化财产的国家法律框架和政策，包括为此推动开展国际合作，以防止盗用文化遗产和文化产品，同时确认知识产权对于鼓励文化创作人员持续进行创作的重要性。"

自 1070 年建立以来，马拉柯什的阿拉伯人聚居区便成为重要的政治和文化中心，至今仍是地方身份和传统活动的核心。凭借数量众多的优秀纪念物，该地在 1985 年成为世界遗产地，同时这里的主广场"雅马埃尔法那广场"也在 2001 年被列为世界非物质遗产的杰出代表，这一充满活力的城市地区自此成为国际著名的旅游胜地。应 2008 年一份"摩洛哥历史城镇发展战略"政策报告的建议，当地在摩洛哥住房、城市和区域规划部的要求下，与世界银行及意大利文化和可持续发展信托基金合作开展了一项研究，对马拉柯什的更新战略及其面临的挑战进行了考察分析。该城市最主要的经济发展潜能来自其拥有的文化资源。当地采取的一些做法，如与地方社会紧密合作，依靠当地的艺术、手工艺和旅游产业，创办大学和发展地方经济，这些措施都推动了马拉柯什文化遗产的保护。其他一些活动，如城市景观整治项目、马拉柯什城市品牌行动、地区农产品推广以及服务于旅游业的多样的建筑修复改造，都是由当地旅游经济的不断壮大而带来的成就。但是，这里也经历着快速的城市和经济变革，这些变革可能与聚居区及其居民的传统生活不相适宜。因此，为了改善社会分配、提升遗产地的真实性并由此缔造可持续的城市未来，有效的机构参与以及管理规划的批准仍是当务之急。

来源：Bigio，2010

其次是认为我们可以在不同的支柱间进行权衡。在现实中，这就造成了在对开发作出决策时，经济的发展往往被当作重中之重，并成为"司空见惯"的现象。

最近，一个欧洲黑海的案例引发了激烈的讨论，其中牵涉一片关系到 16 个国家的巨大水域，此处复杂的生态系统因为一系列错综的人为影响而持续地受到累积性损害。1970—1980 年代，此地频繁进行的捕鱼活动造成许多重要物种的灭绝，尤其是金枪鱼和剑鱼。与此同时，从外部引进的水母在生物竞争中胜出，不断捕食较小的鱼类。此外，农业污染还导致了藻类过剩，而水中含氧量的降低造成海床栖息地生态系统的崩溃。1990 年代早期，苏联解体，社会主义共和国联邦经济分崩离析，因此农业活动呈明显放缓，但这恰恰为黑海生态系统的恢复提供了契机。一篇文章援引最近一项由欧洲委员会支持开展的研究的结论，提出若要使黑海的生态系统得到完全恢复，则必须把社会和环境需求置于和当地最迫切的经济需求同等优先，甚至是更为重要的位置上。[1]

把经济发展置于其他考量之上，也是历史城市的开发项目和建筑干预措施中经常出现的情况。虽然当代的新建筑总体上已符合最新的能效标准，采用了最新技术进行环境设计，实现了环境的可持续性，但一旦涉及文化的可持续性，也就是确保与历史环境在形式和功能上相延续和相兼容，则并非如此了。经济层面的考虑往往会凌驾于其他一切之上，例如，即便在未对其经济必要性做出清晰论证的情况下，人们依然会支持在历史城区建造高楼的提议。为了实现真正意义上的可持续发展，我们需要考虑的因素已大大增加，当前亟需我们针对各类复杂性制定一份完善的城市管理议程。

案例 3.4　维尔纽斯历史中心（立陶宛）

88

图 8　维尔纽斯历史中心（远眺）

---

[1]　见：http://ec.europa.eu/environment/integration/research/newsalert/pdf/22si.pdf

图 9 维尔纽斯历史中心

89
　　维尔纽斯代表了东欧建筑史上的一个重要发展阶段。这里保存了 13 世纪至 18 世纪末的重要建筑群及中世纪的格局和自然环境。但一个名为"维尔纽斯详细规划"的开发项目对该遗产的完整性带来了挑战。这个项目计划建造一系列的高层建筑，并拆除位于缓冲区内的木结构遗产，因此会对遗产地的视觉完整性造成影响。2005 年的世界遗产大会就此问题进行了讨论，之后，为了对遗产地的突出普遍价值予以重视，立陶宛政府邀请了不同专家对规划进行审议。此外，地方层面也采取相应措施来确保遗产的保护，其中包括 2005 年生效的一项新法律以及一份关于修改缓冲区范围的行动计划，并由此产生了一份针对维尔纽斯历史中心缓冲区的项目草案。在对遗产地的视觉影响做出评估以后，对遗产地具有威胁的新的高层开发项目被终止。但依然需要制定一项针对遗产地的全面综合的管理规划。

来源：世界遗产委员会保护状况报告（30COM7B.86）

3.4　气候变化的影响

虽然些许姗姗来迟，但除了对环境问题的担忧以外，气候变化对历史建成环境的影响正越来越受到关注。部分由于人类活动造成的气候变化及其所具有的潜在影响，尤其是沿海地区的脆弱性，在 1980 年代晚期就已进入政界的考虑范围。1989 年，联合国第 44 届大会通过了关于海平面上升对岛屿和沿海地区可能产生的不利影响的第 44/206 号决议[1]；1989 年 11 月，马尔代夫政府又主办了“小国海平面上升问题会议”，并通过了《关于全球变暖和海平面上升的马累宣言》（*Male Declaration on Global Warming and Sea Level Rise*）。[2]

1992 年，里约热内卢召开的联合国环境和发展大会加快了这一势头，会议通过了《21 世纪议程》，即“可持续发展的行动计划”；之后，1997 年 12 月，在日本召开了联合国气候变化公约（UNFCCC 或 FCCC）大会，并在会上通过了《京都议定书》（*Kyoto Protocol*）。[3]

《京都议定书》于 2005 年 2 月正式生效，截至 2009 年 11 月，共有 187 个国家签署了该条约。议定书的最主要特征是规定了 37 个工业发达国家和欧盟国家的温室气体排放量要在 1990 年的基础上平均减少 5.2%（值得一提的是，相较议定书签订前而言，这一目标比之前截至 2010 年底的预期排放量降低了 29%）。

2005 年，一个由相关组织和个人组成的团体提请世界遗产委员会及其秘书处关注气候变化问题及其对世界遗产地的影响。在南非德班 2005 年召开的第 29 届大会上，世界遗产委员会要求世界遗产中心组织并召集各个领域专家组成工

91

---

[1]　地球协议报道（Earth Negotiations Bulletin），国际可持续发展研究所（IISD），Vol.8，No. 48，网址：http：//www.iisd.ca/sids/msi+5/

[2]　见：http://www.islandvulnerability.org/slr1989.html

[3]　见：http://unfccc.int/resource/docs/convkp/kpeng/html

90

图 10　亚马逊原始热带雨林

图 11　美国洛杉矶（Los Angeles）

　　由于森林的砍伐，城市地区的温室气体排放对生物圈造成了消极影响。城市可以发挥重要作用，缓和人类的全球足迹。

作组，就气候变化带来的危害的性质和范围进行广泛地讨论，并为应对这些问 91
题制定一份战略。[1] 总体上，专家组肯定了增加基准数据的必要性，要为不同地
区和遗产地搜集由不同模型得出的气候数据组和预测数据。为了更好地理解气
候变化及其对地方影响之间的联系，专家组明确了研究的三个类别：①针对不
断增强的风险因子的研究（如旱涝灾害），以此支撑灾害管理规划的制定；
②社会经济研究，如评估气候变化造成的经济损失的成本收益分析，以及有关
气候变化对社会产生的影响研究；③关于对可能降低遗产地应对气候变化影响
韧性的其他压力因子（如污染或森林砍伐）的性质和来源的研究（UNESCO 世
界遗产中心，2008）。

　　2007 年，政府间气候变化专门委员会（IPCC）发布了第四次评估报告《气
候变化 2007》[2]，明确指出了地球气候变暖的趋势，并承认自 20 世纪中叶以来
的气温升高很可能是由人为的温室气体排放所造成的。IPCC 在其第四次评估报
告中强调了城市中心所具有的极强的应变能力，但尽管如此，包括历史城市在
内的城市地区的适应性，至今仍被决策者和规划者所忽略。戴维·萨特思韦特
（David Satterthwaite）认为，"应对气候变化必须成为一切城市规划和管理的核心。
然而，让地方政府以此为前提展开行动是异常困难的，似乎总能出现其他更为
紧迫的优先项，而现阶段可以证明气候变化对地方影响的信息又极为薄弱……
为了降低风险，同时能够及时做出合理的应对措施，所有城市都需要有效的灾
害风险管理规划。完备的灾害预防是应对这些问题的关键所在"。[3]

---

[1]　专家组备制了一份《关于预测和管理气候变化对世界遗产影响的报告》，以及一份《协助缔约国实施恰当的
管理应对措施的战略》，可参见：http://whc.unesco.org/en/climatechange，并发布在第 22 期《世界遗产论文集》（英
法双语）。

[2]　可参见：http://www1.ipcc.ch/ipccreports/assessments-reports.htm

[3]　Satterthwaite，2008：2.

92

图 12   也门哈达拉毛（Hadramawt）

图 13   也门萨那（Sana'a）

全球变暖将加剧包括洪水灾难在内的极端天气现象。2008年10月，一场洪水席卷了也门的萨那地区。

　　城市地区和历史城市面临的威胁可能包括各类直接的影响，例如由极端　91
天气状况或海平面上升引发的更为经常性和严重的洪涝灾害。而低收入和中等
收入国家的大部分城市人口，都居住在低海拔沿海地区（Low-Elevation Coastal
Zone），即海拔低于 10 米的大片沿海区域。

　　这大约等同于在中国约 8 000 万的城市居民，或者有 3 000 万的印度人口　93
生活在上述区域。在美国和拥有 1 600 万总人口的荷兰，也分别有近 2 000 万和
1 000 万的城市人口将面临这一局面（McGranahan et al.，2007）。2007 年初，基
于对气候变化将加剧降雨量的预测，英国宣布在包括伯明翰、伦敦、纽卡斯尔
和利兹等在内的城市开展 15 项关于减少城市洪灾的研究。[1]

　　提高可再生能源供应或降低能源需求的适应性政策，可能产生各种间接的
影响。虽然以降低能源需求为导向的政策可以对历史环境产生广泛的积极影响，
但如果节能措施的设计不到位或者无法适应历史建筑的状况，就会适得其反。[2]
对文化遗产而言，主要与五类主题的研究和调查相关：了解材料的脆弱性；对
变化的监测；对气候行为的模拟和预测；文化遗产的管理；以及损失预防。

　　如今关于气候变化对文化遗产影响的科学研究项目中，最重要的要属英国
（2006）的"历史建筑的未来工程"（Engineering Historic Futures）[3]项目，这
一项目主要关注气候变化的湿度影响。此外，还有欧盟的"全球气候变化对建
筑遗产和文化景观的影响"研究（Global Climate Change Impact on Built Heritage
and Cultural Landscapes）。[4]

　　随着世界范围内的城市化进程，城市和地方行动也催生了众多具有创新性
的关于全球气候变化的理念。

---

[1]　可参见："监测地球风险项目，专家观点"，Andrew C. Revkin，*International Herald Tribune*，2007 年 1 月 16 日。

[2]　来源：英国遗产委员会（English Heritage）发表的声明"*Climate Change and the Historic Environment*"，2006
年 1 月出版，见：www.helm.org.uk

[3]　见：http://www.ucl.ac.uk/sustainableheritage/historic_futures.htm

[4]　见：http://noahsark.isac.cnr.it/

位于华盛顿的环境领域智库"世界观察研究所"（Worldwatch Institute），曾发布报告《我们城市的未来》（*Our Urban Future*）。报告指出，城市及其他地方政府的努力只是一小部分，但却是极为有益的，尤其在发展中国家，相比几乎没有任何支持的国家层面的规划，地方上的行动通常能更快地发挥作用。尽管，我们对于气候变化对建成环境所造成的潜在和日益迫近的影响的理解可能尚停留在早期阶段，但城市和地方政府必将带领我们打响抵御全球变暖的战斗（Worldwatch Institute，2007）。

3.5　城市作为发展动力的角色转变

经济结构的调整是人口从农村向城市迁移的主要驱动力之一。许多国家已经重新定位其经济发展方向，朝着更为自由的市场化行为进行调整。虽然很难证明这已经是普遍现象，但某些重要的方面正在发生着变革，并引发了人口的再分配这一重要结果。最引人注目的例子就是中国，但像越南、埃塞俄比亚、墨西哥和巴西等国家也已发生了由经济调整带来的内部的人口迁移。最终的结果，不仅仅是人口向新方位的转移，还造成了地区间经济发展速度的差异，进而创造了让劳动力趋之若鹜的各种就业机会。[1]

在新千年初，世界银行曾注意到：城镇不但经历着规模和数量上的增长，还获得了新的影响力。全球化带来了各国内部的重大调整，把贸易和制造业从许多传统的城市中心向更能凸显市场优势的城镇转移。工业和商业活动主要集中在城市地区，这些活动也主要面向城市地区来提供服务和推广，并由城市地区提供资金支持。工业和商业活动占多数国家国内生产总值的 50% 到 80%。国家政府的角色正向推动市场发展、促进经济社会稳定和保证公平的方向重新定位（World Bank，2000b）。

它还注意到，随着经济活动向外扩展到主要的半城市化和工业化农村地区，对城市、城镇和农村地区之间的划分已然过时，中国的珠江三角洲便是最为突出的例子。如此一来，"城市"和"农村"便不再意味着国家内部两个各自封闭的体系，而是从密集程度、从对农业或生产的依赖性以及从社会组织形式角度进行区分的经济活动和居住地区的无缝连续体。

因此，通过物品、劳力、服务、资本、社会事务、信息和技术的交换，城市地区的发展便与农村经济建立了紧密联系，也使两地的居民受惠。作为对这

94

---

[1]　White，M.J.，"Migration，Urbanization，and Social Adjustment".Rosan et al.，1999：21.

图 14　乌干达的坎帕拉城外（Kampala）

图 15　坦桑尼亚桑给巴尔（Zanzibar）

城市经济向城市边界以外延伸，涵盖了向城市地区供应土地、劳动力和生产力的偏远地区。

种逐渐消失中的二元体系的回应，世界银行在其名为《城市和地方政府问题战 94
略观点》（*Strategic View of Urban and Local Government Issues*）的报告中把"城市"
看成是"代表了一个整体市场的经济区域，但通常会超出官方的行政边界，涵
盖与之紧密相邻的次级区域，可能包含小型城市、城市周边地区，甚至临近的
农村地区"。[1]

　　这一定义，与上一章讨论的和城市保护相关的历史性城镇景观概念极为
相近。

　　为了更好地发挥潜能，不同地方需要着眼于特定区域在政治层面的承诺以
及当地的制度和技术能力，实行不同的城市发展政策和战略。那些已经成为区 96
域经济内重要节点的城市，往往都投入了大量资金来改善当地状况，如确保有
效的基础设施网络、提供高品质的城市环境，包括社会和文化服务及其设施等。

　　重要自治措施从国家向城市政府层面的转移，即权利的分散化，让地方层
面能够依据自身特性来实行规划和设计，进而促进了城市性能的发挥。此外，
近几年还出现了针对城市和地区的地域营销和地域品牌化的现象，以此来管理
不断涌现的内外机遇并把它们转化为竞争优势。

　　2007 年（首份）《世界分权和地方民主全球报告》（*Global Report on
Decentralization and Local Democracy in the World*）对已被国家采纳并用来推行分
权化的几大方向作出了总结，"它们往往出于不同的目的——有些是出于政治
考量，有些抱着经济目的，而其他的则可能是看中更为优化的服务或者是民主"。
虽然在分权化治理的制定和实施过程中尚无统一的规范框架进行指导，但许多
国家已自愿加入到这一进程，这一行为本身便已是"令人瞩目的现象"。[2]

　　这一趋势与那些席卷全球的最深层次的结构性因素相关，即苏联解体后中
央国家模式的消亡，欧洲的地区化进程，以及民主在非洲、亚洲和拉美地区的
传播。分权化主要涉及权力的托受，即职能和责任从较高的国家层面向较低的

---

[1]　World Bank，200b：22.

[2]　UCLG，2007：283.

城市层面的转移。但是，分权化也带来了中央层面的监管需求，所以过去几十年间，政府和公司领域的中央服务机制在世界范围内得到稳步发展。

在争夺经济市场份额和直接投资的竞争中，城市已获得越来越多的权力，也拥有了更大的自主权，由此对其他原本应是国家政府关照范畴内的社会文化领域产生了巨大的影响。[1] 总体而言，随着经济结构调整和分权化的发展，出现了空间的迅速私有化和商业化，以及文化和遗产的商品化现象，这在当今的城市历史区域显得尤为突出。过度的广告宣传、新型的专营权以及主题公园式的开发，已使许多历史肌理遭到改变和破坏，它们不无遗憾地被谑称为遗产的"迪士尼幻想"，即"通过仔细的筛选和包装，将不悦、悲剧、时间和污点剔除"（Rowe et al.，1978：48）。

97　　　此外，"它不仅提供了一种虚构的并且通常是怀旧的身份，而且正如评论家所宣称的，它还故意打破公共空间的偶然性与这一城市文化所具有的特征，并代之以适宜于家庭般氛围的、往往受商业操控的、伪公共空间的视觉感"。[2]

除了真实性的丧失，文化多样性也成为大型国际公司的牺牲品，当地的店铺及其销售的产品——从咖啡馆和三明治店，到餐馆和旅店——都被大公司旗下的强势品牌所替代。如今，历史古城提供的一系列产品和服务已趋向同质化，严重削弱了地方的文化历史价值，以及由此带来的游客体验。

除此以外，对当地社区的社会经济影响往往更是毁灭性的。他们或为高额租金和日益上涨的生活成本所迫，或因为诸如被改建为露台或购物中心之类的公共空间的私有化行为，而直接或间接地被迫搬离曾经的居住地。但是无论多么令人不悦，我们必须看到的是，这些问题的症结并不在于全球化本身，而是我们应对全球化时所采取的方式，以及不受监管的市场力量对这一过程的推动。

---

[1]　其中包括世界遗产地的保护。2009年，被世界遗产名录除名的德累斯顿的易北河谷文化景观即是这方面的一个案例。

[2]　De Waal，Martijn. "Powerifications"，鹿特丹国际建筑双年展，2007：228.

当下时代的社会关系和技术正日趋复杂，大型公司能够以小型企业无法比拟的价格和标准优势，向大众市场生产商品和提供服务。但不得不承认，也正是这些大型企业，把历史城镇原有的农业结构转变为单一文化的购物广场、沿街商铺和主题公园。这些新的结构与场所和社区皆不存在依附关系，而仅仅是根据一群公司聘请的专家所做的规划和设计，是以一种从上到下的非参与性方式来确定的（Kaplan，2000）。

未来几十年，国家的命运将在很大程度上取决于不断增长的自主化城市的网络，取决于这些城市将如何在彼此间以及与其他网络之间连贯有效地实行互动，从而在社会经济层面以及文化连续性方面找到互补的行动和高质量的执行标准。文化连续性是身份特征和城市自豪感的决定性因素，而这两者正是决定城市竞争力和建立城市韧性的重要资本（Campbell，2003）。

此外，相比国家政府，地区和城市政府与其公民之间的关系更为紧密，因此对公民的社会和文化需求更为敏感。所以，它们更适合成为全球化进程改革的领导者，从而解决社会经济的不平衡发展并应对文化的差异。城市可以利用当地的公民社会推动能力建设，并在各层面的决策过程中对当地的劳动力、文化表现形式、语言、商业和社区加以考虑，并由此加强和改善社会的可持续发展和社会民主。

城市政府及其管理者在与市民相关的方面的责任和行动范围正在不断扩大——"颇为戏剧化的是，在一个全球化的时代，权力越来越大的社会政治单元竟然是城市"。[1]

---

[1] Savir. 2003：30.

98

图 16　捷克布拉格（Prague）

图 17　埃及卢克索（Luxor）

过度的管理：一端是捷克布拉格一处"净化过的"公共空间，另一端则是埃及卢克索的大规模广告。

3.6　旅游业的兴起

世界旅游组织（UNWTO）指出，过去 60 多年间，旅游业已经历了持续增长并日趋多元化，成为世界上增长最快、规模最大的经济部门之一。

国际入境游客呈现显著稳步的增长：从 1950 年的 2.5 千万人次，上升至1980 年的 2.77 亿人次，到 1990 年的 4.38 亿人次，再到 2000 年的 6.84 亿人次，最终在 2008 年达到 9.22 亿人次。到 2020 年底，国际游客数量预计将达到 16 亿人次。随着全球新兴经济的快速发展，发展中国家在国际旅游市场的份额也呈现稳步增长，从 1990 年的 31% 上升至 2008 年的 45%。2008 年，国际旅游业总收入上涨了 1.7 个百分点，实际达到 9 440 亿美元（6 420 亿欧元）。[1]

这些体现行业整体的数字已足够引人注目，然而一旦涉及单个标志性的旅游目的地或者世界遗产地，其游客数量却更令人咋舌，如加拉帕戈斯群岛（厄瓜多尔）、威尼斯（意大利）或杭州（中国）都是其中的佼佼者。加拉帕戈斯群岛是 1978 年首批列入世界遗产名录的遗产地之一，当年的游客数量就达到了9 000 人次。1996 年，这一数字增长至 5 万人次，并在之后的 2007 年增长到 15万人次。也就是在这一年，由于一系列持续性的负面影响，包括外来入侵物种数量的迅速增长，以及持续不受控制的捕鱼和偷猎，世界遗产委员会最终决定把该遗产地列入濒危世界遗产名录。

作为历史城市类型的遗产地，威尼斯地区已成为公认的世界上接待游客最多的旅游目的地之一。2008 年，其游客数量到达惊人的 3 950 万人次（OECD，2010）。

然而，随着中国国内旅游市场的迅速发展，在今后几年中，其游客数量将远超以上数字。在中国浙江省的杭州市坐落着占地 5.66 平方公里的西湖风景区。

---

[1]　来源：世界旅游组织，http://unwto.org/facts/menu.html

100-101   西湖因其对整个东亚地区艺术和景观建筑的影响而闻名。据报道，去年西湖的游客总量达到 2 000 万人次，因此可以想象，在 2011 年成为世界遗产之后，这里将上演怎样的场景。这一切的增长都得益于交通技术的快速发展和交通成本的下降，以及生活水平的提高，市民拥有更多的可支配收入和带薪假期。由此可见，尽管旅游业已成为全球性的现象，但世界上仍有大部分人尚未能以游客身份加入到旅游行业之中。

案例 3.5   乍比得历史古城（也门）

图 18   乍比得历史古城

　　1993 年，凭借其数世纪来对阿拉伯和穆斯林世界的重要作用和影响，乍比得历史古城被列入世界遗产名录。它曾是拉苏勒王朝（公元 13 到 15 世纪）时期也门的首都，这里的乡土建筑是典型的提哈姆风格庭院建筑特征的代表。

图 19　乍比得历史古城（街巷）

在登录为世界遗产地时，鉴于当时古城所遭受的明显的威胁，ICOMOS 指出当地缺乏适当的保护和管理计划，并于此提出警告。2000 年，因为持续的衰败和退化，该古城被列入濒危世界遗产名录。由于缺乏必要维护，也没有建筑相关的法规，导致城市历史区域内新的混凝土建筑的建造，乍比得古城逐渐丧失其真实性。2008 年的建筑调查结果显示，古城内构成重要城市格局的民用和军用建筑中，有70% 至 80% 至今依然存在，但它们的保护状况令人担忧，致使原有的世界遗产价值下降。为了避免遗产地被最终除名，德国发展机构（GTZ，现德国国际合作机构（GIZ））和当地政府共同制定了一份行动计划。该项目采取的方法是面向单个建筑而非整体城市肌理来保存遗产地的真实性，成功缓解了状况的进一步恶化。但是，工程面临最大的挑战在于如何在改善当地居民经济状况和经济能力的同时，通过城市文化遗产的保护来推动当地社会经济的发展。

来源：世界遗产委员会保护状况报告（30COM7A.21 ）

101   正如许多人指出的，因其固有的组织和运行方面的矛盾，旅游业可谓是一把双刃剑。我们可以看到其中三个主要矛盾（Robinson et al.，2006）。首先，旅游业是全球化的典型表征，它具有高度的组织化和全球范围的关联性，是一个在跨国资本流动、跨国公司和组织以及人口自由流动时代背景下运行的产业。但与此同时，旅游业仍建立在 19 世纪民族国家的概念之上，拥有自身的机构、政治体系、经济需求，并在相互竞争中吸引大量的群体。

        其次，旅游业一方面较多地依赖公共部门，需要由其提供基础设施，如公路、机场、水甚至遗产等，但另一方面，它基本上又由众多分散的私有和私人运营

102   的中小型商业组成，带来了协调和立法上的困难。

        最后，当然也是通过大众媒体报道的最显而易见的问题，便是旅游业的双重影响。它在创造了包括直接的收入和就业在内的大量收益的同时，也制造了压力和问题，包括游客数量超过当地人口，使当地环境和传统生活方式发生改变并遭到破坏。

        但是，尽管拥有上述矛盾和问题，联合国教科文组织依然积极推广旅游业，因为它是建立人和人之间以及社区和社区之间联系的强有力工具，在推动不同文化和不同文明之间的对话方面发挥了重要的作用——这恰恰也是联合国教科文组织的核心使命。

        通过这样的对话，建立起跨文化意识和相互间的理解，并由此减少冲突和矛盾的发生。冲突和矛盾往往就是由不畅的沟通和不理解文化为何不同以及如何不同所导致的。随着全球化的总体发展趋势，旅游业的收益以及这些收益的公平分配在很大程度上取决于所制定和实施的政策和活动的质量。在世界多数地区，旅游业已成为国家和地区经济的重要组成部分。一旦得到有效的管理，旅游业便能抓住遗产的经济特征，并使之服务于保护，包括资金的获取、对当地社区的教育以及对政策的影响等。[1]

        联合国环境规划署（UNEP）和世界旅游组织共同发布了一份指南，其中指

---

[1]   1999 年 ICOMOS 国际文化旅游宪章。ICOMOS，2001：115.

103

图 20　中国杭州西湖

　　曾经的宋朝古都杭州，如今作为一个繁华的都市，吸引着整个东亚地区的游客前来。申遗的成功也进一步增加了它的吸引力。

出"旅游业的可持续发展指南和管理实践适用于所有类型的旅游目的地和一切　102
旅游形式，包括大众旅游业和各类小众旅游市场"。[1] 手册还明确了实现旅游业
可持续发展必须满足的三个条件。

　　首先，必须以最优方式来利用旅游业发展所需的重要环境资源，从而维持
基本的生态过程并促进自然资源和生物多样性的保护。

　　其次，需要尊重旅游地社区文化的真实性和社会的完整性，从而保护它们
的建筑和活态文化遗产及其传统价值观，并促进文化间的理解和宽容。

　　最后，必须具备长期且可行的经济活动，让所有参与方获得社会和经济收益，
包括对当地社区而言稳定的就业和获得收入的其他机会，以及相关的社会服务，
并通过收益的公平分配促进扶贫事业的发展。除上述内容以外，报告还进一步
指出，应让游客得到有意义的体验，包括较高的旅游满意度，以此提高他们对　103
可持续发展问题的认识，并在游客间推动可持续旅游的实践。

[1]　UNEP，2005：11.

只有少数历史城市实施了旅游管理和公共使用（public use）方面的规划，以有效应对游客数量的上升以及与之相关的其他影响。公共使用包括：对遗产地的阐释和游客体验、商业计划，以及依据历史城市可接受的改变限度和以此为基础的方法论，为游客增长带来的影响制定标准并实施监测。需要对这种旅游管理和公共使用规划进行普及，以此作为促进遗产地保护和保存、提升当地经济发展和改善社区权益的工具。此外，城市管理者利用旅游业推动旅游目的地管理所需的系统方法虽然仍处于起始阶段，但也是极为重要的。

发展旅游产业，使之推动监督并缓解环境和文化所受的负面影响，并促进地方能力的建设，这一过程当前仍处于起步阶段。虽然这会影响到地方社区和城市周边地区应享受的经济利益，但考虑到参与旅游发展的利益攸关方群体不断增加，覆盖了各类国内和国际组织，他们都希望协助把旅游业打造成当地文化和经济持续发展的重要力量，因此，这一过程是极具发展前景的（Robinson et al.，2006）。

104–105

案例 3.6 琅勃拉邦（老挝）

琅勃拉邦特有的城镇景观是老挝传统建筑与欧洲殖民建筑相融合的产物。1995 年，它被列为世界遗产，自此成为热门的旅游目的地，一系列变化也随之产生，包括扭转了 1985 年以来的人口下降趋势，同时出现了对当地传统社会和空间结构构成威胁的新的城市形态和类型。1996 年，联合国教科文组织和法国希农市（Chinon）共同设立了一个分权式的合作计划。该项目获得来自法国发展机构（AFD）710 万欧元的资助，分几个阶段实施，旨在提升当地的遗产保护意识，并为老挝设立新的行政管理架构，包括地方遗产委员会的设立和遗产议会的创建。地方遗产委员会包含了参与到城市的保护和规划过程中的当地居民，而遗产议会则负责实施琅勃拉邦 1999 年到 2001 年的保护规划。此外，还在法国技术团队的指导下，与当地的非政府组织合作开展了

图 21　老挝琅勃拉邦

不同的修复试点项目，例如由欧盟资助的对城市湿地的修复项目。经过几年
的合作，许多历史建筑和城市设施得以修复，同时遗产议会的建筑师们基于
当地的建筑类型，设计并建造了博纳康邦（Bona Kang Bung）生态博物馆，
通过这些行动使当地的遗产保护意识得到显著提高。人口基金会的支持进一
步推动了当地居民的参与度，基金会通过向当地拨款资助居民对自己的传统
民居进行修复。2004 年，在 AFD 的资助下，当地进一步制定了《土地开发规
划》，这一工具旨在保证未来土地的开发与遗产地的特征相协调，并突出了
当地居民将琅勃拉邦作为一个绿色遗产城市的愿景。这一分权式的合作行动
基于对遗产地特征的充分理解，加入了跨学科方法的运用，已成为国际合作
方面的一个范例。

来源：Savourey，2005

105   3.7 对遗产不断拓展的理解和城市遗产价值

1. 对文化遗产理解的拓展

前文所讨论的五个变革力量都来自遗产保护领域外部，但对这一概念本身不断拓展的认识和理解，则是在该领域内部产生的。

如第一章介绍的，1970—1980 年代，《世界遗产公约》刚开始实施的几年中，作为该领域发展的直接结果，"纪念物式"的方法是用来识别和保护文化遗产的主要方式。这种方法意味着，对历史建筑群、历史地区和更大的城市地段而言，"风景图画般"的美学价值对保护区的划分及其之后的保护和管理决策发挥了重要作用。这其实是把建筑作为艺术品，并基于这一标准来强调形式上的美感和视觉上的和谐（Van Oers，2007a）。

此外，在《实施保护世界文化与自然遗产公约的操作指南》中，历史地区和城市中心被归到"建筑群"类别，这也进一步阻碍了对历史城市所具有的丰富的社会和文化多样性的认识和理解，并将其价值的多元性，包括一些非物质和活态方面的价值，简化为纯粹的建筑和城市形态。1980 年代起，文化和自然遗产在世界遗产名录上的不均衡性开始愈发显现，世界遗产委员会据此展开了针对《全球战略》[1] 的讨论，稳步拓展了对遗产意义的理解和阐释。

最终，ICOMOS 提出以下针对这一过程的全面声明："遗产是包括了自然和文化环境的非常宽泛的概念。它包括景观、历史遗址、场地和环境，还有生物多样性、收藏、过去和正在进行的文化行为、知识和生活经历。它记录和表达了历史发展的漫长过程，是构成不同国家、地区、民族和当地特征的精髓，并

---

[1] 世界遗产委员会于 1994 年通过了"建立具有代表性的、平衡可信的世界遗产名录的全球战略"。这是一份为确认并填补世界遗产名录重要空白而制定的行动计划，它主要依赖于对具有突出普遍价值的遗产类型的地区性和主题性界定与分析。

且是现代生活的一个必要组成部分。它是生动的社会参照点和发展变化的积极
手段。每一个社区或场所所拥有的特别的遗产和集体的记忆是不可取代的，是
现在和将来发展的一个重要基础。"[1]

得益于这份《全球战略》，1990 年代至 21 世纪初期，一系列的当代概念纷
纷出现，或者被赋予了新的阐释，最突出的包括：

（1）文化景观这一新的类型[2]；

（2）1994 年的《奈良真实性文件》[3]；

（3）为确认和保护产生于现代的建成遗产，联合教科文组织在 2001 年发
起了"现代遗产项目"[4]；

（4）2003 年《保护非物质文化遗产公约》[5]；

（5）2005 年《保护和促进文化表现形式多样性公约》[6]；

（6）联合国教科文组织发起的"历史性城镇景观"项目。[7]

2. 城市遗产价值

2002 年，世界遗产中心和意大利乌尔比诺地方政府共同举办了"世界遗产
城市合作伙伴关系：以文化为载体的城市可持续发展"国际研讨会。与会者提
出，通过多样性表现出来的文化和传统的积淀，是某一地区和城镇所拥有的由
这些文化孕育或重新利用而产生的遗产价值的基础，而城市是这一事实的见证，
因此城市遗产，是一种超越了静态的"建筑群"概念的人类和社会文化要素。

---

[1] ICOMOS International Tourism Charter of 1999（ICOMOS 国际文化旅游宪章），ICOMOS 2001：115.

[2] 见：http://whc.unesco.org/en/culturallandscapes

[3] 见：http://whc.unesco.org/archive/nara94.htm

[4] 见：http://whc.unesco.org/en/activities/38/

[5] 见：http://www.unesco.org/culture/ich/index/php?pg=00006

[6] 见：http://unesdoc.unesco.org/images/0014/001429/142919e.pdf

[7] 见：http://whc.unesco.org/uploads/activities/documents/activity-47—11.pdf

我们必须从一开始就对这些"城市遗产价值"进行澄清，并把它们运用到城市发展战略和政策，及其相关计划和行动的制定之中（UNESCO 世界遗产中心，2004）。

那么这些城市遗产的价值究竟是什么？为了对这个复杂的问题有所了解，我们可以先对城市的本质进行考察。

107   "城市"（urban）的概念与拉丁术语"urbs"有关，指罗马城的边界划分，同时还与单词"urbum"（犁地）相关。古时的罗马人用翻犁过的土地来界定居住点的边界。沿着这一边界，便从原先开放的空地上划定出一片有待建设的封闭区域（Rykwert，1989）。[1]

由此，我们可以把重点放在城市遗产的背景和（农村或自然）环境——即城市及其地域上，同时认识到其社会和文化过程的重要性，正是这些社会文化过程，如古代神圣的城市划界活动等，在历史上塑造了并至今仍在塑造着城市。必须强调的是，城市遗产价值既表现在建筑和空间上，也包含了人们带给城市的各种仪式和传统。

场所精神（spirit of place），是任何文化——包括城市文化——重要的决定因素（Durrell，1969；Norberg-Schulz，1980）。当代所说的场所感（sense of place）即古代的"场所精神"（genius loci），是指某一场所的守护者，即它的神灵或者守护圣灵（Rykwert，1989）。若脱离该词原有的超自然和象征意义，如今的场所感则简单地指代人们在进入某一场所时可察觉到的这一场所具有的特征或属性。

但正如史密斯（J. Smith）给出的解释，场所感是无法通过观察获得的[2]，也不能通过当下作为新开发过程中的"场所营造"（place-making）手法组成部分的城市规划行为被即刻创造出来。它通常是个体经验的集合，通过由在某

---

[1]   还可参见：Jokilehto, Jukka. "Reflection on Historic Urban Landscapes as a Tool for Conservation"，Van Oers，2010：53-63.

[2]   Smith，J.，"The Marrying of the Old with the New in Historic Urban Landscapes".Van Oers，2010：45-52.

生活、工作和社交的社区共同表现出来，而不是过往旅客们所能获取的有限知识和理解。

当地最根本的缔造者是当地的社区，而不是建筑师或设计师。这些社区通过日常的实践和行为、信仰以及各类传统和价值体系，把所有已知场所的自然和文化因素整合成独一无二的经验，只有切身参与到这一过程之中，才能真正去欣赏和理解。

场所通过不同群体和社区间在历史上的不断协商过程获得其身份特征。奥利维耶·蒙欣（Olivier Mongin）（2005）认为，从古代起，城市的状态就由两个相互关联且相互补充的因素所决定：首先便是物质实体，即土地（urbs），或者希腊语中对等的城邦（polis），指城镇本身；其次还有象征层面的对应物，即所谓的政治体制，政治体（civitas），指的是社区在特定场所实现共同居住和生活的集体契约，通常与公民身份有关。

在城市或者城邦中生活，并拥有公民身份，在古时通常被认为是一种特权，因为多数地方不是（极端贫穷的）农村就是（极其危险的）荒野。公民身份首先取决于个人的行为举止，也受制于一套不成文的规定，包括由公民自主选择并自愿遵守支配着城市社会居民的道德准则（社会规范、习俗、美德或价值观）。因此，在蒙欣看来，城市状态也与民主有着很大的关联（Mongin，2005）。

因此，城市遗产价值涉及历史城市的建成和非建成空间，并与它们的正式功能以及无论是居住其间的社区群体还是来访者对它们的日常使用有关，这些过程能够创造不同的城市地理特征。它不仅包含了对城市特征的形成和表现具有关键作用的城市形态和建筑，还包括了蕴含在历史城市中的社会结构和文化传统。由于我们彼此间的交流往往以传统为基础，因此传统成了不可或缺的重要因素（Hobsbawm，1983），进而引发了我们对一种组织化的社会环境的切身需求——而历史城市恰恰是这样一个缩影。

社区的数量往往不止一个，每一个社区都拥有自己的传统和习俗；这些社区在城镇留下自己的痕迹，从而建立了动态的经验融合，并通过特定场所具有

108

的属性，如地形地势以及当地动植物群等，让这些经验得到加强和巩固。许多历史城市已经开始对建成环境进行调研，汇总得到了各类历史纪念物和重要地点的清单，这些行动主要是为旅游业服务的。但很少有地方开始范围更广的文化地图普绘活动，并对更加广泛的价值载体进行识别，同时，也少有涉及诸如和建成环境相关的过程和传统等非物质因素，而这些因素正是我们应当维护并且有可能得到提升的，它们是历史城市所具有的城市遗产价值的一部分。

3.8　对变化的管理

　　城市遗产保护的变革正受到一系列内外动因的影响，而这些动因正是全球化过程的结果。全球化过程依赖交通、通讯和信息技术的进步，拉近了人、场所和文化之间的距离。然而，正如德国哲学家吕迪格尔·萨弗兰斯基（Rüdiger Safranski）在一篇有关全球化对人类感知及对生活环境的直接影响的论文中所谈到的：虽然我们可以在全球范围内进行通讯和旅游，但我们无法在全球居住——只有当我们真有对世界保持开放态度的能力和意愿，尤其是我们对某一场所怀揣情感上的依附感时，这才可能实现（Safranski，2007）。

　　这又让我们再次想起了林奇（Kevin Lynch）的奠基之作《城市意向》，他在书里指出："我们需要的不仅仅是一个秩序良好的环境，它还应该是赋有诗意和象征性的。它应该涉及个体及其所处的错综社会，涉及他们的愿望和历史传统，涉及自然环境以及城市世界复杂的功能和运动。但清晰的结构和鲜活的特征是建立符号象征的第一步。通过具有标识性且有条不紊的场所形象，城市为这些意义和联想的集聚和组织提供了土壤。这样的场所感本身就促进了发生在其间的人类活动，并有利于记忆痕迹的储存。"[1]

　　怀特汉德（Jeremy Whitehand）延续了这一论点，他指出："一个社会的精神在当地城市景观所具有的历史地理特征中得以体现，让个体或群体得以在一个地区扎根。他们就获得了一种关于人类存在的历史维度的意识，这种感觉激发他们进行对比，并促使他们运用一种综合而较不受时间限制的方法来处理当代的问题。尤其是那些能够体现历史上社会状况的景观，可以形成重要的教育意义和复兴意识。"[2]

[1]　Lynch，1960：119.

[2]　Whitehand，1992：6.

109

图 22　古巴哈瓦那（Havana）

图 23　以色利耶路撒冷（Jerusalem）

　　建筑和空间以及社区的仪式和传统，构成了城市价值的一部分，需要对它们进行综合的地图普绘和阐释，从而指导我们的保护和管理行为。

正如本章旨在论述的，随着过去几十年间我们对遗产越来越广泛的认可和 110
迅速拓展的理解，对遗产进行识别、保护、保存、展示和传承的方法手段也日
趋复杂，并且这一趋势仍在继续——尽管是在不同的层面。当然，由于当下的
环境和资源管理问题已远远超出了传统领域的界限，横跨整个社会和经济体系
以及不同的政治领域，并在尺度和影响上更为广泛，因此在活态的历史城市的
保护上，亟需从根本上来改革管理的方法和实践。

可以断定的是，尽管充满了不确定性，也由此令人不安，但如果我们想把
历史城市的保护带入更高的层次，就必须把"变化"这一变量纳入到等式中进
行考量。变化已经成为一股需要认真对待的强大力量，同时它也以重要的方式
成为影响城市保护实践最关键的因素。虽然管理环境正变得日趋复杂，但我们
可以沿着其间所表现出来的三个纵向轴去捕捉变化：

（1）不断追求现代化并与之适应的活态化的动态的城市，认识到城市的生
命周期，即增长、成熟、停滞、萎缩和重生，在这一过程中，变化的节奏似乎
总是在不断加快；

（2）相互间关系的扩大，带来利益攸关方群体及其利益圈的扩大，需要把
解决冲突作为重要的实践；

（3）对遗产由什么组成的观点的变化，主要由人口成分的改变（移民和人
口变化）引发，同时带来了关于遗产的不同的价值体系和看法。

随着上述所有变化以不同的频率、层次和规模发生，我们可以看到，城市 111
遗产保护已经成为一个动态的目标，20 世纪沿袭下来的那种静止的纪念物式的
方法已全然不能满足当前的需要，甚至可能造成彻底的破坏。

当僵化的保护教条把历史肌理的真实性及其修复置于社会经济功能之上，
则可能降低历史城市的活力和适应力，并造成长久的毁灭性后果。当今世界，
城市是经济、社会和文化活动的中心，由碰撞和互动带来的多样性创造出新的
思想和活动。为了维持社会的这一重要功能，城市必须通过现代化过程、适应
过程以及再生过程来获得补充和再创造（Roberts et al.，2000），同时维持和巩

固自身的特征和身份。

因此，变化可以是促进之因也可以是阻碍之力，一切皆取决于我们所选择的范式。但无论我们对变化喜欢与否，不管是由人口、气候抑或文化因素所引起的，变化都将发生。当我们对此确信无疑的时候，最好的战略无非就是做好准备，应对它们的到来。

对变化的管理是一种保护手段，是对在历史城市或其周边地区发生的、由市场所驱动的城市发展过程的预测和管理，而不是规划。变化的概念其实是由李格尔在无意间引入保护领域的，他也在自己的基本理论研究中进行了描述。本书第一章也已对此进行了探讨。

如今，对变化的管理已得到推崇，它通过对变化的谨慎分析过程来控制和降低其负面影响，而不是一味地屈从（Teutonico et al., 2003）。但是，因为长期遵循尽可能保存和不改变纪念物和遗址状态的核心理念，国际保护界一直难以接受变化管理的观点，直到最近，才逐渐停止抵触。不过从 2010 年 10 月起，ICOMOS 便已着手开展一项全球行动来探索纪念物和遗址保护的变化和延续性问题（Araoz，2011）：鉴于当下众多在国家和国际层面被激烈讨论的重要案例，这一行动是具有极为重要的意义的。

第 4 章

城市遗产管理新的参与者和方法

古为今用。

——毛泽东

113　**4.1　城市遗产管理的当代语境**

　　我们在上一章对影响城市保护实践的六个进程进行了探讨，它们分别是：城市化、城市发展、气候变化、城市及旅游业社会经济地位的变化，以及当代社会对应受保护的城市遗产价值看法的变化，这些都是历史城市在当代社会中地位发生转变的重要因素。这些过程相互交织，随着不同利益攸关方关系的发展、群体圈的不断扩大以及相互间利益的竞争，形成了一个复杂而动态的保护环境。与此同时，在世界许多地区，地方取代国家开始承担更多的行动职责，城市和地区掌握了更大自主权来为自己制定发展战略。然而，随着地区层面任务和责任的加大，无论是机制、技术还是资金方面的能力，都尚未能与之形成相应的匹配。由此产生的真空地带往往由市场来填补，造成一系列扭曲和矛盾的发生。但与其把一切归咎于市场，不如重新审视一下保护实践所采用的方法和手段来得更为适宜，通过对现有的城市遗产管理战略和工具的创新和提升，来应对日趋复杂和变化的职责。

　　例如，经 ICCROM 修订的针对历史城镇的各种管理指南依然是这方面很好的参考和导则（Feilden et al.，1998）。但由于这些管理指南面向的对象是规模相对较小、也较容易划定界限的历史城镇，同时它们几乎只关注历史肌理的保存，
114　因此已不太适用于当代的动态城市环境。当今的城镇已成为由持续的资金流、商品流和服务流灌溉而成的、分散的传播网络的组成部分，与此同时也反过来受到它的影响。为了更有效地应对这种相互关系和复杂状况，我们要对 ICCROM 现有的有关历史城市管理的四个支柱（类型—形态学分析、遗产保护管理、适度的改造修复项目和当地居民的参与过程）进行补充和完善，辅以其他的着眼点和工具，这也是历史性城镇景观方法的核心所在。

　　为了完全领会历史性城镇景观方法的原理和实质，应首先考察城市管理的

整体框架。作为包括历史城市复兴[1]在内的自然和文化遗产保护的主要行动方之一，世界银行已经制定了一份新的城市战略。下面将对这份战略，以及由本领域内主要参与者制定的其他城市战略做一个简要的梳理。

---

[1]　1971 年起，世界银行已投入超过 40 亿美元，资助了 267 个贷款和非贷款项目，其中 120 个项目仍在实施过程中，总投入超过 20 亿美元。这 267 个世界银行项目中，超过三分之一（101 个）是针对世界遗产地的，提供包括投资、保护和修复政策、遗产地管理规划、环境改善和技术支持在内的资助。来源：世界银行未出版的审议文件，2010 年 9 月 15 日。

4.2　新的城市战略的兴起

世界银行制定的新的"城市战略"（Urban Strategy）把城市化称为 21 世纪最具决定性意义的现象（World Bank，2009b）。它强调，城市化是一股应去驾驭而不是遏制的力量，并应以此来促发展、反贫困。尽管快速的城市化以及随之而来的城市发展，理应被置于国家层面的战略框架内，同时，诸如土地和住房市场等其他重要的政策领域事实上也超越了城市的单个行政职权范畴，但是城市处于动态发展环境的核心位置，见证了各部门行动的实施及其与社区间、不同层面政府间和其他公私机构间的协作交互，可以为国家的可持续发展发挥作用。换言之，当我们从国家层面对社会经济进行规划的时候，城市应当承担起开拓者的责任——它们是推动增长和缓解贫困的引擎，也是探索可持续的政策实施方法和使行动本地化的创新动力。为了使城镇能更好地胜任这一角色，世界银行提出了五个必须解决的关键问题，或称之为"业务主线"（business lines），分别是：

（1）城市管理、治理和融资：确保地方政府行动的问责制、信誉度和透明度，并确保城市的所有社会群体都被包含在内并拥有发声的权利，保证良好的收入来源和支出情况，尤其是随着地方政府权力的增大而必然产生的财政分权。

（2）城市贫困：在更广泛的政策框架内解决城市贫困问题，而不是仅仅局限于贫民区的改造升级。可以通过诸如财产权、土地和劳动力市场等着眼点，利用城市或国家范围内的公私部门投资，服务贫困群体，以特别制定的社会保障体系确保人们体面的居住和工作条件。

（3）城市和经济增长：保持竞争力以维持相对稳定的就业、收入和投资水平，包括与私有部门合作的再开发和城市复兴活动，把荒废的和失去功能的城市地区转变和改造为新的使用区域。

（4）城市规划、土地和住房：应对市场、公共土地管理、物权和住房融资在规划方面所面临的挑战，从而规范化地管控城市空间结构。这些挑战包括：土地使用、密度和城市形态，最显著的还有缓解城市土地需求所带来的压力（有限的土地供应推高了价格），以及对城市未来发展的预期。

（5）城市环境、气候变化和灾害管理：在基地和建筑层面，关注城市形态和城市设计，在设施范围和获取服务方面发挥更大效率，从而减少能源消耗和温室气体的排放，也就是说，建设环境足迹较小的紧凑型城市以及通过对气候变化的适应和缓解性规划来增强城市韧性。

这一战略提出了城市管理问题的整体框架。而在本书的语境内，我们需要思考的是：文化遗产的保护是否涵盖了新的城市框架内的这五项战略优先项？

在对可能存在的联系和影响进行考察时，我们必须记住的是，由于没有可量化的手段来证明文化产生的经济价值，因此在传统观念中，文化一直被视作是无收益的。但在现实中，文化服务于许多其他部门，如遗产，在包括发展中国家在内的许多国家，构成了旅游产业发展背后的主要驱动力（Purchla，2005）。萨瓦格丁（Ismail Serageldin）曾指出："文化遗产的众多收益并未进入市场领域，或者未完全进入市场。"[1]但逐渐地，一些研究开始关注起保护地区所获得的直接和间接经济收益，并特别指出了可以通过明智的手段，把自然和文化遗产作为国家综合规划和发展战略的一部分，从中获得显著的经济效益。[2]根据以往的经验，文化对经济表现和人类发展都起了促进作用，这不仅是因为文化资源，一旦被识别并对它们所具有的创新潜能加以应用，将是无穷无尽且普遍存在的——但是它们不能被随便移植：文化资源是依附于场所和社区而存在的。为了迎接第 3 章所提到的 2015 年千年发展目标回顾峰会，联合国教科文组织已启动一项特别的文化和发展计划，搜集必要的数据来证明文化和文化多样

---

[1]　Serageldin，1999：24.

[2]　由 Gillespie Economics 和澳大利亚环境、水和遗产事务部的 BDA 小组，在 2008 年 7 月共同备制的《澳大利亚世界遗产地区经济活动》报告指出，澳大利亚的 17 处世界遗产地每年产生收入为 120 亿澳元，同时提供了全国范围内 12 万个就业岗位。

116-117   性对实现可持续发展所具有的推动作用。[1]

案例 4.1   桑给巴尔的石头城（坦桑尼亚）

图 1   桑给巴尔石头城街巷

---

[1]   虽然只有几个主要城市的历史中心被列为世界遗产，但这些城市的经济数据说明了一些重要的事实。普华永道开展的一项调查做出过估算，2005 年利马的 GDP 为 670 亿美元；维也纳为 930 亿美元；圣彼得堡为 850 亿美元、里昂 560 亿、布达佩斯 430 亿、开罗 980 亿、罗马 1 230 亿，还有巴黎为 4 600 亿。见：http: //www.citymayors.com/statistics/richest-cities-gdp-intro.html

2006 年，欧洲委员会为石头城（Stone Town）港口的一个修复改造工程提供了资助，这一工程是对一个已有工程的修补工作，这项工程在 2000 年该地被列为世界遗产之前就已动工。然而，这个修复改造项目并未考虑到应该对遗产地可能遭受的影响进行一次评估。2008 年的一份考察报告指出，工程涉及在港口地区进行的大规模建设活动，包括未经批准拆除两座 20 世纪早期的保护建筑，以及在防堤和码头间建造新的建筑，这些做法都将损害遗产地的整体城镇景观和城市肌理的视觉效果，而这些景观和肌理恰恰保留了遗产地的特质，表现了 1 000 多年来不同文化元素高度的共存性，这也是遗产地成功申报世界遗产所具备的价值所在。尽管世界遗产委员会曾几次作出要求，但直至项目完工，也仍旧不曾实施任何针对环境影响的评估或者监测活动。但在 2010 年，当地制定了一份管理规划，其中包含了城市保护在内的行动计划，同时还对石头城的公共空间进行了普查调研。

来源：世界遗产委员会保护状况报告（31 COM 7B.49）

在城市的管理、治理和融资方面（"业务主线 1"），调动地方收入是关键，值得一提的是，城市遗产地区所产生的收益远高于那些不具备任何文化历史重要性的地区。[1]靠近世界级纪念物或遗址的区位，因为较高的曝光率和识别度，通常吸引了提供高端服务的企业和居民入驻，这些企业和个人愿意为享有声望和地位的地理区位买单，这通常反映在高昂的土地和不动产价格上。已被列为世界遗产的 250 多个历史城市，不仅通过当地的旅游及其相关的商品和服务，还凭借其拥有的其他功能，为地方和所在国家带来了巨大的社会经济效益（Ost，2009）。例如，仅占全国 6% 人口的萨尔茨堡（奥地利），却为整个国家贡献了

---

[1]　法国城市兰斯（Reims）拥有 63 座历史性纪念物，包括当地著名的大教堂。兰斯每年接待 150 万游客，总收入 1.07 亿欧元——仅大教堂一项的收入就占到 90%，即 9 600 万欧元。另一个法国城市鲁昂（Rouen），拥有 50 处登记在册的历史纪念物和 1 000 座古代木结构建筑，每年接待游客 200 多万人次，总收入 2 亿欧元，其中 80% 来自当地的历史纪念物。来源：Van den Broucke，"Les retombé es économiques de la sauvegarde et de la valorisation du patrimoine sur un territoire"，见：http://www.fondation-patrimoine.org/read/0/rencontres-colloques/documents/lesretombeeseconomiquesdelasauvegardedupatrimoine-versionintegrale13.pdf

25% 的经济净产值。此外，美世全球城市生活质量调查（Mercer Quality Living Survey）依照 39 个标准对全球 215 个大城市进行了对比，几个世界遗产城市都位居 2009 年最具生活质量的城市行列，包括维也纳（第 1 名）、伯尔尼（第 9 名）、布鲁塞尔（第 14 名）、柏林（第 16 名）、卢森堡（第 19 名）、巴黎（第 33 名）以及里昂（第 37 名）。另外，重要遗产的建成环境通常会有更多和 / 或更为严苛的控制和监测规定，若这些规定得到完全实施，将使当地的规划和设计得到改善，城市遗产地区也因此往往需要更加完善的管理。对投资者包括不动产的所有者而言，这一状况又进而增加了当地城市发展总方向的确定性，从而为他们的投资提供了长久的保障（Van Oers，2007a）。

除了经济领域的优异表现，法国（根据联合国 2009 年的贸易和发展排名，法国紧随美国和中国，位列第四）还率先占领了被其他国家忽略的缝隙市场，即依靠文化和遗产一同来提升和缔造国家的身份和特征，而其中，巴黎又是皇冠上夺目的珠宝，它几乎已成为某种特殊生活方式的代名词。[1] 而在另一端，我们却又看到历史景观，无论是自然还是城市景观，都在不断遭受着蚕食，城市中到处都充斥着跨国公司的聚集区，而在临近重重划定的城郊地区又由私营公司层层把守。[2]

从更广泛的角度而言，城市遗产常常与文化产业携手共进，当文化目标和商业目标结合到一起，便能带来能使城市受惠的溢出效应，为社会经济增长注入新的活力，正如"创意城市"概念的内涵一般（Landry，2000；Florida，2002）。作为一个产生于 1980 年代的理念，这一术语所描绘的是一种城市综合体，其中各种文化活动构成了城市经济和社会运行不可或缺的组成部分。首先作为

---

[1] 2010 年 7 月 24 日的 *Le Figaro* 杂志刊载了一篇文章，描述了法国如何在迎接八方来客的同时还极其稳定地吸引了包括约翰·马尔科维奇、布拉德·皮特、安吉丽娜·朱莉、托尼·布莱尔、米克·贾格尔、埃尔顿·约翰等在内的富商名流的入驻，这些名人纷纷决定把法国作为自己的第一或第二住所。"Pourquoi ils aiment la France"，见：*Le Figaro magazine* 2010 年 7 月 24 日：第 24~26 页.

[2] 罗伯特·卡普兰（Robert Kaplan）回忆道，在旅途期间，他曾试图寻找如美国圣路易斯和亚特兰大这样的城市，但未能成功。他看到的"只有通用结构建造的旅馆和商务楼"，充满怀旧气息的"虚假的旅游体验、层层划分的郊区以及光秃秃的城市弃地"；没有任何足以使他能立刻辨认出这里就是"圣路易斯"或者"亚特兰大"的特征。见：Kaplan，2000：84.

一种管理方法，"这样的城市通常建立在较为完备的社会和文化基础设施之上，创意性岗位相对集中，同时由于良好的文化设施，对外来投资具有较强的吸引力……创意产业对城市经济活力的贡献可以用部门的直接产出、附加值以及收入和就业进行衡量，或者进一步通过创意产业所带来的间接和诱导效应进行衡量，包括来到城市体验文化景点的游客的消费支出等。此外，文化生活较为活跃的城市也可以吸引其他想在城市中心安家落户的外来产业的投资，这样的区位将给员工带来愉悦振奋的工作环境"。[1]

　　到目前为止，在考察城市贫困问题时（"业务主线 2"），文化遗产及其相关产业仍未被当作一种扶贫手段而被系统地研究过，但有一个引人注目的例外，即美洲开发银行（IDB）。基于对文化和遗产重要性的认识，美洲开发银行从 1970 年代起，就已向许多领域的项目提供贷款了，从农村初等教育到文化旅游，其中还包括银行的旗舰项目，即厄瓜多尔基多历史中心的修复和复兴。IDB 曾对城市贫困相关的政策和项目发展做了分析梳理，尤其强调了文化遗产在发展和振兴城市中心地区方面发挥的作用。对城市中心地区纪念物和历史建筑的修复改造，还有新的商业活动和娱乐场所的设立，"都巩固了这些地区的内在特征，并创造了价值，其中最主要的'贡献'就是吸引了人力和资金"。[2]基多的城市遗产是其大规模修复改造工程的关键元素，基多历史城区也成为 1978 年的首批世界遗产地之一。30 多年以后的今天，基多成为极具说服力的例证，展现了以城市遗产作为切入点所能获得的收益。因为它不但成功实现了对城市事务的监管和升级，并且在世界上其他历史城市都纷纷遭受重创的时候，虽然它也经历数次天灾（包括 1917 年大地震）和人祸，却几近完整地保持了历史城市的原有结构。但是文化遗产，无论是物质还是非物质的，作为一种经济资源的作用却依然未引起广泛的重视，尤其对于那些几乎找不到其他方法来推动经济可持续发展的城市，这种资源将成为实现经济和社会复兴的强有力的催化剂。

[1]　UNCTAD，2008：17.

[2]　Lanzafame & Quartesan，2009：76.

图 2   厄瓜多尔基多（Quito）

作为 1987 年首批登录的世界遗产地之一，历史城市基多较好地保持了遗产的真实性和完整性，这也被成功用于城市中心地区的复兴。

120   和我们通常所认为的正相反，除历史城市以外，贫民区作为非正规和缺乏管理的地带，也构成了庞大的经济规模。除了食品、服装和住房等基本必需品外，还形成和提供了种类繁多的文化产业和服务，通常以小规模的手工艺为主。但鉴于这些地区庞大的规模，若把所有小规模的活动相加，便形成了"金字塔底层的财富"。[1]"艺术手工艺和设计……是发展中国家经济和社会最重要的两类创意产业……尽管发达国家占据了进出口的主导，但发展中国家在世界创意产品市场的份额已逐年攀升，其出口增长也快于发达国家"。[2]创意产业是地方、地区、国家乃至国际身份特征形成的必要组成部分（如巴西狂欢节、牙买加雷

[1]   印度学者普拉哈拉德（C.K. Prahalad）引言，摘自 "From slums into suburbs：how Sao Paulo is showing the way to civilize a megacity"，*The Financial Times*，2006 年 8 月 25 日，p.11.

[2]   UNCTAD，2008：102–106.

鬼乐或印度电影等），并且已成为世界贸易领域活跃的新兴部门，在 2000 年至 2005 年间，保持每年 8.7% 的增速（预计今后 10 年还将持续）。2005 年，所有创意产业产品的出口总额达到 4 244 亿美元，其中"遗产商品和服务"，作为发展中国家在世界市场有重要参与的唯一一个创意产业领域，贡献高达 267 亿美元，而发展中国家占了其中的 160 亿美元（UNCTAD，2008）。由于兴趣和想象力的缺乏，要想吸引主流投资者（即西方的投资者）来对贫民区居者们的创造力和智慧加以开发依然困难重重，即便如此，若因此而忽视它们或认为它们无足轻重则会铸成大错。相反，我们需要紧密联合地方的合作者，设计出创新的方法，通过积极促进大规模的经济赋权和社会凝聚力，运用适宜于城市遗产地和艺术手工业的理想化方式来推动投资机遇。

　　在城市和经济发展（"业务主线 3"）方面，城市遗产保存已得到各方普遍的认可，不但包括国家和地方的政府，还有地区和国际借贷机构，如前文谈到的美洲开发银行和世界银行。[1] 在投资策略上（如城市复兴的战略），尤其应当看到，经济变革和相应的人口流动往往带来城市日趋严重的经济和社会两极分化。"把城市地区当作单一的类别来对待其实掩盖了城市地区之间和地区内部存在的差异。一些地区遭到了多方面的剥夺。由此造成城市间的两极分化现象更加突出，但最尖锐的仍是城市内部不同区域间的分化。失业率常被当作是衡量某地经济健康状况的主要指标……城市中心区又是出现大量失业问题的最主要地区"[2]，这一现象在 1970—1980 年代尤为明显。而在历史城市中，上述地区通常是那些最具遗产重要性的区域，因此为解决城市中心地区问题而采取的行动对遗产具有直接的影响。

　　虽然过去几年城市复兴的方法模式已有所发展，反映了基于主流社会政治观点的政策和实践（Roberts et al.，2000），但以综合性视点为基础的方法似乎更能与城市遗产保护相适应。其中的关键因素之一就是提供针对城市保护和复

---

[1]　1999 年，世界银行、联合国教科文组织和意大利政府在意大利佛罗伦萨共同主持召开了文化重要性会议，会议的核心议题就是"文化是经济发展的重要组成部分"，World Bank，2000a.

[2]　Roberts & Sykes，2000；133.

兴计划的资金支持和激励措施，包括知识的传授和能力建设。要想在短期（对风险和成本的担忧）和长期（环境和社会经济收益）立场间找到平衡，需要由公共部门担负起主要的激励职责。[1]

在对城市规划、土地和住房有关的业务线（"业务主线 4"）进行考察时，最值得注意的是，尽管以中央计划为基础的经济体已经失败，如 1989 年柏林墙倒塌之前的共产主义国家，但"计划"依然是经济和城市发展的必要组成部分。事实上，没有计划，城市化进程将走向无序，并产生众多负面效应，如环境压力、污染、住房和城市服务压力以及严重的社会不公等，发展中国家许多城市周边的大面积贫民区即是这些效应在空间上的表征。对包括水、卫生、公共健康、交通和能源等城市基础设施系统的精心设计，是城市和地区市场良好运行的先决条件，否则，主要城市的经济潜能将无法完全释放甚至陷入停滞。我们还应当看到的是，仅仅依靠市场力量是无法实现上述基础设施系统的。若想让城市作为地区增长引擎的潜力完全发挥出来，国内层面的规划和政策的整合是必不可少的条件（Sachs，2003）。

在这一计划内，城市遗产成为与卫生和交通设施类似的基础设施体系的一部分。与这些系统一样，城市遗产也无法单单依靠市场力量，因为它需要包含激励手段在内的一个整体的管理框架，才能维持并提升遗产对于地方社区的意义和重要性，同时以旅游业、商业利用、高昂的土地和房产价值来催化社会经济的发展。由此，公共和私有部门发挥了不同但互补的作用，体现在公私合作关系（PPPs）这一概念中。"公私合作关系"的正式定义是"公共部门采取与私有部门订立契约的创新方法，通过引入后者的资金以及在按时交付工程和预算方面的能力，公共部门以惠及大众、实现经济发展和改善生活质量的方式，负责向公众提供这些服务"。[2]

[1]   因此，也出现了部分重要的针对遗产保护进行投资的经济刺激方案。见 Van Oers, Ron. "Sleeping with the Enemy? Private Sector Involvement in World Heritage Preservation". Descamps, 2009：57–66.

[2]   UNECE, 2007：1.

案例 4.2　开罗古城（埃及）

图 3　开罗古城

图 4　阿兹哈克公园一隅

　　（埃及）开罗历史中心的修复改造项目由阿迦汗（Aga Khan）文化信托进行设计和实施。1984 年，最初的设想是在大都市范围内建造一个新公园，坐落于开罗中世纪古城的东部边界附近。但到了 2004 年，这一想法却出人意料地成为中东地区最为大胆也最具远见的城市遗产项目之一。最终完工的公共绿地空间，成为推动附近社区社会和文化发展的催化剂。新公园选址在占地 30 公顷的 Darassa 山头，五个世纪以来这里一直被当作垃圾场。这里紧邻可以追溯到阿尤布王朝时期（12 世纪至 13 世纪）的历史城墙，但仅有小部分还依稀可见，大部分都被碎石瓦砾掩盖。同时靠近开罗古城经济最衰败的 al-Darb al-Ahamar 居民区，但这里却拥有异常丰富的文化遗产资源。通过包括世界文化遗产基金会（WMF）、福特基金和埃及瑞士发展基金等在内的重要合作方共同不懈的努力，最终建立起占地 74 英亩（30 公顷）的阿兹哈克公园，整个项目包括：对 1.5 公里长的阿尤布城墙进行修复，以及对 Darb al-Ahmar 社区的改造。400 万美元被用于住房项目和 Ahmar 社区的修复和再利用，同时通过津贴补助（共 150 个名额）和小额贷款项目（400 名贷款者前六个月的贷款达到几乎百分之百的回收率），开展了一系列针对石匠、木匠、伐木工、电工以及当地其他商业学徒的技术培训项目。到 2004 年年底，共完工 19 座社区公有建筑（约 70 户家庭），其中包括首期试点贷款项目内的 7 栋建筑以及一个健康中心和一个商业中心。之后 5 年内，住房项目计划每年新增 50 幢住房。项目鼎盛时期，每天约有来自三大主要承包商、15 个专门承包商和众多供应商在内的 400 名工人开展现场工作。最后，项目还在公园里安设了具有当代建筑气息的高品质的新设施，同时公园本身就创造了 250 个现场工作岗位，现在每天的游客接待量为 2 000 人，且只在运营前 3 年出现了赤字。因此，阿兹哈克公园项目当之无愧地成为综合保护和内城复兴方面的模板。阿迦汗文化信托已把这一经验运用到其他（世界遗产）历史城市的项目中，包括桑给巴尔（坦桑尼亚）的石头城和叙利亚的阿勒颇等。

来源：Bianca 和 Jodidio，2004

　　但也有一些其他声音认为，不同性质的合作方背后的动机其实是相互对立 123
的。由于私有部门的合作者受利润动机的驱动（而公共部门则不应如此），因
此必须注意公共部门的资金和 / 或权力不被转移，否则这可能赋予一方不正当的
竞争优势，从而削弱公益的本质。

　　私有部门的参与者愿意在合作中投入自身的资源，或因为可以由此获得良
好的信誉，或因为这有利于提升其产品在潜在客户中的知名度——而这些都能
最终转化为利润。公共部门的参与者必须保证其相关政策的透明度、一致性和
清晰化，而私有部门必须看到由更高质量的建成环境所带来的机遇，并适时调
整其战略。然而，如之前所谈到的，由于涉及众多客观的外部因素，在城市及
其管理方面，还是应由公共部门发挥主导作用。

　　至于城市空间结构的管理，包括土地使用、开发强度和城市形态等方面， 124
应注意城市中心的高层建筑，因为它们将影响整个历史城市的肌理。如今，对
摩天大楼的追捧已成为不可争辩的事实，甚至在现行的全球经济形势下依然如
此。高层建筑和城市住区理事会（CTBUH）指出，2010 年是迄今为止高楼建设
历史上最为活跃的一年，这一年在世界范围内，共有一百余座高 220 米以上的
建筑宣布完工。[1]

　　然而，尽管高层建筑已受到广泛的欢迎，但这种建筑形式的经济合理性仍
有待论证（除了地面区域受客观条件严格限制的情况，如美国纽约曼哈顿、中
国香港、马尔代夫首都马累）。与政治家和城市管理者所宣称的相反，高层建
筑和高楼大厦事实上并没有为城市土地利用提供更为经济的模式。[2] 即便确实如
此，也往往以牺牲其他方面为代价，通常包括公共空间和高楼周边的生活环境
质量（例如直接采光和绿地空间的减少，或者风场干扰的增加），在论及其经
济性时也往往很少提及这些方面。19 世纪晚期，第一座高层建筑在芝加哥拔地

[1]　由于全球经济陷入衰退，预计自 2012 年起完工的高楼数量将有所下降，这一趋势将持续到世界经济复苏；来源：
www.worldarchitecturenews.com

[2]　关于此问题的不同观点，可参看：Bertaud，2003.

而起，自此以后，建筑师和开发商们在政治家和城市管理者们的热切支持下，纷纷把摩天大楼奉为追逐对象，开启了高层建筑的竞赛。

128   早在 1929 年，格罗皮乌斯（Walter Gropius）就制作出了图示，展示了由平行排列的不同高度的公寓大楼所组成的矩形区域的发展状况[1]，并由此证明：在希望维持较高生活质量的城市环境的前提下，建筑越高，用来弥补开放空间和直接采光损失所需的非建设地面区域就越大——的确，这也是 20 世纪形成的中央商务区（CBD）极其不为人称道之处。

        21 世纪之交，城市规划师和设计师把注意力转向了"城市性"（urbanity）概念，把它理解为在最小空间限度内，密度和多样性的最大化。这一概念的基

124

图 5   中国香港（Hong Kong）

[1]   Rowe & Koetter.1978：57；还可参见：Pedersen，2009.

125

图 6　马尔代夫马累（Male）

图 7　玻利维亚拉巴斯（La Paz）

　　对于土地有限的城市来说，高层建筑是一种解决途径。虽然紧凑型城市可以解决高密度的问题，也可以提供比城市扩张更为可持续的发展方式，但却很可能忽视了人的维度。

图 8　英国伦敦（London）

图 9　法国巴黎（Paris）

图 10　巴西里约热内卢（Rio de Janeiro）

图 11　以色利特拉维夫（Tel Aviv）

　　高层建筑的方位选择并非总是尊重城市形态和特征。把高层建筑建在远离历史地区和聚集区的地方是一个解决方法，但却很少被考虑。

128 本原理是：紧凑型的居住方式等同于可持续的居住方式，因为高密度城市有利于近距离的生活设施，从而降低了交通和通勤的时间，同时辅以公共交通的使用，减少了能源成本和温室气体的排放。高密度规划也有利于控制郊区化进程向空旷土地的扩展，提升了城市基础设施的使用效能，并促进环境效益的产生，进而为城市带来更高的生活质量。通过对密度、城市形态和性能间相互关系的理解，鼓励高密度的城市发展已成为世界范围内的主要政策目标，也是规划者用来管理项目的核心原则。但与仅仅关注密度的规范层面不同，这一研究强调对各种变量的理解，如城市环境的类型以及数量、大小、物理特征和经济价值等如何共同作用，造就了规划和设计方案的成功。这对现阶段关于城市保护和发展的争论十分重要，因为它将让城市规划和空间发展领域的专家在面对经济学家和政治家时，拥有更多的话语权（Ng，2009；Berghause Pont et al.，2010）。[1]

虽然城市规划实践已取得了上述进步，但昔日关于城市中心高层建筑的旧观点仍在存在，如时任法国总统的尼克拉·萨科齐又点燃了对巴黎是否应当建造高楼的争论。[2] 在圣彼得堡，由于时任俄罗斯总统的梅德韦杰夫的直接介入成功避免了在其历史中心附近建造欧洲第一高楼（406 米）的提案设想。[3] 如果高

129 楼大厦是 20 世纪的一部分，那到了 21 世纪则并非如此了。除了那些因严格的环境限制只能建设高层建筑的区域，剩下的即便不是大多数，但至少也有为数不少的高层建筑仅仅是为吸引眼球的目的而建造的，并且常常以一种掠夺性的方式——"许多城市纷纷变为奇观之地，是当前世界最突出的特征之一"。[4] 即

---

[1] 本书参考的 2004 年后的样本数据库可以在以下网址查阅：http：//www.spacealculator.nl

[2] 2007 年 9 月 17 日，他在巴黎 Cité de l' architecture et du patrimoine（建筑与遗产城）的演讲，见："Grand Paris，tours … les projets de Sarkozy"，Le Figaro，2007 年 9 月 18 日，p.28；见："Les tours ressurgissent autour de Paris"，Le Monde，2006 年 11 月 28 日，p. 3；"Les architects réfléchissant aux futures tours pour Paris"，Le Figaro，2007 年 10 月 25 日，p. 30；"Pourquoi les tourists ont boudé Paris"，Le Journal du Dimanche，第 3219 期，2008 年 9 月 21 日，p.35.

[3] 见："Medvedev turns attentive ear to critics of Gazprom tower in St Petersburg"（梅德韦杰夫严密关注有关圣彼得堡 Grazprom 大厦的评论），Itar–Tass 通讯稿，莫斯科，2010 年 5 月 22 日。

[4] Urry，John，2007 "The Power of Spectacle"，鹿特丹国际建筑双年展，2007：137

使高层建筑本身并无可指摘，但在涉及历史城市的管理时，作为基本的敬意，一些设计标准还是必须予以尊重的。科斯塔夫（Spiro Kostof）在论及城市天际线与场所的关系时对形态、途径和高度进行了考察，他认为通过建筑的总体量和形态能对同一历史框架内的不同竞争性项目进行区分，例如城堡与市政厅的对照；又或在其他情况下，它标志着旧有的政权或朝代被推翻，为新者所取代，如布鲁内列斯基在中世纪的佛罗伦萨置入的教堂穹顶（Kostof，1999）。天际线的某些特征体现了重要的权力更迭，后来的政权往往会置入一些新的特征，以使自身从历史中区别开来。科斯塔夫还指出，不同时期形形色色的城市都树立起独特的地标，以此来纪念自己的信仰和权力以及所取得的特殊成就。但是，尽管这些地标让城市形态集中，并突出了城市形象，但这种展示本身主要是面向外部观众的。因此，这种方式关注的是城市到访者，无论是朝圣者、官方使者抑或普通游客，对天际线特征最直观的体验。最终，他得出结论：地标建筑的高度首先与其周边环境的高度相关，同时在相对高度方面也需要考虑适当的比例。

1967 年，位于洛杉矶的加州电子标识协会特别为社区规划当局[1]备制了《关于房产标识的指导标准》（*Guideline Standards for On Premise Signs*），在其启发下，文丘里（Venturi）、丹尼斯·布朗（Scott-Brown）和艾泽努尔（Izenour）合著了开拓性著作《向拉斯维加斯学习》（*Learning from Las Vegas*）。他们认为"向已有的景观学习，是建筑师最具革命性的一个方法。勒·柯布西耶曾在 1920 年代提出将巴黎拆毁重建，我们所要寻找的方法显然不是这种，而是另一种更为宽容的方法，也就是去质疑我们看待事物的方式"。[2]

由于能源是缓解气候变化问题议程的核心，根据 2008 年 8 月 28 日第 4598

---

[1]　"无论你怎么称呼它——美丽、引人注目、高品味还是建筑兼容性——对电子广告牌尺寸的限制不能保证达到上述效果。适当的比例——图形元素间的相互关系——对良好的设计来说是必不可少的，无论设计的对象是服装、艺术品、建筑还是电子广告牌。相对尺寸，而非全尺寸，才是影响外观吸引力的决定性因素"（Venturi et al.，1982：81）。

[2]　Venturi et al.，1982：3.

图12 中国上海（Shanghai）

在过去一个世纪中，相较于公共交通，政策制定者们对私家车的偏爱主导了城市发展。要实现可持续的城市发展，就必须让这一天平向公共交通一端倾斜。

号欧洲联盟指令 C（2008）的最后一个关键项，也就是城市环境、气候变化和灾害管理（"业务主线 5"）的问题，已成为推动主要政治变革的驱动力。由于能源需求的不断增长，解决能源问题的能力，包括能源的获取、能源效率以及可再生能源的利用，关系到我们是否能以一种相互促进的方式来完成发展和气候变化等优先项的使命。由于全球 75% 的二氧化碳排量来自城市地区，因此减少城市的能源使用和碳排放是抵抗气候变化的关键。

130

这也是"克林顿气候计划行动"背后的基本原理，这一行动通过推动一系列操作步骤的实施，帮助城市当局提高能源使用效率，同时减少温室气体排放。这些措施包括：提高交通信号灯和路灯照明的效率、提高城市供水和环卫系统的效率、推动更为清洁的电力的本地化生产、规划交通减少拥堵以及设计更加

智能化的电网系统。[1] 尤其在思考提高能耗效率的建筑规范和做法时，历史城市131
的文化遗产建筑可以为我们提供信息和灵感，因为这些建筑都是由低碳足迹的
传统建筑材料和技术建造而成，并且具有使用自然通风和雨水收集技术等特色。
可以通过对这些技术和方法的提升和利用，扩大其应用范围和规模，从而鼓励
低碳排放的城市可持续发展。此外，在对既有建筑进行合理维护以及建造新建
筑这两种模式所需的成本对比后发现，前者的实际经济投资回报更高，因为用
于保存、维护、修复和再生利用的累计成本支出往往要比坐视不管、任之破坏
殆尽之后再实施大规模的更新和替代项目要低廉得多。维护和修缮，在人文、
社会和经济方面的代价，远小于物理环境的衰败和社会的衰落及复兴所需付出
的（Hankey，1998）。这本身就是支持遗产保护的有利论据，即保护资源并提
升资源的价值。

　　在气候变化对建成遗产和建筑材料的影响方面，欧洲委员会的"诺亚方舟
计划"设定了以下这些目标：①确定影响建筑文化遗产最关键的气象参数和变
化；②研究、预测和描述气候变化对欧洲建筑文化遗产所具有的影响；③针对
最可能遭到气候变化及其灾害影响的历史建筑、遗址、纪念物和材料制定缓解
和适应策略；④对通过"脆弱性分布图和指南"得到的结果进行普及。[2]

　　总之，过去 10 年间，有关城市韧性（resilience）的问题获得普遍关注，主
要得益于对生态系统如何应对内外压力有了更深入的了解。在所有社会都可能
遭受的自然或人为灾难面前，这一问题也显得尤为重要。

---

[1]　克林顿气候计划行动，网址：http://www.c40cities.org

[2]　意识到气候变化对许多世界遗产地产生的影响，并且这些影响可能在今后继续扩散，政府间组织世界遗产委
员会要求联合国教科文组织世界遗产中心及其咨询机构，对气候变化对世界遗产的影响进行调查，并提出解决对策。
由此产生了 2006 年"预测和管理气候变化对世界遗产影响"的研究和 2007 年"协助缔约国实施适当的应对管理策略"
研究。2007 年，一份有关气候影响对世界遗产影响的 26 个案例汇编完稿，并作为提高意识的手段进行了广泛的传
阅。2007 年 10 月，《世界遗产公约》缔约国大会通过了一项针对该议题的政策性文件。文件指出了世界遗产地的
优先研究课题，以此作为监测长期的气候变化影响和测试创新的适应方法的实验课题。文件还强调了与其他国际
公约和国际组织建立建筑方面协同性的重要意义，并探讨了应对法律层面遇到的挑战等问题。最终，对气候变化
的关注被普遍纳入《世界遗产公约》的各类操作机制和过程之中。联合国教科文组织气候变化行动战略的相关信息、
进程的实施情况以及成果，可参看以下网址：www.unesco.org/en/climatechange，并附上联合国系统气候变化的行动
的相关链接，参见：http://www.un.org/climatechange/index.shtml

132　案例 4.3　被传统知识挽救的锡默卢社区

图 13　印度洋

　　2004 年 12 月 26 日，一场在印度洋沿海地区发生的地震所引发的海啸席卷了东南亚至东非的印度洋海岸，造成 25 万余人丧生。之后不久，正当国际社会开始呼吁建立高科技的卫星预警系统时，有关这些地区原住民社区的报道流传开来。这些社区利用传统知识，成功躲过了这场致命的海啸灾难。当海水退去，许多人依然在感叹海滩上遗留的数以万计的鱼群这一异常现象的时候，居住在泰国沿海和海岛上的莫肯族（Moken）和乌罗克拉维（UrokLawai）人、印度安达曼群岛的昂格人（Ong）以及印度尼西亚的锡默卢（Simeulue）社区，都已经意识到应当尽快向内陆转移，从而躲避即将到来但尚在视野之外的潮水。莫肯人和昂格人所在的小村落被破坏殆尽，但居民却毫发无损。更令人惊奇的是，超过 8 万名锡默卢人逃离至海啸影响距离之外的地方避难，仅有 7 人丧生。这种惊人的反应速度与印尼其他地区可怕的伤亡数字形成鲜明对比。这场袭击了印度洋沿海的海啸，以如此出人意料的方式唤起了人们对原住民在预防自然灾害及其潜在应对机制方面所具有的传统知识的关注。

来源：Elia，2005

当涉及城市的韧性时，我们需要区分两种概念，一种是城市内部的韧性（resilience in cities），主要是从城市到地区范围的可持续的生态系统服务；另一种是城市间的韧性（resilience of cities），主要在城市系统超区域层面起作用。根据瑞典皇家科学院在 2010 年 7 月 29 日发表的一篇论文给出的解释，这一体系包含了维持着交流、贸易和移民等功能关系，或维持着其他对能源、事务和信息在城市间流动的功能关系起支撑作用的一个城市组群。论文还以强有力的论点来支持城市治理的转变，从而让城市来引导变革、培养抗阻能力，并通过实验和创新来应对不确定性。论文作者指出，创新是城市发展的主要动力，同时由于可持续发展和韧性都依赖于社会的创新能力，而实验、学习和创新实践都可以在城市这样的较高层面发生，因此城市舞台提供了可持续发展的机遇。也由此可以推断，提升韧性的方法可能并不在生态领域，而在社会层面。作者们提倡对文化进行变革，关键还要认识到社会和环境之间的"合作"关系，而不是简单的"互动"关系。同时还要思考，如何能把不确定性和生态系统服务结合到城市规划实践之中（Ernstson et al.，2010）。

在对克罗地亚萨瓦河中央盆地和沼泽生态系统的活态景观进行考察剖析时，古吉克（Goran Gugic）对社区及其所在环境之间的"合作"予以了关注。萨瓦河盆地常年遭受洪水及不可预测的汛期的侵犯。从中世纪起，这里便形成了由当地居民原创的传统土地利用模式。当地人通过一种由当地土生土长的马、猪、牛和鹅组成的传统畜牧体系，让自身最终适应了河流的不可测变化，而没有试着去驯服它。对于保护生态多样性而言，人为栖息地的重要意义绝不亚于自然的沼泽栖息地，因此这种传统放牧体系既体现了生态又展现了文化的重要过程。此外，作者把焦点放在最基本的过程而不是最基本的物种上（在保护生物界颇为流行），进而指出在保护区的保护管理方面越来越凸显的几大优势。"它为管理者提供了决策依据：只要基本的生态过程仍保持运转，那么在保护区域内可实施的干预手段就有协商的余地，发生的改变也还在可承受的范围内。然而一旦干预行为对基本的生态过程造成了损害，则必须毫无余地地进行保护。"[1]这一方法与活态的历史城市的管理有很大的相关性，这些城市所具有的社会经济活力及其功能性可以看作是处于变化和不可预知状态中的基本过程，以此来决定在保护区域内可能实施的干预措施是否还有协商的余地。

[1] Gugic，2009：85.

4.3　国际机构的城市战略

134

除世界银行以外，各类组织也推出了以综合方法应对城市及城市问题的行动计划。下面就简要介绍联合国系统内部致力于该领域问题的主要机构的情况，包括：联合国人居署（UN-Habitat）、联合国开发计划署（UNDP）、联合国环境署（UNEP）和联合国教科文组织（UNESCO），以及欧盟（EU）的一些机构和经济合作与发展组织（OECD）。[1]

1. 联合国人居署的战略愿景

联合国人居署成立于 1978 年，最初名为联合国人居中心（UNCHS），是联合国系统内协调人居领域工作的领导机构，主要负责政策战略、城市规划、基础设施和服务等方面的工作。它是实施《人居议程》的联络机构，这一议程是 1996 年在土耳其伊斯坦布尔举办的第二届人类居住大会（"人居二"）上，经 171 个国家一致通过的全球行动计划。作为一个规范和操作型的机构，联合国人居署主要关注城市发展、能力建设以及培训方面的政策和计划的制定以及技术的支持。同时，为了制定城市可持续发展的新工具，该机构也日益重视网络建设、以及对经验和知识的管理。作为《千年宣言》的内容，消除贫困和城市的可持续发展也一直是联合国人居署的主要议题。根据其 2008—2013 年的"中期战略计划"（MTSP），联合国人居署加强了全球性的行动计划，其中若干内容就涉及全球城市遗产的管理问题：[2]

（1）城市治理计划：该计划旨在从事强化城市发展领域相关工作的机构，

---

[1]　本节内容基于对 UNESCO 一份内部报告的更新和扩展，"Cities and Urban Issues in the UN system and Major Cooperation Agencies"《联合国系统和主要合作机构从事的城市和城市问题》，Caroline Simonds，SHS，巴黎，2004 年 4 月。

[2]　来源：联合国人居署《2008—2013 年中期战略和机构计划》（MTSP），可参见：http://www.unhabitat.org/downloads/docs/9304_1_593122.pdf

支持参与性过程并巩固城市的规划和管理，关注市政规划与管理特定语境内的共同参与，支持广泛的行动计划以促进良好的城市治理。这一计划提升了地方当局把上述行动计划纳入战略型城市发展规划之中的能力，并促进了跨部门间协同效应的发挥。这些措施往往与城市遗产的管理和再生有着清晰的空间方面的联系。

（2）城市环境和规划：主要目的在于形成经济、社会和环境之间的协同效应。该计划促进环境／发展信息和专业知识的分享，并在地方层面形成规划和管理的一致行动，以提升城市的韧性、推动可持续发展。考虑到城市中心的历史区域往往面临衰败的局面，也常常有层出不穷的环境和社会问题，因此这一计划将推动形成多参与方的合作关系，从而针对性地介入到上述问题领域。它力图为实现可持续发展而培养与环境相关的规划和管理能力、完善系统范围内的决策以及环境资源的管理，并促进机构间的合作，从而推动全球经验和知识在地区层面的交流。

（3）贫民区改造计划：该计划试图缓解城市中心弱势群体聚居的非监管地区和贫民窟地区的城市贫困和城市环境问题，并在城市、国家、地区和国际层面对这些知识进行普及宣传。

（4）地方经济的发展：联合国人居署作为一个催化剂，把不同的资源（资金、技术和制度）集合到一起，向地方政府、社区和商业组织提供推动地方经济发展的实践策略。它的目的还在于盘活地方的历史及其他城市遗产资源，以此来培育城市独特的身份特征，创造竞争优势来进一步巩固城市作为财富创造实体的作用。

强调合作关系是联合国人居署 2008—2013 年《中期战略计划》的核心。人居署已与 UNDP、各类开发银行和地方当局的组织，如 UCLG 等建立了主要伙伴关系。与此同时，人居署还是城市联盟（Cities Alliance）的资助机构之一。我们将在下一章有关"城市遗产管理的工具"中对这些合作关系及其结果进行广泛的探讨。此外，2010 年 3 月 24 日在里约热内卢举办的第五届世界遗产论坛期间，成立了城市可持续发展网络（SUD–Net）和世界城市运动（WUC），这也体现了人居署希望推动公、私部门与民间团体以及当地政府之间的合作网络建设，从而把可持续的城市化议题推向世界各地的政府议程之中。[1]

案例 4.4　哈瓦那旧城及其工事体系

136–137

　　1519 年西班牙殖民者建立了哈瓦那。17 世纪，这里已成为加勒比海地区一大主要的造船和商业活动中心。如今，它已扩张成占地 700 平方公里、拥有 220 万人口的大都市。哈瓦那的城市结构涵盖了一个由不同大小不同功能的广场组成的系统，自城市建立伊始便形成了多中心的形态特征。1959 年古巴革命以后，哈瓦那制定了一份管理规划，设定了不同的发展区划，并着眼于农村人口状况的改善。最终，首都的城市环境发展受到制约，住房状况也

图 14　哈瓦那旧城一隅

---

[1]　见：http://www.unhabitat.org/categories.asp?catid=634

图 15　哈瓦那旧城

日渐恶化，尤其在哈瓦那的旧城区，出现过分拥挤、自来水供应不足以及经常性的建筑塌陷等。1967 年，斯潘格勒（Eusebio Leal Spengler）博士担任哈瓦那城市历史学家，并由他落实了一系列政策工具及相关的保护行动，这些工具和保护行动都是一份综合性规划的组成部分，其中包括：

● 1978 年，哈瓦那城历史中心及其工事体系被列为国家纪念物；

● 1981 年，古巴划拨了专项经费用于历史中心的修复和改造工程，由此拉开了第一个五年修复计划。次年也就是 1982 年，哈瓦那城市历史中心及其工事体系被列为联合国教科文组织世界遗产；

● 1993 年，古巴国务委员会颁布第 143 号令，扩大了城市历史学家办公室的权力和管辖范围，同时把世界遗产地区作为优先地区进行保护。

自 1981 年以来，哈瓦那又进一步制定了旧城改造的多个五年计划。随着计划日见成效，古巴政府决定进一步扩大历史学家办公室的权力，并批准成立了一个负责旧城内开发、融资、改造和修复的独立执行机构。通过这种企业化的资本操作方式，哈瓦那历史学家办公室可以为满足更广泛的社会文化利益而进行集资，以此来支持城市保护和多样的文化活动。当然，鉴于古巴特有的政治和经济背景，时至今日已取得的成果可以算是十分出色的。1992年起，哈瓦那的文化、旅游和第三产业资源已产生 2.168 亿美元的收益。由于实施了一项财政政策，当地又获得了 1 620 万美元的资金。经济的放权使这些资源可以被直接用于再投资，从而短期内看到了社会和城市状况的显著改善，由此产生了积极的外部条件来进一步吸引投资和目光，并相应地改善和满足了游客和居民的服务需求。这一过程的可靠性促使国家银行批准了 6 190万美元的贷款投入到高额代价的修复改造工程。同时，国家也从中央预算中划拨了 3.213 亿比索（相当于美元）。在所有的预算资源中，约有 40% 被用于社会事业（房产、住房、卫生和教育机构），包括引入社会福利政策，并针对市政管理相关的社区服务建筑设施进行了改造，还通过共同融资计划成功调动了来自国际合作项目总计 1 610 万美元的资金投入。10 年间（1994—2004），历史学家办公室通过不懈的经营管理，已完成了整个历史中心 33%地区的修复工作，实施的项目总数达到了前期所有阶段项目的五倍。

来源：Van Oers, Ron "Sleep with the Enemy?"（《与敌共眠？》）

Descamps，2009：57-66

2. UNDP 的地方治理重点

作为发展的领导机构，联合国开发计划署（UNDP）向各国政府提供五个实践领域的多项援助服务，包括民主治理、减少贫穷、危机预防与恢复、环境与能源，以及艾滋病毒 / 艾滋病。[1] UNDP 在城市方面开展的工作涵盖在民主治理的范畴中，主要关注城市的治理。2002 年，UNDP 和联合国人居署签署了谅解备忘录，

[1]　见：http://www.undp.org/

138　从那些人居署已经开展过或可能开展全国或地方活动的国家中进行挑选，在这些国家设置人居计划国家管理人员。随着国家层面行动的增加，将愈发推动城市政策问题在联合国发展援助框架（UNDAF）中的整合。

3. UNEP 的全球绿色新政

　　2008 年 10 月，联合国环境署（UNEP）提出了全球绿色新政，这也是该机构整体绿色经济计划的一部分。这一概念源于一份研究报告，报告认为只要全球 2009 年至 2010 年 GDP 总量 1%（约 7 500 亿美元）的投入，便能提供全球绿色经济发展所需的大量绿色基础设施。总预算约 3 万亿美元的全球绿色新政，只占到全球财政刺激方案总额的四分之一。新政包括三大主要目标：①对全球经济恢复作出重要贡献，维持并创造就业机会，且保护弱势群体；②促进可持续的并具包容性的增长和千年发展目标（MDG）的实现，特别是要在 2015 年之前消除极端贫困；③降低对碳的依赖程度并减缓生态系统退化。这份政策简报为所拟的财政激励方案的"绿色化"提供强有力的依据，同时认为国际和国内政策也需做出必要的调整，因为目前的政策框架偏重于一种不可持续的"棕色经济"的振兴，其单位生产的环境成本较高，而在绿色经济中，单位生产的能源 / 资源使用则较低。据此提出了三类建议，包括 2009 年到 2010 年期间有针对性的激励支出、国内政策的转变以及国际政策结构的变革。[1]

　　报告的第 3.4 章节，即关于 2009 年和 2010 年财政刺激的内容中，对经济、就业和环境效益方面几个十分重要的领域进行了具体说明，其中，尤其在城市遗产管理的语境内值得注意的是"节能建筑和可持续交通"。此外，报告第 3.5 章"国内政策倡议"列出了可采取行动的主要领域包括：不当的补贴（3.5.1）、激励和税收（3.5.2）以及土地使用和城市政策（3.5.3），同时强调上述每一个方面都应考虑资源的合理利用——即我们所说的城市遗产的保存和再生性利用。

---

[1]　UNEP, 2009a: 1. 可从以下链接查阅：http://www.unep.org/pdf/A_Global_Green_New_Deal_Policy_Brief.pdf

我们所看到的"绿色城市"所具有的总体特征，比如较低的能源/资源强度、对可再生能源的依赖、多样性的活动、紧凑的城市形态以及知识型的城市智能和联网社会，其实都与历史城市的特性有着惊人的相似之处。

139

4. 欧盟的城市计划

欧洲地区发展基金（ERDF）通过资助那些能够制止地区落后现象或者有利于扭转城市工业区衰落的项目来实施欧盟的地区性政策。设立于 1994 年的"城市计划"着眼于项目资助来振兴衰落的城市地区，并通过"欧洲经验交流网络"（URBACT）来实现经验和最佳实践案例的分享。这一交流网络活跃着 5 000 多名来自 29 个国家 255 个城市的参与者。综合的城市发展是 URBACT II 计划的中心，主要使命是在城市政策领域推动一种全新的"综合"方法的运用，即需要对城市发展所处的环境及其社会影响都做出思考。[1] 至今，已围绕三大主题核心确定了九个主题领域，共同组合成了针对同类或互补计划的一系列 URBACT 项目。其中，与本书相关的文化遗产和城市发展主题领域，特别是"遗产为契机"项目（Heritage as Opportunity，HerO 项目），旨在设计出文化遗产管理的综合体系，把历史性城镇景观作为动态多功能城市的重要方面予以保护和发展。[2]

5. OECD 的城市计划

经济合作与发展组织（OECD）由致力于推动民主和市场经济使命的 32 个主要发达国家组成，主要解决三大领域的城市需求及城市问题，与之相对应的工作部门是：区域发展和公共治理司、地方经济和就业发展计划（LEED）和环境司。每个部门基本都通过类似的方式，包括组织会议、开展研究、发表论文

---

[1] 来自：http://urbact.eu/en/header-main/integrated-urban-development/understanding-integrated-urban-development/

[2] 见：http://urbact.eu/en/header-main/integrated-urban-development/exploring-our-areas-of-expertise/cultural-heritage-and-city-development/

和提供技术支持等手段，来促进政策对话。[1] 这三大部门都具备让更多非成员国参与进来的能力，并把注意力放在处于转型时期的经济体上。LEED 项目注重私有部门的参与和就业政策，通过其组织的城市和地区论坛，鼓励地方发展机构制定城市的整体性战略，并以吸引私有部门投资为目标，对特定的政策工具进行评估。区域发展和公共治理司是 OECD 应对城市问题的主要部门，负责评估城市在制定经济和社会标准方面的进展。现有的"大都市地区系列研究"（Metropolitan Regions Series）把大都市地区作为一个整体进行评估，重点考察当地在城市和郊区管理之间的连贯性和相互合作，从而制定出两者间相协调的发展战略。这一研究的主要目的在于为国家层面的政策制定提供依据，当然，报告对城市的回顾也有同样利于地方的管理。[2] 此外，2007 年还成立了 OECD 城市战略市长与部长圆桌会议，这个著名的论坛通过建立政府间对话的方式来实现制定更有力、更有效的城市政策的目标。2010 年 5 月的圆桌会议在巴黎举办，主要关注"城市和绿色增长"的主题。[3]

6. UNESCO 的世界遗产城市项目

　　全球所面临的城市化、发展、可持续性和气候变化方面的挑战，使我们觉得有必要形成一个能把这些问题相互关联起来加以考虑的战略框架，从而实现维持和改善人类环境品质的最高目标。为了配合 21 世纪工业化文明向生态文明

---

[1]　OECD 与其他组织所采用方法的不同之处在于，它采用的是同行的审议过程，即一种政府官员之间的相互考察制度；参见：http://www.oecd.org/dataoecd/9/41/37922614.pdf

[2]　由参与区域发展政策委员会（TDPC）和城市地区工作组（WPURB）的部门级高级别代表对其工作进行监督。这些机构每年召开两次会议，确定工作计划并对 OECD 的地区发展研究进行讨论。最近完成了对意大利威尼斯的地域性回顾。该报告对和城市地区生产力有关的人口、劳动力市场、创业环境和工业基础设施，以及由当地空间结构和环境方面的脆弱性所带来的挑战进行了评估。在评估过程中，建成环境的文化历史价值被认为是强大的驱动力，"能够赋予地区独特的身份和即时的知名度。2008 年，该城市地区 3 950 万人次的游客量即是这种吸引力的证明，并让该地区位列全球最热门的旅游目的地之一。威尼斯的建筑，其间的 150 条河道和 400 座古桥，都构成了令其他城市羡慕不已的建成环境，与此同时，从拉斯维加斯到澳门，都对威尼斯的景致进行了复制。由此带来了威尼斯当地房产行业的极大市场需求，使之成为意大利国内房地产市场价格最为高昂的城市"（OECD，2010：14）。

[3]　见：http://www.oecd.org/urban/2010roundtable

的转变，世界遗产城市项目以可持续的城市发展为基础，对建立起过去、当下和未来之间和谐的连续性关系的重要意义进行了考察。该研究以世界遗产地为案例，探索了如何在保护蕴含于城市自然、文化和非物质遗产中的城市社区的生态平衡和社会身份的同时，把城市培育成创造力和引领技术的先锋，从而提升城市的生产力和韧性，并以此来改善城市居民的福祉和生活质量。

　　该项目旨在服务于广泛的参与群体，尤其是国家和地方的政府代表、非政府组织、开发银行以及各类公司企业，并使他们团结一致。该项目还以推动实施可持续城市保护领域的主要宣言和决议为目标。

141

第 5 章

为城市环境的管理提供
更广泛的工具

我们制造了工具，此后，便由它们塑造我们。

——约翰·库尔金神父（Father John Culkin）

143   ## 5.1   城市遗产管理：行动方和工具

在本书的第 3 章，我们探讨了不同时间间隔和不同层面发生的不同规模的各类变革，给管理带来的日趋复杂的环境，以及当今的城市保护是如何在这种情况下成为一个动态目标的。这一状况对现行的管理实践构成严峻的挑战。随着需要监管的地域面积的扩大、利益攸关方数量的增长，以及承载着意义和价值的特征类型的增加，城市领域的专业人士或者遗产管理者所应承担的职责也变得越发多元化。面对上述不断加剧的复杂形势，我们应当发展新的合作伙伴关系、完善机构制度间的协调性，并通过更多技术和资金资源的获取来加以应对。由于群体范围的扩大，我们必须对各类城市遗产管理参与者，尤其是历史性城镇景观方法的行动者的地位和职责加以明确。城市遗产管理过程包含以下主要参与方：

（1）政府——可以根据历史性城镇景观方法把城市遗产的保护战略纳入国家发展的政策和议程之中。在上述框架内，地方当局可以依据各自城市的历史形态和历史实践制定相应的城市发展规划。

（2）公共服务供应方和私有部门——可通过合作来确保历史性城镇景观方法的成功运用。

144   （3）国际组织——负责把历史性城镇景观方法纳入到各自的战略、计划和行动内以促进可持续的发展过程。

（4）国内和国际非政府组织——可以参与工具和最佳实践案例的制定和传播过程中。

任何对参与方作用和职责的进一步细化都要与世界范围内的各类地理文化、制度和政治环境相适应。此外，在探讨更新整套城市遗产管理工具的方法之前，还必须再次强调：任何国际性和地区性的手段和工具都必须因地制宜，符合各地区的具体情况，同时辅以定期的、系统的培训和能力建设活动，并不断寻求合作关系的建立，以此确保这些手段和工具可以始终跟上日趋复杂和相互连通的世界趋势。

文化多样性是遗产管理的重要维度，因此发生在不同地理文化地区的任何有意义的行动，只要它们是与城市保护、遗产管理和地方发展等议题相关的，都应尽可能地被用作参考。

要保证在复杂的环境中实现城市遗产的成功管理就需要一整套强有力的工具来支持。为此，我们已制定出历史性城镇景观方法这一工具。这套工具应当涵盖各类创新的跨学科工具，下文将之分为四大类，通过介绍一系列现有的方法、实践和手段，对各类工具逐一进行探讨。应当注意的是，城市遗产管理的成功必须同时依靠这四类政策和行动的实施，它们是互为依存的关系。

（1）监管制度应包括旨在管理城市遗产有形的和无形的组成部分，包括其社会和环境价值在内的特别条例、法案或法令。必要时应认可和加强传统和习俗制度。

（2）社区参与工具应赋予各部门利益攸关者权力，以便其确认所属城区的重要价值，进而制定远景、确立目标，并对保护遗产和促进可持续发展的行动达成一致意见。这些工具应通过对各个社区历史、传统、价值观、需求和愿望的了解，并通过推动相冲突的不同利益群体间的调解和协商，来推动不同文化间的对话。

（3）技术工具应有助于维护城市遗产建筑和材料特征的完整性和真实性。这些工具还应有效促进我们对文化意义及多样性的识别，并对变化进行监督和管理，从而改善生活质量、提升城市空间的品质。还应考虑对文化和自然特征进行地图普绘，同时利用遗产、社会和环境的影响评估来支持规划和设计的可持续性和连续性。

145

（4）财务工具应致力于在改善城区环境的同时维护其遗产价值。它们还应当推动能力建设，并促进根植于传统的创新型创收模式。除了来自国际机构的政府资金和全球资金，还要有效利用财务工具来推动地方层面的私有投资。支持地方事业的小额贷款和其他灵活的融资机制以及各类公私合作模式，对于历史性城镇景观在资金方面的可持续性也具有同样重要的作用。

5.2   监管工具

自然和文化遗产的保护可以被纳入一个国家的最高监管层面——宪法中，比如印度。在印度宪法所规定的印度公民的基本义务中，第 51A 条（f）项规定"珍视和保护我们共同文化的丰富遗产"，第（g）项还规定"保护和改善包括森林、湖泊、江河及野生动物在内的自然环境，并对万物苍生抱以怜爱之心"。[1]

1999 年起，南非政府实施了一项新的民主宪政框架，这个在 1996 年颁布的框架改变了各级政府的架构，尤其是城市政府。根据宪法《附表 5：省级专属立法权限的职能领域》，西开普省部长和遗产部均有权颁布《国家遗产资源法案》（1999 年第 25 号法案）相关的法规来规范西开普省遗产资源管理的相关问题。此举标志着一项针对遗产资源管理的综合性机制被引入南非。该法案第 30（5）节规定，在对城镇或地区规划法案进行编制或做出修改时，规划当局必须为其辖区范围内的遗产资源编制清单名录，并向省级遗产资源部门提交清单草案。省级部门必须将符合上述法案及相关法律（符合综合性保护概念）规定的评估标准的遗产资源，依次列入省级遗产名录。自《市级体系法案》颁布以来，南非的地方一级和区一级城市必须履行与"综合性发展计划"相关的一切义务。其中的核心便是规划、实施和管理技能的巩固和可持续发展。[2]

21 世纪初的 10 年间，中国也通过国家文物局及有关行政部门加强了文物（中国对遗产的术语）的立法。2002—2007 年间，文物保护的行政法规得到极大的加强，共颁布各类行政法规、条例及规范性文件 23 份。[3] 1980 年代，文化历史

---

[1]   该信息来自印度司法部（立法部门）网站，见：http://lawmin.nic.in/coi/coiason29july08.pdf, p.25.

[2]   见：http://www.saflii.org/za/legis/num_act/nhra1999278.pdf

[3]   《中华人民共和国文物保护法实施条例》《文物保护工程管理办法》以及由中国文化部颁布的《世界文化遗产保护管理办法》，见：Guo et al., 2008：29.

纪念物和地下考古遗址都极为丰富的中国古都洛阳，成为通过制定法规保护其遗产资源方面的先行者，该城市规定：未经当地的文物部门审批，土地规划部门将不得对任何基建项目核发规划许可。

这样的规范行为需要文物和规划部门之间的协调及相互的审批机制，因此成为著名的"洛阳模式"。近期，洛阳又开始着手另一项重大的城市发展工程，洛阳市文物局以及各级政府（市、省和国家）都作出承诺并参与进来。这一专项保护规划包含了一系列关键的重要目标，旨在"把大遗址的保护纳入城市规划和乡村建设中，从而有效避免因城乡基础设施建设引起的对地下文化遗址的损坏；通过政策巩固和资金扶持，支持大遗址的保护；并始终把制定保护规划作为大遗址保护的关键环节和重要步骤，实行大遗址保护规划"。本书作者认为，洛阳的项目可被视作"基于文化遗产的发展战略方面的可喜案例"。[1] 此外，《中国文物古迹保护准则》，或称为《中国准则》，则是依照中国现有立法而形成的有关遗产保护和管理的综合性方法论途径，这些准则适用于古代木建筑的保护，特别重视真实性、完整性和重建等概念。这一文件是在中国国家文物局、国际古迹遗址理事会中国国家委员会、盖蒂保护研究所和澳大利亚遗产委员会的共同协作努力下编制而成的，并在 2000 年发布了中文版（Agnew et al., 2002）。[2]

2008 年，法国政府依据国家公共政策综合改革计划（RGPP）的框架，对两大部委实行了合并，分别是管理法国建设和规划政策的公共工程部以及成立时间较短的环境部，并将两者统一为新的生态、能源、可持续发展和国土整治部（2010 年起重新命名为生态、可持续发展、交通和住房部）。虽然城市保护一直以来都属于文化部的职责范围，但在法国，为了以一种全新的综合性（城市）发展方式对众多公共行为部门进行横向整合，所谓"文化"新意更多的是

148

---

[1] 引自：Guo et al., 2008：127.

[2] 来自联合国教科文组织维护的国家文化遗产法律数据库，可参见：http://www.unesco.org/culture/natlaws

147

图 1　中国莫高窟

图 2　中国甘肃省汉代城镇遗址

《中国文物古迹保护准则》适用于多种类型的遗产，主要关注遗产的真实性、完整性和重建问题。

对生态层面的关注，而不是对传统的公共工程和住房领域。综合性的城市发展是 1990 年代早期，在欧洲出现的城市政策领域的一种全新的方法，旨在打破土地和政策的区划性，并推动一种在城市发展过程中兼顾自然、经济和社会方面的更为整体的方法。[1]

2009 年 10 月 19 日，厄瓜多尔总统科雷亚任命前外交部部长玛丽亚·埃斯皮诺萨为新设立的遗产协调部部长。新部长在就职后告诉记者，新的部门将扭转以往国家对自然、文化和人文资源的重商主义态度，代之以集体和公共福利的视角。[2] 这种协作机制还将进一步扩展到文化、体育、环境、旅游、教育和卫生各部门。[3]

根据某个政策问题所依赖的跨领域程度，政府政策的管理者可以完全依据手边案例的具体情况，组织成立跨机构委员会或工作小组来共同或独立地完成政策制定工作。特别是如之前章节中所谈及的，当某一问题首先由一个部门提出，但问题的解决要求多部门的共同努力，抑或该问题会对其他部门产生影响，那么上述行动方法就变得尤为重要。凡是与政策的实施、监督和评估相关的机构都应参与进来，因为他们能在探讨实际操作方法中贡献自己的观点。然而，这一机制在运行过程中可能出现的冲突，还需要正式的程序来解决，而正式的程序也需要依靠事先建立起的一定程度的独立性。"特别设立的政策制定机制可以由长期存在的独立决策团体予以支持，其中包括由对某一共同政策领域有兴趣和具备专业知识的行为主体、政府或非政府所组成的网络。即使决策团体的成员在细节方面可能存在分歧，但这些成员应依然坚持某种共同的核心价值观。"[4]

---

[1]　参见：欧盟委员会 URBACT（推广城市可持续发展的欧洲交流与学习计划）网站：http://urbact.eu/2n/header-main/integrated-urban-development/understanding-integrated-urban-development/

[2]　2009 年 10 月 21 日新华社消息（或有误）"厄瓜多尔成立新的世界遗产部"，记者 Lin Zhi，见：www.chinaview.cn

[3]　新部门的网址：http://www.ministeriopatrimonio.gov.ec

[4]　UNEP，2009b.

149 案例 5.1 开普敦的文化遗产战略

图 3 南非开普敦

2001 年 10 月 31 日，开普敦正式通过了与其《综合发展规划》（IDP）相关的、首个《大都市环境综合政策》（IMEP）以及它的实施战略《大都市环境管理综合战略》（IMEMS）。这份环境综合管理战略要求开普敦市制定详细的部门战略，并执行上述综合政策中的环境原则来履行其运用部门法（sector approach）的承诺。文化遗产是 IMEP 的部门法之一。开普敦已作出承诺，要通过 IMEPl 来保护和提升开普敦城市文化遗产的多样性，包括：

（1）认可开普敦城市拥有丰富的文化历史；

（2）认可开普敦城市内所呈现的所有文化和宗教；

（3）在规划和决策过程中结合文化价值、具有历史重要性的遗址和景观、景色优美的地区以及具有精神意义的场所。还需进一步承诺保证开普敦的各类文化遗产也受到保护，并确保同时涵盖实体和社会政治方面。2005 年 10 月

19 日，开普敦行政市长和市议会委员最终批准了《开普敦城市文化遗产战略》，
该文件规定了开普敦文化遗产资源的管理和保护政策及框架。它也代表了开
普敦城市对南非《国家遗产资源法案》（1999 年第 25 条，见上）中规定的地
方政府的义务所作出的回应。最后，该文件还为国家、省级和地方层面的政
府提供了管理和保护开普敦遗产资源的合作框架。

来源：开普敦城，2005

2006 年 6 月，日本颁布了《促进海外文化遗产保护国际合作法》。该法律   150
旨在通过文化遗产领域的国际合作，促进世界范围内各种文化的发展。这一法
律促成了日本文化遗产国际合作联盟（JCIC-Heritage）的成立。该联盟把各类机
构和人士联合起来，建立起协调国际合作的共同基础。[1]

城际合作构成了从治理、基础设施开发和城乡一体化，到文化遗产和旅游
管理等各类政策考量得以实施的框架。通过各类地方政府、非政府组织和国际
机构的努力，各种形式的城际合作已开始生根发芽。国际机构正逐渐感受到城
际模式所带来的益处：提高了资源使用效率、贴近了市民需求，并让可持续发
展向特定项目以外的范围蔓延。"作为一种根植于地方的做法，城际合作为许
多现有的项目提供了经济且高质量的选择，从而应对这些项目遭受的来自官僚
主义的层层桎梏以及因决策中心远离地方而造成的错位。然而，要完全发挥该
方法的潜在优势，则必须动员整个国际社会来采用这种方法，并使之成为国际
合作的主流模式。"[2] 由联合国教科文组织新德里办事处统筹协调的法国—印度
分散化城市管理合作项目，则是一个几乎覆盖全国范围的城际合作计划案例。
印度在现阶段，除了一些受保护的"纪念物"，并没有任何促进城市保护的法
律和制度框架，以至于那些想要制定保护行动的城市管理者们只能在真空中进

---

[1] http://www.jcic-heritage.jp/

[2] Savir, Uri, 2003：31.

行操作。因此，制定城市保护的法律和政策框架，并通过与其他国家同行（如法国）的联系来推动上述框架的制定，将是极为有益的尝试。[1]

151　　　此外，欧盟的"遗产为契机"项目（HerO）——针对重要历史性城镇景观的可持续管理战略——已经编制了一本《最佳实践汇编》。各合作方受到该网络邀请，介绍并展示各自所在的城市在视觉完整性的保护和综合更新方法的运用中遇到的问题，以及所应用的工具和应对方法。该文件汇集了来自 9 个合作城市共 18 个与上述领域相关的最佳实践案例。通过 2 至 3 页的简介（利物浦、雷根斯堡、瓦莱塔、维尔纽斯、卢布林、普瓦捷、格拉茨、锡吉什瓦拉和那不勒斯），让读者对各个城市所面临的挑战以及计划实施、正在实施或已经实施的行动一目了然。每个案例都有相关的联系人信息，以便想要更深入了解的读者与地方的代表可以直接进行联系。[2]

　　　与之类似，巴黎的联合国教科文组织世界遗产中心、布鲁塞尔的欧盟委员会、魁北克的世界遗产城市组织、洛杉矶的盖蒂保护研究所，以及法国城市里昂也正在合作开展最佳案例导则的编制，旨在为推动城市间有关城市遗产管理的直接合作建言献策。2008 年起，上述合作方通过自下而上的搜集方法已成功收集并制作了一本案例汇编集，囊括历史城市背景下众多的干预案例，如基础设施、

---

[1]　在印度政府城市发展部的监督下，通过来自 40 余个法国地方政府的 80 名专业人士的参与，2010 年 1 月，印度的邦和都市区获得联邦层面的政治批准加入与法国（或其他）地方政府的合作。成果包括：

　　1. 在中央联邦层面，印度和法国将合作开展针对城市管理的能力建设，主要通过开展有关城市治理和技术问题的短期课程，特别是向隶属于或附属于印度城市发展部的培训机构提供法国专家进行授课。课程内容由法印两国专家机构共同制定（印度方面将引入国家都市事务研究院的参与）；

　　2. 在邦—地区层面，将通过组织相关的考察研究建立合作关系，如组织印度和法国城市管理者的互访，依托印度城市管理协会和发展当局（AMDA）以及印度遗产城市网络基金会的参与；

　　3. 在城际层面，由于行动需要密集的资源支撑，双方已对以下潜在的合作领域进行了探讨，其中包括一些已在进行中的合作项目：巴黎—德里（城市规划领域合作进行中）、格勒诺布尔—班加罗尔或海德拉巴（可能在研究方面有新合作）、雷恩—博帕尔（城市遗产和规划领域的新合作）、斯特拉斯堡—乌代普尔（城市遗产和发展，尤其关注城市流动性领域的新合作）、拉罗谢尔—本地治里（城市遗产和发展合作进行中）、洛里昂—科钦（城市遗产保护和旅游领域的新合作）、中央大区—泰米尔纳德邦切蒂娜德（基于遗产的发展，合作进行中），等等；

　　4. 此外，拉贾斯坦邦成为印度首个致力于保护和改善自然和建筑遗产，就基于遗产的发展通过文化创造性和文化产业减少贫困，而与非政府组织及非营利机构签署协定的邦。上述联合项目被命名为"发展和遗产计划"，自 2005 年启动以来受到联合国教科文组织德里办事处的支持，并设立了一年一度的斋浦尔文学节，该节日已成为南亚地区最主要的文学节之一。

[2]　见：http://urbact.eu/fileadmin/Projects/HERO/outputs_media/HerO_-_Good_Practice_Compilation.pdf

住房和零售开发以及遗产保护和展示等，这些案例均由世界遗产城市组织的地方负责机构提交。[1]针对选出的案例，简要介绍了其所采用的干预措施的种类和方法，并附上相关城市管理负责人和技术人员的详细信息，以便读者可以快捷地与之取得联系，从而推动双方就共同关注的问题开展城市间的直接合作。[2]

152

2007 年，在认识到除古代宫殿、神社、庙宇和园林以外，历史街区作为承载了传统生活方式的城市景观要素所具有的重要意义后，京都市对原有的城市景观政策进行了修改。2009 年，作为当地传统生活一部分的祇园祭被联合国教科文组织列入非物质文化遗产名录。先前，主要由于当地的产权私有制，对这些由商人、手工艺者和工匠社区组成的城市历史街区景观的保护并未引起重视。但新的政策规定，即便是私有房产也必须符合严格的高度和设计规范，与整体的历史性城镇景观相协调。[3]

在可能产生冲突的情况下，地方战略合作伙伴关系（Local Strategic Partnerships）能够提供推动在决策过程中进行合作的方法。地方战略合作伙伴关系涉及协定或谅解备忘录的制定，并以此为改善纪念物和遗产地管理的整体框架。该框架可以包括但不限于：协定各签署方及各自的明确地位，对遗产及其重要性、价值和脆弱性范围的识别和简要描述，以及该协定性质的详细内容，而详细内容又包括所采用的管理方法、可实施的工程或其他变更措施，以及针对协定实施情况或履行情况建立的复审机制等。[4]

正如德里克·沃辛（Derek Worthing）和斯帝芬·邦德（Stephen Bond）指出的，"保护规划是管理遗产地的工具，主要基于以下重要理念，即为了实现有效管理，我们必须理解该遗产地为何重要并且理解该遗产地重要性的不同组成要素是如何被陈述、解释和证明的……为保证保护规划的有效性，还需辅以一

---

[1]　形成中的报告可见：http://ovpm.org/parameters/ovpm/files/recueil/re-quito/pdf

[2]　2011 年 10 月，该案例汇编在葡萄牙辛特拉镇举办的第十一届世界遗产城市组织世界大会期间发布。

[3]　6 种语言的《京都城市景观政策》：http://www.city.kyoto.lg.jp/tokei/page/0000061889.html

[4]　Worthing & Bond，2008：203.

份管理规划……但最后，这两个阶段的文件（保护规划和管理规划）必须作为有机的整体进行参照，若各自独立则任何一方都不具备实质性的价值，除非双方以整体的方式完成……管理规划主要是从重要性角度出发明确遗产地的需求，思考遗产地应该怎样发展以及可以怎样发展，并确定与上述领域相关的主要管理问题及其解决的途径。换言之，需要把焦点从总体的政策方针转向更为具体的导则和行动层面"。[1]

案例 5.2　利物浦保护遗产价值的新工具

图 4　利物浦海上商城

　　利物浦市中心的大规模更新工程引发了越来越多的社会团体的抗议活动，并进而受到世界遗产委员会的密切关注。对此，利物浦市议会为世界遗产地利物浦海上商城（Liverpool-Maritime Mercantile City）制定了一份《补充规划文件》（SPD），作为原《利物浦整体发展规划》（2002 年通过）和《西北

[1]　Worthing & Bond，105,141.

地区空间战略》（2008 年通过）内所涵盖的规划政策的补充。该规划文件的最主要目的是为保护和提升利物浦世界遗产的突出普遍价值提供一个框架，同时对保证经济良好运行和支持再生的投资和发展给予鼓励。2009 年春，该文件由相关部门进行了传阅并听取意见，最终在 2009 年 10 月 9 日获利物浦市议会通过。该文件主要对以下内容作出规定：本文件与《规划政策框架》之间的关系、遗产地的历史性环境及其缓冲区、世界遗产地发展的总体指导方针、整个遗产地及其六大特征地区的详细导则，以及文件最后的实施和监测模式。

来源：http：//www.liverpoolworldheritage.com

尽管以上所介绍的主要是一些技术工具，但经市级或国家层面的政府机构批准后，它们就可以成为管理遗产所要遵循的规范性框架的一部分。因此，这些计划，一旦经所有主要利益攸关方通过，就必须由政府正式采纳执行。IUCN 认为："管理规划因此可以视作是体现了一种世界遗产地管理机构和利益攸关方之间的'公共契约关系'。它同时还是改善交流与监督和评估管理活动的工具。最重要的是，一份精心制作、综合全面的管理规划，能让当地人理解世界遗产地的管理，并使他们更多地参与其中，从而有助于减少甚至克服摩擦和冲突。"[1]

过去 30 年间，源自生态学、环境保护和自然保护领域的各类思想和实践已开始源源不断地涌入文化遗产保护和管理领域（虽然反向的流动并不明显）。环境资本和环境容量的概念已被建筑环境领域所运用，从而强化了把文化重要性和脆弱性纳入管理战略的重要意义（Worthing et al.，2008）。经证明，来自自然保护领域的对城市遗产管理极为有益的另一大创新就是把保护区的管理规划和商业计划结合在一起。2004 年 10 月至 2008 年 8 月，由世界遗产中心和壳牌基金会在乌干达联合实施的"提升我们的遗产——技能分享试点项目"就是这

[1] IUCN，2008：2-3；还可见：Kerr，200；Ringbeck，2008。

方面的案例。该项目主要面向那些负责保护和管理受威胁的自然遗产地的非营利组织，旨在加强其能力建设。另一方面，也是为了测试向遗产地管理者传授核心商业技能的重要性及其产生的影响。[1] 培训结束之后，乌干达野生动物管理部门提出了一份针对埃尔贡山国家公园的管理和商业综合计划，如今正在继续为此制定一份相应的"总体管理和财务规划"。除了一些传统文件应有的内容，如规划过程、公园介绍和管理以及保护计划等，经过壳牌公司的培训，还加入了许多创新的条目，包括关于公园收益和服务的条款（描述了公园的经济贡献和影响）、一份关于公园资源需求的分析（投资成本和财政缺口分析）、针对保护区创收的财务策略以及一份营销计划书。上述计划一旦完成后，还将听取国家公园理事会和遗产地管理者的反馈意见，并在此基础上决定是否要在今后把该类型的计划作为乌干达所有国家公园计划的标准模板进行推广。

---

[1] 项目详情和最终报告，可参考：http://whc.unesco.org/en/series/23/

5.3　社区参与工具

　　社区参与工具包括一系列通告、动员和参与的手段方法。它们吸收了来自地方社区以及社会其他群体的知识和技能。这些工具可以发挥咨询功能，如各种类型的规划、视觉景观映像、对特征决定要素和过程的记录（以此确立基线）、参与群体的认知绘图、人类学和文化地理学观点，以及当地人的口述传统和习俗的记录。

155

　　对开罗和孟买这些地方而言，并不能对社区进行准确界定。尽管如此，由于这些社区最可能受到城市遗产管理的积极或负面影响，因此它们作为主要的利益攸关方进行参与是极为重要的。

　　利益攸关方分析和地图普绘（Stakeholder Analysis and Mapping，SAM）是通过对利益攸关方进行识别和分析，以此确定每一方所要解决的特定问题。可以

图 5　所罗门群岛的社区研讨会

　　为确保保护行动的有效性，需要由当地社区对遗产价值进行阐述。

在需要确定关键的利益攸关方时使用这种工具。《综合评估：将可持续发展纳入政策制定环节——指导手册》的附件一[1]详细介绍了使用这一工具的四大基本步骤以及该工具的利弊。[2]

由城市联盟组织倡导的城市发展战略（City Development Strategies，CDS）是为实现城市公平和可持续发展而制定的行动计划，主要以当地利益攸关方的参与形式进行制定和实施，从而改善全体公民的生活质量。[3]城市发展战略的目标包含一份关于城市的集体远景和行动计划，这一远景旨在改善城市治理和管理、增加投资、扩大就业和服务，并系统且持续性地减少城市贫困现象。每个城市需要确定自身的问题和机遇，并对行动进行优先排序。对历史城市而言，文化历史意义的保存和城市遗产的管理应是关键的立足点。通常情况下，城市发展战略可以在 12 到 15 个月内迅速完成备制并进行修订。这一方法论通常具备四个关键的构建基石：

（1）分析——城市及其区域的状态，运用快速的数据评估和 SWOT 分析模型；

（2）远景——构建面向未来的、现实的、长期的、可理解的认识；

（3）战略——重视成果、设定优先事项、明确职责；

（4）实施——以年为单位来解决"有什么资源、何时有资源、有多少资源以及谁拥有的资源"等问题，同时对影响进行监测和评估。

1999 年，城市联盟在世界银行和联合国人居署的支持下开始运作，其成员还包括地方政府可持续发展国际理事会（I.C.L.E.I）（由四个主要地方政府型全球联盟的政治首脑组成）和来自 10 个国家的政府等（加拿大、法国、德国、意大利、日本、荷兰、挪威、瑞典、英国和美国）。亚洲发展银行也于 2002 年加入了该联合体组织。

[1] UNEP，2009c：41–42.

[2] 可参见：http://www.nssd.net/pdf/resource_book/SDStrat–05.pdf

[3] http://www.citiesalliance.org/ca/cds

城市联盟（City Alliance）在一项近期研究（UNEP，2007）中强调了城市和环境之间的互动性，阐述了把环境纳入城市规划战略之中的方法，并列举了可以用来促进这一整合过程的案例工具及其详细内容。文件着眼于城市面临的挑战，同时在考虑环境时加入了文化和遗产的因素，因此与历史城市的管理密切相关。报告还指出（第 24 页）在制定城市发展战略的过程中，可以召开一次远景会议，把所有利益攸关方聚集到一起，形成一个关于城市未来的共同远景。在这一过程中，不同背景和利益需求的个体将认识到彼此共同的关切点，并形成一种强大的主人翁意识。这样做的其他益处还包括：通过发动公众参与其中，使他们的意识得到提升、形成身份认同感、了解每个人的观点，以及形成合作伙伴关系，进而协助战略的实施。最后，该过程还为矛盾冲突的解决奠定了基础。

报告还提到了通过参与式的方法促进城市遗产管理行动优先项制定的其他工具，其中包括环境大纲（Environmental Profiles）。这是城市规划的专用工具之一，通过对环境的重视来推动各方共同理解城市的经济部门是如何与环境相互作用，进而影响资源和产生危害的。这样一份大纲通常是在现有信息和数据的基础上快速整理而成的，不需要经历耗时的研究过程，因此可以被当作一种能够快速评估城市环境的方法，同时也可以在城市的文化和遗产资源领域建立类似的过程。其他工具还包括：SWOT 分析模型（又称势态分析法，分别代表：优势——strength、劣势——weakness、机会——opportunity 和威胁——threats），在战略性思考中加入了现实因素，因此是十分有用的工具；还有战略环境评价（SEA）工具，我们将在下一节的技术工具中详细讨论。

最后，所谓的"宜居城市"研究其实是指一种管理体系，即"生态预算"（ecoBUDGET），主要关注城市对自然资源和环境质量的管理。这一体系由地方政府可持续发展国际理事会（I.C.L.E.I）制定并申请了专利，对那些拥有丰富文化遗产资源的城市是极为有益的。和年度财务预算体系起到双管齐下的效果，"生态预算把环境的目标设定、监测和报告地纳入城市政府的常规性规划、决策和管理之中。市政府每年制定并批准一份针对自然资源和环境质量的预算……

预算使用的是物质单位而不是货币形式的衡量机制"。[1]这是一种跨领域的工具，为把文化和遗产内容编入城市跨部门政策制定的过程提供了途径，把城市领导者变成需要对财政和文化双重资产负责的真正的资源管理者。

2004 年，作为对蒙特利尔城市总体规划审议的部分内容，皇家山自治区开展了广泛的公众咨询过程，以激发对影响地方规划和遗产保护问题的集体反思，从而制定出当地城市景观保护和未来发展的远景。该过程最重要的成果是：当地居民开始更加重视自己所在社区的城市景观的遗产特征，并把这些特征作为一个整体进行保护，而不是仅仅保护一系列有限的孤立的纪念物，即那些经专家认定的所谓"遗产"（Laurin et al., 2007）。

2002 年 4 月，《墨尔本原则——建设可持续城市》完成制定，这是一个由联合国环境署（UNEP）牵头的行动的部分内容。经工作小组成员一致通过的这十条"墨尔本原则"，旨在引导思考、帮助建立起健康环境和可持续城市的远景。在本书的语境内，其中的第三条原则尤其重要："认识并且立足于城市所具有的特征，包括城市的人力、文化、历史、自然等体系"。[2]

认识到传统木结构房屋对城市历史街景的重要性，并且看到它们对京都城市景观政策（见第 6.2 节）变革所起的关键推动作用以后，京都市景观与社区营造中心（KCCC）[3]从 1997 年起启动了以下项目：

158

（1）对当地的传统木构建筑"町屋"[4]的类型和分布进行研究；

（2）对"町屋"所有者和居住者的需求进行研究；

（3）促进公众理解和支持"町屋"保护的研讨会；

（4）针对"町屋"保护、改造和再生利用的咨询和管理等支持服务，包括

---

[1] UNEP, 2007:39.

[2] 见：http://www.unep.or.jp/ietc/Publications/Insight/Jun-02/3.asp；有关可持续发展和遗产管理直接关联的信息，参见：English Heritage, 2008.

[3] http://www.kyoto-machisen.jp/fund/

[4] 日本传统木结构建筑，临街而建，通常为两层，下层临街部分为店铺，上层为店家居住用——译者注。

配套基金的建立；

（5）对利用传统木构建筑工艺的新技术进行开发，包括防火和防震技术，以及为低碳节能而开发的新的建造方法等。

KCCC 项目最重要的成果便是建立了一个广泛的合作网络，在房屋所有者、居住者、其他社区成员和各相关领域的专业人士、非政府组织、大学学生和老师，以及公共管理人员之间建立起联系。[1]

案例 5.3　雷根斯堡的发展建议评估

2006 年，雷根斯堡旧城施达特昂霍夫区被列入世界遗产名录。该历史城市的中心区约有居民 17 000 人（2006 年人口普查数据），占地 183 公顷。在登录时，遗产地宣布成立一个独立的管理委员会，以创新的方式简化联合国教科文组织、世界遗产委员会和雷根斯堡城世界遗产地三者之间的沟通过程并提高了沟通效率。德国的联邦制结构让三方间的沟通极容易出现延迟。在某些情况下，时间上的滞后会使世界遗产城市的发展和决策过程陷入僵局。独立委员会每年召开两次会议，对雷根斯堡世界遗产地核心区和缓冲区的建设活动进行监测。任何与雷根斯堡相关的竞争结果、城市规划和提出的交通工程以及任何其他发展规划都必须告知独立委员会。在该类规划可能与城市的突出普遍价值的保护发生冲突的情况下，委员会则可以发挥咨询的作用。

独立委员会成立于 2008 年，由六名委员组成，包括两名 ICOMOS 的独立顾问，一名德意志联邦共和国国家教育和文化事务部长联席会议的代表，一名纪念物保护的最高权力机构巴伐利亚州科学、研究和艺术部的代表，一名巴伐利亚州纪念物保护办公室的代表以及雷格斯堡市的市长。除了解决冲突，独立委员会还致力于提升参与城市建造和发展的所有相关方对城市世界遗产的认识和理解。

---

[1]　来源：*The League of Historical Cities Bulletin*，No.54，March 2010，Kyoto，Japan.

> 　　因此，雷根斯堡可以成为此方面其他世界遗产城市的一个典范。在前三次会议期间，委员会对城市各地区的发展规划开展了几次调研。根据独立委员会的报告，到目前为止，这一经验无疑都是积极的，由于委员会便于管理的规模以及会议的非公开性，使彼此间建立起信任，从而在早期阶段就能展开针对建设项目的考察。
>
> 　　　　来源：交流信息（Matthias Ripp，雷根斯堡遗产地管理者，2010）

159　　　　2009 年 3 月，赫尔辛基市发出了一份邀请函，对 Herzog & de Meuron 建筑公司设计的卡达亚诺伽旅馆的评估进行招标。卡达亚诺伽旅馆最早是由市政府和一个房产投资商共同经营的独立项目，赫尔辛基市与该投资商协定保留该地块，这一项目也构成了 Eteläsatama 区（拥有旧港口的历史老城区）开发计划的一部分。开发项目的最终目标是为了增强城市中心的吸引力，并使该区域及客运码头与整个城市的结构、公共滨海空间和市中心的步行路线更好地融为一体。该地区是赫尔辛基帝国风格历史中心的一部分，并拥有芬兰国内极具价值的文化环境，还有一份专门为该片区域制定的综合规划。卡达亚诺伽旅馆的设计方案引发了公众的热烈讨论，也遭到专家和市民的强烈反对，反对的主要原因就是酒店的外形、大小、朝向和立面材料的设计与区域内的文化历史景观格格不入，与建筑周边环境形成强烈的反差。政府和国家文物理事会的官员和专家认定此前的效果评估无法取得一致结论，因此邀请国外的城市规划和历史专家前去进一步评估。[1]

---

[1] 英国遗产彩票基金提供了一份大众可获取的关于遗产保护方方面面的导则类出版物的全面清单，可参见：www.hlf.org.uk/aboutus/Pages/allourpublications.aspx

5.4　技术工具

用于评估影响的许多工具都可被归到社区参与工具的类别，因为它们是参与式规划过程的一部分，但与此同时，它们也可被视为技术工具，因为它们大多都涉及技术化的过程，也要求先进的知识和技能。

国际影响评估学会（IAIA）旗下的培训和职业发展委员会认为，"影响评估（IA）为发展决策提供了关键的信息。影响评估是预测发展对生态和人文环境影响的过程和方法，能让我们在投入人力、财力和自然资源及在做出选择之前对决策进行调整。影响评估是一个参与式的过程，往往也是利益攸关方在发展决策制定过程中表达声音的主要方式。使用得当，影响评估将远不止一项研究和一份报告那么简单——它会是发展规划中用来增加收益、降低风险、保障资产并树立公众信心的具有启示性和透明化意义的组成部分。因此，影响评估是良好商业和良政的基石"。[1] 下面我们将对城市遗产管理相关的几个遗产评估类型进行具体的探讨。

环境影响评价（EIA） 基本是在项目层面运用的过程，以此来改善决策过程，并确保供我们考虑的发展方案是有利于环境和社会的，而且也是可持续的。环境影响评估过程也已产生了一套新的子工具，包括社会影响评价、累积效应评估、环境卫生效应评价、风险评估、生物多样性影响评价、遗产影响评估和战略环境评价（SEA）。[2] "环境评价是确保我们在做出决定之前，对决策所带来的环境后果予以考虑的程序。可以依据经欧盟修正的第 85/337/EEC 号指令（称为"环境影响评价"——EIA 指令），对单个具体的项目实施环境评估，如大坝、高速公路、机场或工厂；也可以根据第 2001/42/EC 号指令（"战略环境评价"——

160

---

[1]　IAIA，2007：1.

[2]　UNEP，2009b：63.

SEA 指令），对公共规划和计划进行环境评估。两者的共同原则均是确保在可能对环境造成深远影响的规划、计划和项目获得批准或授权以前，对这些规划、计划和项目实施环评。征询公众意见是环境评估程序的重要特征。"[1]

2002 年 11 月，瑞典国际发展合作机构（Sida）发布了《可持续发展？环境影响评价审查指南》。这份报告包含三个部分：

（1）审查——项目，制定环境影响评价（EIA）审查指南，并包含审查中应予以考虑的问题清单。

（2）审查——部门和地区计划，阐述如何在战略层面应对发展合作中的环境问题。

（3）环境影响评价——法规和工具，包含以 EIA 知识和背景为重点的六大章节，包括可持续发展的指标；通过环境影响的经济成果考察环境—经济分析如何有利于提升 EIA 程序与影响声明；以及环境影响评估的优秀案例，对 EIA 相关的国际案例进行描述。

同时，也有普遍观点认为，环境影响评价过程同样适用于把物质资产和文化遗产纳入这一过程的做法，如瑞典国际发展合作机构关于 EIA 的操作和内容要求所作的规定。[2] 同时上述文件附录 1 中的清单则适用于可能会受到某个项目影响的"文化环境"。

162   2009 年 3 月，世界银行编写了《物质文化资源保护政策指南》（*Physical Cultural Resources Safeguard Policy Guidebook*），内容涉及世界银行在物质文化资源方面的"业务政策"（OP 4.11）和"世界银行程序"（BP 4.11）。指南的各章节主要包含：①物质文化资源保护政策；②世界银行工作小组导则；③借贷方导则；④环境评价小组导则（其中第 4.4 章节关于影响评价的实施）；⑤环境影响审查人员导则。

---

[1] http://ec.europa.eu/environment/eia/home.htm

[2] Sida，2002：16.

图 6　摩纳哥（Monaco）

图 7　泰国曼谷（Bangkok）

　　不能正确识别景观的价值将导致无序的发展，并使区域特征、建筑环境身份和质量遭受损害。

162   此外，作为世界银行集团的成员组织，国际金融公司（IFC）发布了《关于文化遗产的绩效标准 8》（*Performance Standard 8 on Cultural Heritage*），同时还以《文化遗产导则说明 8》（*Guidance Note 8 on Cultural Heritage*）作了补充，文件"认可文化遗产对于当代及后代的重要性。依据《保护世界文化和自然遗产公约》，本绩效标准旨在保护不可替代的文化遗产，并指导客户在运行其业务的同时对文化遗产进行保护。此外，本绩效标准有关项目对文化遗产利用的要求，部分基于《生物多样性公约》所规定的标准"。[1]

战略环境评价（SEA）是世界银行、欧盟和经合组织下属的发展援助委员会（OECD-DAC）等机构现阶段正在推行的工具。它包含了确保我们能够对那些由政策、规划和计划引起的重大环境影响作出识别、评估、缓解，并向决策者充分传达，进而把这些影响置于监测之下的整个过程，同时也是确保公众参与机会的过程。与针对具体项目实施的环境影响评价不同，战略环境评价应在规划的早期阶段进行。"通常情况下，首先要识别潜在的环境影响。然后通过评估过程确定哪些影响是最为显著的，继而提出相应的缓解行动和监测框架。通常还要开展公众咨询，以协助识别这些潜在的影响。"[2] 因此，SEA 成为一种通过公众规划和政策制定，促进实现可持续发展的重要手段。作为一种通用工具，SEA 涵盖了多种方法，可适用于各类情形。它的重要性也得到了广泛的认可 [3]，其中最明显的益处有：①强化了战略决策的依据；②促进了与利益攸关方的协商，
163   并对他们的要求作出回应；③简化了其他流程，如单个具体发展项目的环境影响评价的过程；④欧盟第 2001/42/EC 号指令要求成员国的国家、地区和地方当

[1]   IFC，2006. http://www.ifc.org/ifcext/sustainability.nsf/AttachmentsByTitle/pol_PerformanceStandards2006_PS8/$FILE/PS_8_CulturalHeritage.pdf；World Bank，2006. http://web.worldbank.org/WBSITE/EXTERNAL/PROJECTS/EXTPOLICIES/EXTOPMANUAL/0，contentMDK：20970937~menuPK：64701637~pagePK：64709096~piPK：64709108~theSitePK：502184，00.html；World Bank，2009a.

[2]   Ahmed et al.，2008：4.

[3]   一些参考信息：Dalal-Clayton et al.，1998；OECD，2006；Fischer，2007；Partidario，2007.

局都要对其推行的特定规划和计划实施战略环境评价。[1]

　　城市联盟的宜居城市项目（UNEP，2007）提出，SEA 是一种涉及大量持续性研究和分析的规划手段，因此需要大量的财力、人力和时间。它可能呈现一种"阶梯式的进程"，即城市地方议会必须在充分考虑了城市发展战略和整个城市的其他相关战略后，编制出各类基于区域的法定规划。城市政府负责批准这些规划并进行监督。在对象是历史城市和世界遗产地的情况下，SEA 可以在筹备和考虑具体的项目提案之前，评估开发项目前期所具有的潜在影响，所以是非常有用的工具。"SEA 是在决策过程中发挥社会政治作用的工具，它把原本以结果为导向的过程转变为以行动导向。根据《维也纳备忘录》第 20 条 [2]，在公共政策中引入 SEA 可以促进历史性城镇景观价值的利用和提升，特别是改善场所精神的韧性。" [3]

　　UNEP 倡导的综合评价法（IA）便属于 SEA 的范畴。"综合评价指对各类学科知识进行整合、阐释和交流的参与式过程。在这一过程中，我们可以对某一拟定的公共政策、规划或计划相关的因果链关系——包括环境、社会和经济（ESE）因素——进行评估，从而提供充分的决策信息。"根据定义，这个具有跨部门性质的工具旨在主动且尽早地在战略层面把环境、社会和经济问题纳入到政策制定过程中，从而提供"促进可持续发展的政策选项，而不是提出缓解和弥补的方案"。[4] UNEP 的《指导手册》（2009）主要面向两类读者：一类是希望更完整、主动和灵活地利用综合评价方法来改善政策制定过程和规划过程的从业者和规划人员；另一类则是希望在如何用公共政策促进可持续发展方面

165

---

[1]　以欧盟的 SEA 指令为背景，对学习 SEA 的方法，尤其是对作为环境规划和管理主要特征之一的转化性学习进行了探讨；参考：Jha-Thakur et al.，2009：133-144。

[2]　"规划过程中的一个关键因素是及时发现机会，确定风险，保证发展和设计过程的均衡合理。所有的结构性干预都立足于能够说明历史性城镇景观的价值与意义的综合调查分析。调查有序干预的长远影响和可持续性是规划工作必不可少的组成部分，旨在保护历史结构、建筑主体及周边环境。"

[3]　葡萄牙里斯本技术大学教授、前国际影响评估学会（IAIA）主席 Maria Partidário，在 2008 年 11 月 13 日联合国教科文组织总部召开的 HUL 专家计划会议上的观点。

[4]　UNEP，2009c：8-9。

接受指导的政策制定者和决策者。手册还提出了一种实施综合评估的"框架建构"途径，以此来降低评估的程式化，增加其灵活度，从而适应不同的评估背景和政策过程。此外，还编写了《针对可持续发展的综合性政策制定参考手册》（*Reference Manual for Integrated Policymaking for Sustainable Development*）（UNEP，2009b）对指导手册进行补充，目的是为了在政策制定过程中嵌入可持续发展的内容。

　　可持续发展框架提供了可以衡量可持续发展绩效以及根据参考框架对项目和政策影响进行评估的各类指标和基准。可持续发展框架的种类繁多，但都具备一个系统的结构，其中可持续发展的总体原则必须转化为可衡量的具体指标。综合评估过程可以对现有的可持续发展框架进行识别，协助它们发展，对各种

164

图 8　土耳其卡帕多西亚的乌奇萨（Uçhisar）

图 9　中国四川省峨眉山

图 10　希腊阿苏斯山

对场所精神的理解是在历史环境中和谐地开发新功能的一大前提。

166　选项进行评估，并通过与现有框架的对比来评估后续的得失。[1]

总体上，在环境评价过程中，文化遗产部门几乎都把注意力放在确认对物质建筑及遗产地的真实性和完整性是否具有负面影响上，而对与遗产资源相关联的社区的福祉则较少得到关注。因此，影响评价的分支开始逐渐增加，尤其关注开发提案对当地社区社会文化方面的影响。[2] 人类学和文化地理学理论，包括当地居民对口头传统和习俗的记录，都被纳入到针对原住民的文化影响评估中来。根据新西兰 1991 年的《资源管理法案》（*Resource Management Act*）以及 1993 年的《历史场所法案》（*Historic Places Acts*），在制定针对毛利文化的影响评估的过程中（虽然并没有针对文化遗产的国家政策说明）也结合了相关的法律条款。这些评估能影响"资源许可的决策"并为之提供依据，同时"传达出一种毛利人的世界观并表达了对于祖传的土地和资源遭遇异化的担忧"。[3] 其中用到的方法论包括一些常规手段，如文献综述、征询和识别所面临的问题和机遇、影响评估以及提出建议等，但同时还增加了对包括遗产地重要性在内的传统、历史占领和使用情况的概述。在上述思路的指导下，一些特定问题得到解决，如场所与具有原住民血统的群体之间的联系；或者与某一特定祖先或传统事件的关联；或者是场所与天文、自然或超自然现象之间的关系；以及场所中正在发生的所有重要活动、用途或习俗。

2008 年 2 月，国际影响评估学会加拿大北部分会（IAIA-WNC）在加拿大的耶洛奈夫举办了"生物圈之外——文化影响评估"会议。[4] 会议的主题包括：①识别和缓解文化影响；②在影响评估中运用本土知识；③理解文化景观；④对非物质文化资源的影响进行评估；⑤战胜文化影响评估的共同难题。

---

[1]　《综合评估：将可持续发展纳入政策制定环节》附件 1——这份指导手册阐述了综合评估的三大步骤，并指出使用该工具的利弊（UNEP, 2009c: 46-47）。

[2]　2005 年 5 月 25 日，ICOMOS 英国委员会在格林威治举办了一次研讨会，探讨建立一个关于"世界遗产身份对英国世界遗产地社区的影响"的研究项目，但由于资金原因未能实施。

[3]　Nelson Coffin, 2008.

[4]　会议记录见：http://www.iaiawnc.org/CulturalConf08.html

　　2010 年 5 月，ICOMOS 发表了《关于对世界文化遗产进行遗产影响评估的指 导 草 案》（*Guidance on Heritage Impact Assessments for Cultural World Heritage Properties*），该草案是在 2009 年 9 月巴黎举办的一次国际研讨会之后起草的，目的是为世界遗产地委托实施的遗产影响评估（HIA）提供程序上的指导，从而对潜在开发行为对遗产地突出普遍价值的影响做出更有效的评价。ICOMOS 颁布这些指南的基本出发点是，在他们看来，只有根据具体情况对环境影响评估（EIA）的过程做一些适应性的改变，才能使这些评估真正发挥作用。由于 EIA 对诸如保护建筑、考古遗址或特定视角所受的影响分别进行评估，因此在被应用于世界文化遗产时得到的结果往往不尽如人意。原因在于它未能在影响评估与突出普遍价值的特征载体间建立起清晰而直接的关联性，同时，我们也容易疏漏那些累积式的影响和渐进式的消极变化。

167

案例 5.4　伦敦塔（英国）

图 11　英国伦敦塔

伦敦塔于 1998 年成为世界遗产。2003 年，两座位于伦敦塔周边地区的高层建筑项目开始建设。这些建筑会对伦敦塔所处的环境以及整体城市景观的关键视野造成影响，同时建设项目也会威胁这一遗产作为诺曼人军事建筑典范以及皇室象征的完整性。当地政府会批准这一项目，就已经显示出城市世界遗产地的保护政策并未得到有效的贯彻，同时该遗产地也面临被列入濒危世界遗产名录的危险。为了应对这一局面，当地政府开展了必要的研究，对当代建筑项目的视觉影响进行了评估。2009 年，《视觉影响研究》的初稿发布。然而，从 2001 年起便开始制定的遗产地管理规划却始终未能得到批准。因此，该遗产地也没有充分或者经普遍认可的缓冲区。直到今天，当地仍在就一致的方法进行讨论，但新的高层建筑已经建成，并可能改变遗产地与整个城市在体量和尺度上的视觉关系。

来源：世界遗产委员会保护状况报告（30COM7B.74）

168　　　仅在过去 10 年间，我们就制定了若干与在历史地区开展的当代建设和填充开发行动，以及与规划和设计活动相关的技术工具。2001 年，英格兰遗产协会（English Heritage）和建筑与建设环境委员会（CABE）发布了《环境中的建筑——历史地区的新发展》（*Building in Context — New development in historic areas*）一书，"以期在对历史敏感地区进行开发时鼓励高标准的设计"。书中列举了 15 个当代项目的典型案例，每个案例都运用了极具智慧和想象力的方式来理解和尊重历史及其所处的背景，并从设计、开发和规划过程中吸取经验教训。基于一份 2001 年的征询意见稿和一份 2002 年的议会委员会报告的内容，英格兰遗产协会和 CABE 又在 2003 年发布了《高层建筑导则》（*Guidance on Tall Buildings*）。这种"最佳实践记录"的做法对地方规划部门而言在其制定规划政策的过程中是极具参考价值的，因为它描述了两大机构如何依据九大标准对高层建筑的提案进行评估，其中包括与所在环境的关系，如自然地形、尺度、高度、城市形态、街道景观和建筑形式以及对天际线的影响。

2005 年 6 月，新南威尔士遗产办事处和澳大利亚皇家建筑师协会发表了《环境中的设计——在历史环境中进行填充式开发的指南》（*Design in Context — Guidelines for Infill Development in the Historic Environment*），以制作精良的小手册形式，图文并茂地列举了众多案例及其启示。其中也规定了包括特征、尺度、形式、选址、材料和颜色在内的六条设计标准，可用以指导在保护地区、遗产区域或遗产文物周边地区进行的新的开发活动，并以此来维持和提升地区的自身特征和场所感。

针对如何确定新的建筑是否与某个（视觉上）相对和谐的历史地区相匹配的问题，可以运用 FRESH 原则进行判断，即底层外形（Footprint and Foundation）、屋顶形式（Roof shape）、外形（Envelope）、外表（Skin）和孔洞（Holes）（门、窗、阁楼通风口等）。注释还说道："这个方便记忆的缩写方法能够促进建筑与环境的融合，但是并不能有助于它们成为伟大的作品。"[1]

有关规划和设计的技术工具，除了上文提及的出版物以外，还应特别提及保罗·马尔科尼（Paolo Marconi）为罗马制定的《翻修手册》（*Manuale del recupero*），后来又在这本手册的基础上发展出相似的意大利其他城市的手册。最初，这一行动在 1983 年只是为了在制定罗马总体规划相关技术规程的过程中尝试引入新的保护导则和标准，但最终在 1989 年和 1993 年完成了这份以罗马为对象的手册，并建立起一种旨在获取现代化以前的建筑艺术知识（包括本土建筑）的新实践。这种以实践为导向的活动，为关注和保护建成环境提供了一个全新的视角。

这些翻修手册用详细的图纸和技术文档记录了建筑的各类元素，把互为补充的三类信息结合在一起，包括对需要加以尊重的材料和建筑元素的说明，保

---

[1]　Gorski，2009：8.

169 护规划所要使用的材料的确定，以及通过实际案例提出的干预标准。应当注意的是，"手册"把历史城镇中心视作是现代化之前悠久的建造活动实践所形成的结果，这就要求我们在对之前的材料和技术进行研究审查的基础上，制定针对整体维护计划的相关导则。

为了实现可持续的（或"绿色的"）规划和设计，市政府和地方社区纷纷利用智能化发展战略来建设混合型的、适宜步行并以公共交通为主导的开发项目，以此复兴城市中心，鼓励填入式发展（而不是绿地开发），并制定"绿色（或智能）建筑"的相关政策。[1] "绿色（智能）建筑"是高性能建筑的代名词[2]，是一种对整体设计和建设方法的运用结果。这一方法试图通过土地和能源的高效利用和室内空气质量的改善，以及对水和资源的保护（通过使用地区性和回收性材料），来寻求可持续的发展。[3]

2008 年 7 月，气候组织（Climate Group）发布《SMART 2020：实现信息时代的低碳经济》报告（*SMART 2020: Enabling the Low Carbon Economy in the Information Age*），全面考察了利用信息通讯技术（ICT）来优化城市系统效率的方法。[4] "智慧城市"着眼于让城市更高效地运行，主要通过智能电网（指通过双向实时信息交换获知客户的真实需求，减少超量需求，从而提高发电机输电效率的一系列硬件和软件工具）、智能建筑（见上文）、智能交通、智能工业系统和物流优化等的应用来实现。例如，通过提升交通网络的设计，将集中式

[1]　2009 年 10 月 20 日，由 19 个亚洲及环太平洋国家的 114 个城市参与的世界城市和地方政府联合组织（UCLG）的执行局，通过了《绿色增长昌原宣言》，认可了绿色增长战略的有效性和重要性；参见：http://www.uclg-aspac.org/forkami/temp/file/sing_docs/Changwon_Declaration_on_Green_Growth.pdf

[2]　美国绿色建筑协会（USGBC）《绿色建筑评估体系（LEED）关于新建建筑和大型改造的参考指南》（2003 年 2.1 版本）指出，"绿色建筑的设计力求在环境义务、资源效用和使用者舒适度、幸福感和社区感之间获得平衡。绿色建筑设计涵盖了整体开发过程中的所有参与者，从设计团队（建筑所有者、建筑师、工程师和顾问）、施工队（材料制造商、承包商和废料运输商）到维护人员和房屋使用者。绿色建筑过程带来了让所有者实现投资回报最大化的高质量产品。"

[3]　例如，关于能源和建筑环境的信息正在逐月激增，相关的主题包括"光伏在城市环境中的应用""运输领域的风力和生物燃料""家用太阳能热水"等。可参见：www.earthscanpublishing.com

[4]　见：http://www.theclimategroup.org/publications/2008/6/19/smart2020-enabling-the-low-carbon-economy-in-the-information-age/

的分配网络与以灵活的上门服务为主的管理体系相结合，并加入绿色驾驶、线 路优化、减少库存等手段。它突出了能把智慧城市变为可持续城市的五项重点 领域：①监测和管理城市足迹；②互连移动解决方案和电动车辆；③分配及社 区能源解决方案；④在能源的消耗、使用和生产方面完全透明化的、更加智能 的建筑；⑤智能化的能源、水和废弃物管理。

相对于上述这些智能化尖端技术（有时被称为"eco-bling"，即所谓的生 态卖点），建筑设计领域也同样拥有许多低调、依赖常识的可持续发展实践—— 换言之，就是立足于简易的本地化实践。如布坝南（Peter Buchanan）列举的一 些案例，包括自然采光、遮阴和通风的优化、可再生自然能源的利用、废物和 污染的处理以及建筑材料自身能耗的降低等。[1] 作者进一步强调每栋建筑都应该 与自身所在的环境紧密融合，在关注标准建筑实践所要解决的常规功能和形式 规划的同时，也要注意到微气候、地势和植被之类的因素。

由于在发达国家，建筑环境约占能源总消耗的 40%~50%，其中多数用于人 工采光、空调和电子设备的电力消耗，与此同时，城市平均废物量中的绝大部 分都来自建筑场所，因此建筑行业应当更加仔细地研究减少能耗的方法。

按照以上思路，最终在 2006 年提出的"活的建筑的概念"（Living Building Concept）颠覆性地审视了建筑行业的前景。[2] 这一概念的提出是基于建筑行业 正成为消费者日常生活的组成部分这一理念，可以通过那些能够生产、再设计、 检验和试用产品的专业人士来满足建筑建造过程中产生的各种需求，并由客户 从中进行选择。传统的建筑流程通常包括：首先需要雇佣一位建筑师，然后是 施工工程师，紧接着是安装设备的技术人员，最后才由建造方搭建成建筑物， 整个过程都不断进行着重复性劳动，但没有任何一方对最终的产品负责。相反， 我们应该有可能像购买一台电脑一般购买一栋房屋。"活的建筑的概念"提倡

---

[1]　Buchanan，2005.

[2]　"活的建筑的概念"是由荷兰代尔夫特理工大学土木工程系方法和综合设计部主席，亨尼斯·德里德（Hennes de Ridder）教授提出的。

建筑公司应提供一份包罗万象的商品目录，能够针对每一种需求和意愿随机变化搭配。按照托费尔（Toffler，1984）的预言，这一理想将在数字时代成为可能：未来建筑的组件将全部实现工业化的生产，细化到每一种可能的变动，并用标准化的接口进行连接组合，从而确保任何维度或形式的组件都能彼此紧密地固定在一起——每一栋建筑，无论是居住的还是其他功能的建筑，都将成为一个组合式的建筑包。所有的部件都能进行组装、拆卸和再利用，同时部件的变化数量将增加，因而不会造成日趋严重的单一化现象（在当代单一化的建筑环境中似乎还很难想象）。德里德（De Ridder）认为 [1]，如此颠覆性的改革将大幅降低成本(仅仅荷兰，每年就能从 700 多亿欧元的工业总额中节省约 100 亿欧元)，并极大地减少建筑废弃物（如今建筑的预期经济寿命为 35 年，但制作精良的水泥柱却可以使用 300 年，砖可以使用 3 000 年），还能减少至多 30% 的公路运输（荷兰的建筑行业占陆路运输量的四分之一），显著提高实际建筑流程和产品递送的速度，这些产品将可以全部由制造商包揽（与当前做法不同），并赋予其灵活的设计和适应性。针对那些认为建筑行业难以改变或根本不可能改变的批判，德里德认为这种根本性的变革已经在造船和汽车制造行业发生，并使它们的设计、质量、价格和性能都得到了相应的提升。

[1]　http://www.livingbuildingconcept.nl/

5.5　财务工具

经济分析在城市的管理，尤其是决策过程和政府政策的制定以及在追求对历史环境保护的私有投资方面，扮演着越来越重要的角色。一些人可能会认为，无法对不能衡量的东西进行管理。诚然，与城市遗产保护相关的经济分析工具十分有限，其运用也存在一定的困难（Dupuis，1989；Klamer et al.，1998；Serageldin，1999；Lawler et al.，2008）。然而近几年，研究者已开始关注遗产保护的经济影响，并试着衡量这些影响，如改造过程对就业和家庭收入的影响、遗产建筑作为小型企业孵化器的作用、遗产旅游业的增量影响、遗产保护对历史城市中心复兴的贡献以及历史地区对房产价值的影响，等等。[1] 至今，虽然尚没有从可持续发展的角度对世界遗产的整体作用的全面研究，但受世界遗产中心的委托进行的 [2]，或者由其他机构 [3] 独立进行的若干调研已在实施之中，这些研究基本围绕不同社会经济发展领域展开。

案例 5.5　历史性城镇景观方法：一份行动计划

172–173

随着时间的流逝，纪念物和城市都从不同的文化和文明中吸取了层层积淀的意义。这些意义的层积构成了丰富的内涵，并要求我们在保护战略中对它们加以理解和强化。

虽然我们一再强调需要思考各个历史城市的独特背景，并在此基础上得出不同的管理方法，但历史性城镇景观方法的实施过程应涵盖六大关键的步骤，包括：

---

[1]　2009 年 4 月 22 日，国际遗产战略顾问公司主席多诺万·瑞克玛（Donovan Rypkema）在华盛顿特区的世界银行介绍了美国和其他地区一些与本研究有关的结论（Rypkema，1994）。

[2]　如：Prud'homme，2008；Wilson，2009.

[3]　如：Buckley，2004；Williams，2004；PricewaterhouseCoopers LLP，2007；Rebanks Consulting Ltd，2009.

图 12 土耳其伊斯坦布尔（Istanbul）

图 13 西班牙科尔多瓦（Cordoba）

（1）对城市的自然、文化和人文资源（如蓄水区、绿地、纪念物和遗址、视域、当地社区及其传承的文化传统）进行普查并绘制分布图；

（2）通过参与性规划以及与利益攸关方磋商等方式，就哪些价值需要保护并传承后代达成共识，并确定承载这些价值的属性特征；

（3）评估这些属性特征在社会经济压力和气候变化影响下的脆弱性；

（4）只有完成前三个步骤之后，才能把城市遗产的价值及其脆弱性状况纳入更广泛的城市发展战略（CDS）中，并在战略中说明：严格的禁入范围；在规划、设计和实施过程中必须谨慎对待的敏感地区；以及开发机遇（包括高层建筑）；

（5）对保护和开发行动进行优先排序；

（6）为城市发展战略中每个确认实施的保护和开发项目搭建适宜的合作伙伴关系并制定当地的管理框架，为公私部门不同参与主体间的各类活动制定协调机制。

来源：UNESCO 文化部门内部讨论文件，2010

2009 年到 2010 年间，位于华盛顿特区的美洲开发银行（IDB）开展了题为"城市遗产保护的可持续发展：在拉美和加勒比海地区支持经济和住房投资的措施"的研究。美洲开发银行积极支持拉美和加勒比海地区政府为保护和发展各自城市遗产地区所做的努力。为保证这些行动的成功，美洲开发银行鼓励保护过程中社会公共组织的领导（public leadership）以及所有感兴趣的社会行动方的参与，从而确保获得更多的资源支持和投入。私有部门对城市遗产领域的投资是促进保护过程长期可持续性的必要保障。这一研究的目的在于推动我们对有利于城市遗产保护行动长期可持续发展因素的认识。遗产保护所涉及的社会、环境和制度范畴与可持续保护的经济方面互为补充，美洲开发银行还在拓展我们对这一理念的理解方面做了特别努力。通过案例研究方法的应用，该研究已对一些文档进行了评估，对两种不同背景下的成功和失败的城市遗产保护行动进行了考察。[1]

174   上述研究还特别指出了一个关键要素：一旦我们决定通过开发计划来解决城市遗产保护的问题，就必须有相应的融资战略对保护管理予以支持。这往往要求必要的行动伙伴关系，与此同时，若要将城市遗产管理纳入到地方发展战略中，则制度上的能力建设就显得尤为重要。为了对涉及建筑遗产的各类融资形式和财务措施加以利用，并提升这方面的意识，欧洲委员会提出了一系列建议、方法和公约，罗伯特·皮卡德（Robert Pickard）（2009）在他的著作中就对这些已有的内容做了进一步深化。其中涵盖了大量内容极为丰富的信息，包括欧洲委员会对融资和财务措施的建议、其他增收渠道（如慈善信托、欧洲各国的遗产基金会、循环基金和有限责任公司）、捐赠基金和税款减免、津贴补助、贷款和信贷措施，以及促进遗产保护的财政措施等。[2]

        尤其值得一提的是，其中一个有限责任公司的案例取得了巨大成功，它就是阿姆斯特丹修复股份有限公司（Stadsherstel Amsterdam NV）的案例（Tung，2001；Pickard，2009）。虽然该公司具有股份有限公司的架构，但它并不是一个以追逐利润为目标的公司。根据规定，公司的任何盈利都将重新投入到阿姆斯特丹城市纪念物的维护中。公司股东包括荷兰的大型银行和保险公司，它们愿意牺牲一定利润回报，接受那些有利于提高自身知名度和公司形象的社会文化项目，同时阿姆斯特丹市政府也是该公司的主要股东。筹集到的资金使公司可以购买各种类型的资产，通常是保护名录上那些亟待修复的纪念物。公司也投入自身资产来支持这些修复活动，并以政府的补助作为补充，依靠再生性利用的方法对遗产建筑进行修复改造，投入使用后的建筑被用作民居或容纳小企业的办公场所。由此获得的租金收入将用来支付建筑的维护、新物业的收购，以及修复和升级改造

---

[1]   各类案例研究可参考：http://iadb.org/publications/search.cfm?topic=citi&countryID=&lang=en

[2]   参见：http://book.coe.int/ftp/3255.pdf

的成本费用。自 1956 年成立以来，该公司已承接 500 余个城市改造项目，每年在修复和升级改造方面的平均投入达到 1 000 万欧元，其中 300 万欧元是由国家或城市出资的补助经费（30%）。截至 2006 年，公司在阿姆斯特丹市中心拥有 921 处住宅建筑，全部投放于市场进行出租。算上潜在的资产增量销售，公司资产总值已超过 1.78 亿欧元。[1] 荷兰的许多历史城市以及荷属安的列斯群岛（威廉斯塔德、库拉索）已纷纷开始效仿阿姆斯特丹修复公司的这种模式，与此同时，苏里南的帕拉马里博也正在努力引入这种方式。

---

[1]　来源：http://www.stadsherstel.nl/

第6章

历史性城镇景观：城市时代的遗产保护

今天，我们所拥有的最显著的优势无非就是我们对过往的经验。

——理查德·巴克敏斯特·富勒（Richard Buckminster Fuller）

175 ## 6.1 历史城镇遭遇全球化

　　一个多世纪以来，历史城镇的保护已成为规划界和建筑界争论的主要焦点，也是公共政策关注的对象。过去 50 年间，城市遗产保护的问题已占据了城市政策的中央舞台，在取得重要的积极成果的同时，也经历了主要的失败。得益于世界各地专家、保护界人士和市民群体的共同努力，城市遗产保护成为共识：城市遗产保护是社会和社区价值的重要组成部分，而这些价值正是决定身份特征、培养文化、普及教育和发展经济的重要基础。然而，这些努力仅能够挽救世界上的一部分城市遗产，由于地缘政治冲突、城市开发中的投机行为、城市的衰败以及公共权力部门本身缺乏兴趣，已有不少重大损失登记在案，而这一趋势依然在持续。但与此同时，城市遗产这一遗产类型在世界遗产名录中的数量优势又恰恰证明，那些得以保存下来的遗产对全世界都具有重大价值。如今，这一类型的遗产代表着具有极大文化和经济价值的资源，但其复杂的本质却尚未能在国家和地方的发展政策中得到正确的反映。

　　当代的城市遗产保护思想认为，需要对"保护"和"发展"——这一在城市规划理论和实践中由来已久的分裂关系进行重新审视。这也恰恰是历史性城镇景观方法在今后几十年想要实现的目标。诚然，历史城镇地区只占城市化世
176 界中的绝小部分，但它们作为具有记忆和社会价值的场所，也是吸引经济和创造性活动的磁石，对国家和地方身份特征的形成发挥了极其重要的作用。

　　在过去的一个世纪，历史城镇的功能经历了翻天覆地的变化。19 世纪和 20 世纪早期的历史城镇通常是被社会边缘化和忽视的地带，城镇的建筑和物质肌理破败不堪，雄伟的历史纪念物掺杂其间，以至于不得不将它们从所处的环境中剥离开来进行保护。因此，两种截然不同的处理方法在历史城镇中并存：保护其中的纪念物部分，但拆除或者改造其背后起支撑作用的日常肌理。20 世纪后半期见证了一种全新观点的诞生，开始转而关注历史城镇的"综合性"保护

和修复。尽管这种观点依旧是从功能性和规范性的视角出发，把历史性城镇作为"特殊地带"与城市的其他地区分离开来。与之同时发生的，还有城市保护群体的扩大，从原先具有远见的文化精英阶层扩展到市民团体、国家和国际机构以及各学科的专家学界。

目前，越来越多的人认为，不应把历史城镇仅仅看作是建筑纪念物及其支撑肌理的统一体，还应把它们看成是与其所在自然环境、地质结构，[1] 甚至是与城市腹地向关联的各类意义的复杂层积（Ascher，2010）。由此，存在于有形和无形遗产之中的各类价值促成了场所精神的形成，而这些场所精神是独一无二且不可替代的，正因如此，与市民认同感、艺术和创意产业经济以及旅游有关的重要功能也在这里找到了各自重要的位置。事实上，恰恰是这种巨大的成功给价值和场所精神的保存带来了威胁（Ashworth et al.，1990）。因此，历史城镇保护的关键环节是建立起一种平衡的、综合的和可持续的管理过程。这就要求主要的公共参与方对需要保护的价值作出思考，把这些价值纳入城镇和都市范围的日常规划和发展进程之中，并在此基础上形成对未来的清晰愿景和创新的政策。在全球化时代，若我们还想让历史城镇继续成为历史的遗赠，就必须把可持续发展这个在过去一整个世纪都不曾被重视的目标，变成整个游戏的规则。[2]

如今，城市遗产正遭遇着剧烈的变化过程。巧合的是，当下推动其社会结构、功能使用和实体形态发生改变的主要力量，恰恰是曾经给予其保护地位的所谓"标志性"身份。城市遗产以往在集体记忆和身份的形成过程中所发挥的中心作用，也成为吸引新功能、新社会群体和新用途的来源，旅游业便是这一过程最具影响力的产物。这些因子成为改变城市社会和自然肌理独特性和真实性的动因。面对上述过程，现有的许多工具和宪章原则都暴露出各自的弱点。此外，遗产的内涵并不是一成不变的，我们已经知道遗产会随着社会的变化而演变，

178

[1] 针对上述关系的创新性阐释，可参见：Heiken et al., 2005；Sanderson, 2009.

[2] Keen, John, 2001. "The Links Between Historic Preservation and Sustainability, an Urbanist's Perspective". Teutonico, Jeanne Marie；Matero, Frank, 2003：11–19.

177

图 1　意大利那不勒斯（Naples）

图 2　秘鲁库斯科（Cusco）

　　城市考古是通过对文化和社会物质遗迹的发现和解读来认识城市层积性价值的有效工具之一。

并跟随时间的推移展现不断变化的价值。因此，对遗产的作用、意义和目的进　　178
行界定是当代社会义不容辞的责任（1999 年 ICOMOS 澳大利亚委员会《保护具
有文化重要性场所的宪章》，即《巴拉宪章》）。[1] 现代生活实现了地理方位上
的任意移动，它由多元化的生活经验所组成，这些经验是当地和非当地的各类
社会群体、一代一代在不同时期以不同的方式生活所形成的。事实上，要对复
杂城市的不同组成部分进行单一维度的定义几乎是不可能的，对那些具有最多
层次和意义的动态组成部分而言更是如此，比如历史地区。我们必须重新回到
历史上既有的概念框架，以此出发制定出一种新的方法，这种方法不但要把遗
产置入变化的社会价值体系之中，还要让整个城市的社会文化领域了解遗产所
拥有的丰富附加值。即便这一过程似乎更多地依赖市场活力而不是规划和公共
领域的管制，但我们依然要建立起保护城市遗产及其历史层积和谨慎管理并发

图 3　波黑莫斯塔尔桥（Mostar Bridge）

---

[1]　ICOMOS, 2001: 38.

179

图 4　乌克兰基辅的洞穴修道院（Kiev Lavra Monastery）

图 5　俄罗斯莫斯科红场（Red Square，Moscow）

　　即便在遭受重大的破坏和重建以后，具有重大意义的场所仍然维持了其自身价值。场所的记忆价值可以通过集体努力和集体仪式得以保存。

展两者间的紧密联系，因为这能够维持高品质空间的生产，并确保大规模城市进程的可持续性。

正是出于上述及其他方面的考量，2003 年起，一项创新的文化行动拉开了 180 序幕，该行动的目的是要制定出一种全新的历史城镇保护方法，直到 8 年后的 2011 年，这一行动最终取得了成果。

从近几年在世界遗产委员会会议期间所讨论的一些案例中我们已经看到，历史城镇的文化意义和价值正受到若干变革力量的冲击和挑战。本书的案例部分也列举了其中的一些例子。从某种程度而言，这并非什么新鲜事物，刘易斯·芒福德（Lewis Mumford）早在 70 年前就曾指出："城市中，来自远方的力量和影响与当地的力量相互交织：它们之间的矛盾和相互间的和谐同等重要。"[1]

然而，若更加谨慎、仔细地解读这一现象，则会发现每个部门在不同行动层面发挥着不同的作用。例如经济部门，"对城市的关注……把整个民族国家分解成一系列次国家级层面的各种成分……同时，它标志着国家经济作为全球经济中的一个统一类别，其重要性正在减弱"。[2]

当代城市保护实践很少对这些方面进行考察，因此尚未能在适当的范围内妥善解决变化的管理问题。在历史城镇地区发生的可持续变化这一概念，作为一种先验的管理过程，目标是确保通过相关参数定义而来的各种特质能够延续，如对城市肌理的历史性和时间的层积性的定义，以及对居住社区及其需求和意愿的特征描述。

---

[1] Mumford, 1938: 4.

[2] Sassen: "Whose city is it?". Foo, Yuen, 1999: 145. 萨森（Sassen）继续解释说（p.149）"确切地说，正是由于通讯技术进步带来的地域性分散，推动了各类集中化活动的迅速集聚。这绝不是原有集聚模式的延续，可以断定，这是一种全新逻辑的集聚。经济领域的许多主导部门以全球为范围开展业务，包括在那些具有不确定性的市场，以及在其他国家发生快速变革的情况下（如自由化和私有化），这些部门也承受着巨大的投机性压力。而将这些状况凝聚成一种新的空间集聚逻辑的，正是另一种来自外部的附加压力——速度……重要的新参与者成为城市占有者，最突出的就是外资企业，它们利用国家对经济管制的逐步宽松，提升自己的经商权利。与此同时，国际商业人士在过去十年中也呈现大幅度的增长。他们是城市的新用户，并在城市景观中留下了自己的印记。即使我们几乎从未对他们给城市带来的成本支出和收益进行过任何分析，但他们对城市的主张和要求却是不存在争议的。"

181

图 6　西班牙阿维拉（Avila）

图 7　巴西累西腓（Recife）

　　若规划和设计的现代开发不当，则会削弱历史场所的有形和无形价值。我们应在设计的早期阶段，对新建筑的视觉影响进行衡量和评估。

尽管多数专家和从业人员都承认社区正面临解体的危险这一现实，并认为　180
这将损害我们复兴价值的能力（Jokilehto，1999a），但时至今日，依然没有综
合的城市或土地保护理论能够提供概念性基础来指导历史聚居区所发生的变化。
但是，许多部门都已经开展了各类行动和尝试，我们要对这些实践重新勾画，
并把它们整合到一个灵活的操作框架内。

6.2　对城市的当代思考

　　对城市的当代思考为历史城镇的管理开辟了新的道路，并为把遗产保护的概念和实践正确地纳入更广泛的城市和土地规划框架内指明了新的方向。或许，这正是对 20 世纪最后十年中主导了建筑和城市主义争论的"后现代范式"（Jencks，2002）做出的反思，尤其是设计实践中对"标志性"的追捧，这种做法常常完全无视建成环境的背景和历史延续性。[1] 而引燃这股反思潮的，可能是库哈斯（Rem Koolhaas）发表的一篇题为"垃圾空间"（*Junkspace*）（Koolhaas，2000）的论文。虽然库哈斯本人也设计大尺度的标志性建筑，但他对发展进程加快产生的全球化过程进行了分析。文章把目光引向人类在地球上所留下的巨大"废墟"及其混乱的状态，这就是现代社会中文化的冲突和对立状态的写照，尤其以人类交通和消费空间为代表。尽管文章未直接提及城市，但它所呈现的正是重复而压抑的现代建筑环境的景象。詹姆森（Jameson，2003）认为这篇文章是对重返"历史"的号召，呼吁我们走出后现代主义的虚幻世界，去寻找真正实现世界的材料和文化语境。库哈斯后来的研究重点也体现了这一立场，而最近的威尼斯双年展，则体现了他对历史保护的最终观点（Koolhaas，2010）。

　　事实上，如之前提到的，早在 1980 年代初期就已经出现了反对后现代主义的声音（Frampton，1983）。现代的工业化施工技术，以及设计的"透视性和视觉性"代替"构建和触感"成为流行趋势，带来了建筑环境的标准化，而"批判性地域主义"（Critical Regionalism）方法就是反抗建筑环境标准化的一次尝试，并重申应把建筑风格与对场地的理解、建筑的材质相联系。因此，建筑的目标变成是对自然与技术相弥合的探索。术语"批判性地域主义"实际上由佐尼斯

---

[1]　库哈斯用"去他的环境"一词指代"城市主义的死亡"。这种观点认为，城市的发展过程已经无法管理，随之而来的将是不受约束的流动和变异；参见：Koolhaas, Rem, "Bigness or the problem of Large", Koolhaas, 1995：494–516.

（Alexander Tzonis）和勒费夫尔（Liane Lefaivre）[1] 最早使用，他们承认自己是受到芒福德思想的启发（Tzonis et al.，1990），芒福德也曾对"国际风格"原则所带来的建筑环境的标准化表示过担忧。佐尼斯和勒费夫尔肯定了这一概念的 183基础是对设计中由历史层积派生而来的地区性元素和场所的关注，也是对现代建筑所引发的工业化模式的反思。

过去几十年间，由这些观点所引起的争论具有极其重要的意义，它们引导建筑师和政策制定者作出新的思考，把场所具有的传统、价值和意义作为建筑环境管理和开发的基础。批判性地域主义形成初期主要关注建筑美学领域，之后，评论家又逐渐转向了与环境和生态过程有关的问题（Canizaro，2007）。

令我们特别感兴趣的是史蒂芬·摩尔（Steven Moore）[2] 在阐述其"再生性地域主义"[3]（Regenerative Regionalism）理论时所提出的一些"宣言"。他通过向美学中加入政治变量，为我们今后思考建筑环境的管理制定了一系列原则 [4]，主要基于"再生性"建筑在场所构造史中发挥的作用，以及综合的文化和生态过程的构建。技术的选择应当摒弃那些惊世骇俗和强调美学的设计，而与市民需求相结合。最后，建筑应当着眼于创造重要的并且具有历史教育

---

[1]　亚历山大·佐尼斯（Alexander Tzonis）（1937—　），希腊建筑师、研究者和作家。他对建筑理论和历史的贡献主要在于把科学和人文的方法结合在一起。1975 年以来，他和建筑史学家妻子莉安·勒费夫尔（Liane Lefaivre）在很多项目中进行合作。

[2]　史蒂芬·摩尔（Steven Moore）（1940—　），美国建筑师、得克萨斯大学建筑与规划系教授、气候设计项目主管。他担任缅因州 Moore/Weinrich 建筑公司的首席设计师，并获得了许多地区和国家级的杰出设计奖项。他的研究重点在能源效率、可持续发展和社会文化价值的联系。2001 年，他与其他人合作成立了得克萨斯大学可持续发展中心。

[3]　Moore，Steven A.，"Technology，Place and Non–modern Regionalism". Canizaro，Vincent（ed.），2007：432–442.

[4]　节选自摩尔的《再生性地域主义的八个要点：一份非现代的宣言》（全文可参见：http://regenit.wordpress.com/2009/03/11/steven–moore–eight–points–for–regeneraive–architecture/）：

　　"1）再生性建筑将构建可供人们以不同方式生活的社会环境。

2）为了加入地方的一系列理念中，再生性建筑将参与某个场所的建构历史中。

3）再生性建筑的制造者将参与文化和生态综合过程的构建而非物体对象的构建中。

4）再生性建筑将以放大当地劳动力和生态可变量的方式，来抵制统计的集中化。

5）再生性建筑将通过民主途径构建日常生活所需的技术，而不是以技术展示来美化政治。

6）再生性建筑的技术手段将促进重要实践的规范化。

7）再生性建筑实践将通过培养人类的聚合协议来启用场所。

8）比起创造具有批评性的和历史教育意义的场所，再生性建筑将更倾向于对生活的改善行动。"

意义的场所，能够让居民了解，除了工业化的路径以外，还有其他发展进程可供选择。与这些关键的定位相呼应，城市规划和建筑专业界也开始转向更注重生态的设计实践。这种转向具有十分重要的意义。它基于一种全新的城市管理方法，支持以长远的价值、可再生能源流以及对精神感知和物质感知间相互关系的尊重为基础，将建成环境和新开发之间存在的对立暂且搁置，以此实现各类设计因素和管理因素之间的整合。建筑师威廉·麦唐纳（William McDonough）[1]的作品就是受到这种方法的指导，他在 2000 年的汉诺威世界博览会上提出了汉诺威原则（*Hannover Principles*）。[2]

---

[1] 威廉·麦唐纳（William McDonough）是一位美国设计师和教师，曾参与为解决可持续发展问题而进行的设计方法的改革。他与弗吉尼亚大学和斯坦福大学均有合作，积极为美国和国际社会提供咨询服务。

[2] 麦唐纳（William McDonough）和迈克·布劳恩加特（Michael Braungart）（1992）提出的"汉诺威原则"：
　　"1. 坚持人和自然在健康的、支持性的、多元的和可持续的条件下共存的权利。
　　2. 认可相互间的依赖性。人类的设计依赖于自然世界并与之互动，并无时无刻不发挥着广泛而多样的影响。扩大设计的考虑范畴，甚至要考虑到久远的影响。
　　3. 尊重精神和物质之间的关系。对人类聚居区进行全方位的考量，包括从精神和物质感知的现有和未来联系的角度，对社区、住房、工业和贸易等进行思考。
　　4. 承担设计决策给人类福祉、自然系统以及两者拥有的共存权利所带来的后果。
　　5. 创造可靠的具有长远价值的对象。不能因为我们的疏忽大意，创造出具有潜在危害的产品、过程或标准，而让后代承担维护或管理这些危害的责任。
　　6. 消灭浪费的观念。对产品和程序的整个生命周期进行评估和优化，使之接近一种自然系统状态，即没有浪费。
　　7. 依赖自然能源的流动。人类的设计应像生物界一样从永恒的太阳那里摄取创造的能量。并且有效安全地以负责任的态度利用这种能源。
　　8. 了解设计的局限性。人类的设计都无法永远存在，设计也不能解决所有问题。创造者和规划者都应在自然面前保持谦卑。以自然为法，以自然为导师，而不是把它看作可以侵犯或应当加以控制的麻烦制造者。
　　9. 通过知识的分享不断追求改善。鼓励同行、赞助者、制造者和用户之间进行直接而坦诚的交流，把对可持续发展的长远考虑和道德义务放在一起，并重新建立起自然进程和人类活动之间的完整关系。
　　'汉诺威原则'应被视为一份动态的文件，致力于改变和提升我们对自身与自然间相互依存关系的理解，并把这种理解转变为我们对世界发展演变的知识。"

184

图 8　印度昌迪加尔（Chandigarh）

185

图 9　巴西巴西利亚（Brasilia）

图 10　德国柏林（Berlin）

　　现代的城市设计，能够通过表达符合社会期待和社会价值体系的各类意义，来帮助我们界定场所的文化意义和场所精神。

6.3　遗产保护和城市发展的整合

人们对必须保证可持续的建成环境设计和管理过程（Register，2006；Thomas，2003）的意识日益增强，这似乎也是 21 世纪初取得进展的各类新方法的主要焦点。在此，我们将不再对全球范围内修正城市管理措施方面的努力和复杂实践进行赘述，但我们应对其中的两种方法予以关注，它们为今天对包括历史城镇在内的城市未来的探讨奠定了基调。第一种方法是基于把城市当作物质文化的建筑形态进行规划和管理的传统，沿着 19 世纪的理论（西特）到 20 世纪的经验（乔万诺尼）和现代化方法（德卡罗、贝纳沃罗、柯林·罗）发展而来。第二种方法起源于盖迪斯和区域规划者们的"有机化"观点，主要受到场所意义（诺柏－舒尔茨）研究还有建筑（格里高蒂）、区域规划（林奇）和生态管理（麦克哈格）领域的"地区性"方法的启迪。

这些方法的共性在于都试图对传统和现代性、建成和非建成环境进行重新整合，并探索一种能推动城市设计和管理的理论和实践，甚至推动规划本质的重要发展。这种城市设计的新方法在城市规划师胡安·布里盖茨（Joan Busquets）[1] 的作品中得到体现，他拒绝用单一的角度看待城市，并肯定城市场景的多元形式和多元维度。[2] 城市的迅速发展以及城市在全球日益重要的作用，使城市和乡村、建成环境和自然环境之间的传统二元对立逐渐消失，同时推动了新的城市范式的形成。这种全新的方法尊重历史上的城市形态，也尊重一直以来体现着社会传统、价值观和信仰体系的场所，这些形态和场所为新的城市

---

[1]　胡安·布里盖茨（Joan Busquets，1938— ）是西班牙建筑师，任巴塞罗那建筑学院（ETSAB）城市主义研究方向的教授。2002 年，成为哈佛大学设计学院 Martin Bucksbaum 讲席教授。从 1990 年起，便开始负责西班牙和欧洲的城市规划和建筑项目。他为鹿特丹、托莱多、海牙、特伦托、里斯本、圣保罗和新加坡等城市战略的制定做出了贡献。他在 1981 和 1983 年被授予国家城市奖，并获得 2000 年欧洲古比奥奖。

[2]　Busquets，Joan，2006. "Urban Composition：City Design in the 21st Century"．Graafland，Arie；Kavanaugh，Leslie J.（eds.），2006：495-504.

场景的设计提供了参考。布里盖茨承认城市形态的复杂性及其碎片化的状态，他提出的一整套工具都直击当今一些最重要的问题，如城市不同成分的重组，为多功能的城市营造灵活的空间、与区域范围的联系，以及历史肌理的改造。

　　城市主义不再是一个理论或学说，而是伴随城市发展可能出现的不同前景而产生的一整套原则。相似的方法也同样出现在某些当代建筑师的作品中，他们都愿意把设计过程与建成环境管理相结合。例如，美国的史蒂芬·霍尔（Steven Holl）（2009）[1]认为，设计的目的是为了创造高质量的空间并且实现景观、城市生活和建筑的融合。为了确保城市设计和城市管理所涉及的不同元素之间的有效"连接"，欧洲城镇规划师委员会（ECTP）[2]在2003年开始了一项雄心勃勃的计划——起草一份新的《雅典宪章》[3]。这份文件从社会、经济和环境方面考察了城市的未来，并提出要增进城市不同组成部分之间以及城市及其环境之间（反对隔离）的连接性。同时，连接性还具有时间维度，并且关注城市过去和未来之间的关系。

　　另外一种被某些作者称为"景观城市主义"（Landscape Urbanism）（Waldheim，2005）或"生态城市主义"（Ecological Urbanism）（Mostafavi et al.，2010）的方法，也是从大尺度的区域范围对城市发展进行定义的尝试。有别于单单关注空间领域的城市规划传统，这种方法对所有因素都进行了考量。这种新的跨学科式的方法把城市视作其所在更广泛背景中的一部分，这一背景包括了城市的自然特征、城市意义的层积过程以及城市的资源，并试图遵照可持续发展的原则，制定出能对物质空间的保护和发展进行规划的方法。然而，景观城市主义不仅仅是一种方法，它还是公众反对城市发展过程中私人利益主导带来的过度消耗、

---

[1]　史蒂芬·霍尔（Steven Holl，1947—　），美国建筑师和城市设计师，是美国和欧洲一些重要项目的设计者，任纽约哥伦比亚大学建筑系教授。他的主要研究方向是建筑的现象学方法，主要以法国哲学家梅洛·庞蒂（Merleau-Ponty）和芬兰建筑家和理论家尤哈尼·帕拉斯玛（Juhani Pallasmaa）的论著为基础。

[2]　ECTP的《雅典宪章》于1998年首次获得通过。

[3]　Vogelij, Jan, 2006. "The New Charter of Athens 2003: the ECTP's vision on the European City of the 21st Century". Graafland et al., 2006: 47-59.

进而重申其有权享有更为平衡环境的一种途径。它把城市化看作是一个长期的、流动的而且非线性的过程。与新城市主义（New Urbanism）[1]（Katz，1994）的形式主义方法不同，景观城市主义把整个地域而非城市，当作新的设计和规划范围。在这方面，景观或生态城市主义试图通过界定一种综合性视角来克服城市和自然间长久以来的二元对立。[2]

　　上述对建成环境设计和管理方法的整合趋势对城市保护是极为有益的，因为它们让遗产保护和城市发展，自现代主义的分崩离析以来，首次在一个统一的概念和实践中实现了融合。我们还需要制定相关的政策和工具，并对有关成果进行论证，但纵观世界范围，许多这一领域的案例已经出现，与此同时各种实验项目也在开展之中。这种新的态度也恰恰在历史性城镇景观方法中得到体现，这一方法的目标正是为了解决城市发展规划和遗产保护过程的整合问题。[3]

---

[1]　新城市主义是在美国发起的一项运动，目的是促进建立和恢复由多样化、步行、紧凑和充满活力的局部所组成的混合功能社区。新城市主义的原则包括：1. 步行性；2. 连通性；3. 混合使用和多样性；4. 住宅的混合；5. 高质量的建筑和城市设计；6. 传统的社区结构；7. 增加密度；8. 智能交通；9. 可持续性；10. 生活质量。

[2]　Shannin, Kelly, 2006. "Concluding with Landscape Urbanism Strategies". Graafland et al., 2006: 569–591.

[3]　Gabrielli, Bruno, 2010. "Urban Planning Challenged by Historic Urban Landscape", in: Van Oers（ed.），2010: 19–25.

6.4 　历史性城镇景观：对变化进行管理的工具

如今，我们生活在一个由全球交换和信息主宰的世界。这一状况加速了影响城市生活的一切社会和经济进程，并带来了一系列我们掌控以外的结果。无论现在还是将来，城市生活都将是 21 世纪人类最主要的生存状态。因此，城市将继续成为各类社会和空间政策，以及经济和自然结构相关的各类项目所关注的中心。在这种背景下，历史城市作为历史的表现形式和记忆的场所、高品质空间的实例、可持续发展进程的核心以及经济发展的引擎，必将发挥极其重要的作用。

然而，为了胜任这一角色，需要把历史城镇融入整体的城市动态发展之中。目前，在城市规划者和政策制定者看来，历史城镇仍是一个"特殊的地区"，一块独立的区域。在某些情况下，作为城市管理过程中一个被区别对待的对象可能是有益的，因为可以针对性地制定区划和密度方面的特殊规范，从而实现公共资源的转移，并让财政和经济激励措施惠及私有部门。但在多数情况下，也加速了以旅游业形式出现的对原有人口的替换和特定功能的形成。

对城市保护的当代争论极度渴望突破现有的实践，原因有以下几点。

首先，历史城市的概念和定义已发生改变。在传统概念中，历史城市主要等同于工业化时期以前的城镇，而现在，形成于 19 世纪和 20 世纪的其他地区也被视作遗产，如布达佩斯的安德拉什大街或特拉维夫的白城；甚至是完全现代化的城市，如巴西利亚或昌迪加尔；又或者是某些城市地区，如上海的外滩或柏林的现代住宅群。事实上，对什么是"历史的"，而什么又不是之间的区分已越来越被视作是一个人为的命题，因为每座城市都由一系列"事件"紧密地层层累积而成，遗产被视为这些事件的流动与混合，而不是被随意地挑选出来并界定为"历史的"某些城市地区。

其次，城市的变化时常快于规划者的预期，并常常超出他们的预计。如何

图 11 意大利罗马（Rome）

图 12 中国北京（Beijing）

标志性建筑吸引着公众的注意力，并受到建筑师和政客的青睐。但是，它们却很少能满足社会的需求和可持续发展的要求，也无法保障城市形态的连续性。

190   对变化进行管理，无论是涉及纪念物、考古遗址还是历史城镇，一直以来都是
困扰保护者的问题。在这方面尚没有明确的理论或学说，同时由于在这个问题
上，专业人士的判断往往会凌驾于形式化的原则之上，因此也不太可能出现清
晰的理论或学说。然而，虽然在纪念物保护领域，专业人士所做的选择往往受
长期积累的经验的引导，但在城市的保护领域则并非如此。历史城镇是复杂的
有机体，除了城市中的建筑结构，还有社会结构、社会活动、仪式典礼和利用
使用等等组成部分。纵观历史，这一切无时无刻不在发生着变化，并且直至今日，
这些变化依然在继续，甚至以更快的速度进行。威尼斯（意大利）、丽江（中国）
和萨尔瓦多（巴西）的历史城区都完好地保存了下来，但它们的社会结构和功
能却发生了巨大的改变。它们是否仍然应当被视为城市遗产呢？与它们相反，
印度的瓦拉纳西依然保存了完好的社会和精神价值，但城市的物质肌理却遭受
了严重的损坏；还有波兰的华沙，以及其他受战争或自然灾害严重破坏的城市
地区，已被完全重建，那这些城市和地区是否还符合城市遗产的标准呢？显然，
对当前的城市遗产范式进行重要的理论和实践上的修正便显得尤其必要。[1]

191   再次，遗产保护在经济上的长期可持续性也正成为城市管理领域的一大关
键议题。为了补贴部分的项目成本，城市保护总是必须面对由此所需的额外的
资金来源问题。我们也更倾向于利用公共财政，通过直接财政支付或者财政激
励措施的形式，作为社会投资或保护计划一部分，来弥补上述的成本差。然而，
从长远来看，这些模式都是不可持续的，尤其在全世界的公共财政都面临紧缩
的情况下，亟需更多地创新的模式来促进资源的生成。因此，需要对建成环境
开展一次大规模的"整治"（retrofitting）过程，并把这一过程纳入保护的范式中。

最后，作为主要的城市政策制定工具的"规划"正在逐渐衰落——即便还
算不上衰亡，这就要求我们必须对城市保护中公共利益和市场的关系进行认真

---

[1]   ICOMOS 已开启了国际社会关于这一问题的讨论，主要有 ICOMOS ISC 保护和修复理论和方法第六次年度会议。
"Paradigm Shift in Heritage Protection: Tolerance for Changes, Limits for Changes", Florence (Italy), 2011 年 3 月
4—6 日。

反思。直到现在，对这一问题的探讨也尚未引起应有的重视。[1]

　　历史性城镇景观方法是为打破保护和发展间的壁垒，以反映在不同社会存在的多样性的文化传统的方式来解决城市保护问题的一次尝试。当然，这不是历史上的首次尝试，也不会是最后一次。

　　历史性城镇景观方法的目的是为新的实践和最新的工具提供支持，而不是提供绝对的答案，如同现有的那些"规约式"宪章。实际上，它是一种灵活的且仍在不断发展的新型工具。

　　由于变化是任何建成环境和自然环境生命周期必然的组成部分，因此在可持续进程中制定一系列以保存价值为目的管理机制才是正确应对变化的方式。在支持迎接这一挑战方面，历史城镇拥有很多可供借鉴的方面。事实上，历史城镇是人类未来最为宝贵的资源。

[1]　Koolhaas, Rem. "Whatever happened to urbanism?". Koolhaas et al., 1995：958–971.

6.5　结　语

　　21 世纪的第一个 10 年是城市保护者思索的 10 年，他们回顾了对过去半个多世纪的政策制定和项目开发进程，评估其得失，也看到了前方将面临的挑战。在一个变化产生的主要因素和全球的经济和文化现象有着重要联系的时代，城市规划师和建筑师所制定的管理历史城镇的工具似乎并不能完全（且仅能够在地方层面）理解和推动市场进程，也不能确保遗产价值像在漫长的思想和实践历史进程中所得出的定义一样得以延续。当今对遗产从"保护"的古典范式向"管理变化"范式转向的讨论，也体现了我们在挖掘新范式和新方法方面所做的重要努力。这一探讨如今正沿着时而是相互交叉的五个方向发展，包括：

　　（1）对"可接受的变化的界限"的研究，这一研究仍处在城市保护学说的传统框架内，并希望对应予以保存的价值和支撑这些价值的物质实体之间的关系进行更清晰的解读。

　　（2）把城市保护当作一种环境可持续过程所进行的研究，凸显既有的城市历史肌理作为城市可持续管理组成部分所具有的价值。

　　（3）对遗产新的阐释的研究，包括现代和当代的创造性，以及遗产的非物质领域。

　　（4）对历史地区和现代化地区管理过程的整合以及在规划过程中纳入自然遗产成分的研究。

　　（5）以民主公开的方式，在地方社区识别遗产价值和参与遗产价值保护的过程中，加强并赋予这些社区更多权力。

　　这些研究方向开启了城市保护领域的重要新局面，并将在未来几年带来一种城市保护的全新理念。当然，它依然会以对后代的价值传承为基本原则，但同时也涵盖其他的目标和理想。

　　这场反思的对象范围远远超越了传统的历史城镇的有限"辖区"，进而关

图 13　秘鲁库斯科（Cusco）

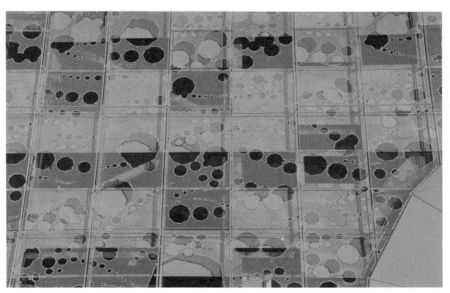

图 14　法国里昂（Lyon）

千百年来，作为我们永恒动力的人类的创造性，产生出无限种形式和意义。历史城镇是我们体验、享受和理解漫漫历史长河中各类复杂的文化表现形式的场所。这种意识是我们在应对城市时代的挑战时不可或缺的资源。

193   注起城市未来发展一系列最根本的问题，如可持续发展、流动性和移民、生活品质、场所意义、社会平衡和公平、文化创造性、技术创新和经济机遇等。

从某种程度上说，由这场思考以及历史性城镇景观行动所发起的挑战触及了城市保护的本质。所以，它是应当作为一门专业学科存在下去，还是应当成为一种我们在这个星球上识别、规划、设计、实施以及监督我们自身行为所需的不可或缺的方式？

附　录

附录 A　历史性城镇景观方法的发展注释

历史性城镇景观方法的起源

本书第 1 章追溯了历史性城镇景观概念在城市保护学说中的起源，以及它在过去近半个世纪的发展历程。虽然这一学说从未得到清晰而全面的表述，但遵循文化遗产保护和城市管理相关的一系列宪章和公约的发展轨迹，我们可以看到理论和实践的逐步扩展。

这些宝贵的资源构成了自 2005 年《维也纳备忘录》发表以来有关历史性城镇景观的争论和讨论的基础。2005 年至 2010 年间，在世界各地以及联合国教科文组织总部召开了一系列专家会议，期间的讨论主要围绕两大主要问题进行：第一是历史性城镇景观（HUL）的定义；第二则是新的或现代的战略和工具的完善，并以此来应对 1976 年联合国教科文组织通过最后一份有关遗产保护的建议书以后世界所出现的重要变化和挑战。[1]

历史性城镇景观的定义首先出现在《维也纳备忘录》第 7 条，指"自然和生态环境内任意建筑群、结构和开放空间的整体组合，其中包括考古遗址和古生物遗址，在经过一段时期之后，这些景观构成了人类城市居住环境的一部分，从考古、建筑、史前学、历史、科学、美学、社会文化或生态角度看，景观与城市环境的结合及其价值均得到了认可。这些景观是现代社会的雏形，对我们

---

[1]　联合国教科文组织已通过各下属部门的行动来应对城镇及各种城市化问题，主要有自然科学部门、社会科学和人文科学部门以及文化部门。自然科学部门通过人和生物圈计划（MAB）解决上述问题，对生物圈概念在城市地区的应用进行了探讨（见第 3 章）。社会科学和人文科学部门实施了社会变革管理计划（MOST），在城市研究、城市管理和公民社会的参与间构架起桥梁。文化部门的创意城市网络（Creative Cities Network）和世界遗产城市项目（World Heritage Cities Programme）是与城市问题相关的最突出的行动。现如今，一系列改革也在进行之中，以此更好地联系和协调各类城市行动，使之融入联合国教科文组织的主要城市计划中。

理解当今人类的生活方式具有重要价值"。[1]

2005 年 5 月，这份文件在奥地利维也纳一经颁布之后，迅速成为当时保护领域最炙手可热和竞相争论的对象之一。专业性机构、保护团体和研究机构开始考察和讨论它的优缺点，这些反馈对进一步发展和完善历史性城镇景观的定义和方法起了重要的推动作用。

在这一方面，首个富有成效的讨论是由克里斯蒂娜·卡梅伦（Cristina Cameron）博士指导的、在蒙特利尔大学环境设计系举办的"关于遗产和历史性城镇景观保护的圆桌会议"。与会的遗产保护专家、政策专家和其他参会人员对《维也纳备忘录》进行了深入的考察，并得出一系列评价。评价认为，它推动了我们对历史城镇的关注点从先前作为视觉的对象向作为仪式和人类经验空间的历史环境的转换。与会者还认为，这份文件可视作对专业性思考的整合，但尚未能够成为一份国际性的建议书。同时它还是一个良好的开端，但它也存在一些可能会引起理解矛盾的不一致性，因此最好把这份文件当作一份过渡性文件。

会议主席在最后的结论中指出，对术语"历史性城镇景观"并没有达成共识，因为这一术语的定义有别于城市研究领域专家所使用的传统术语，同时对术语"历史性城镇景观"和其他世界遗产相关定义之间的关系也依然存在困惑，如"文化景观""城市整体"和"遗产景观"。"《维也纳备忘录》是一份过渡性文件，虽然在很大程度上它依然植根于通过科学观察和调研得到的建筑和固定对象的世界，但它隐含了一种人类生态观。它预示着一种向可持续发展和更广泛的城市空间概念的转变趋势。再向前一步似乎将指向'景观'这一概念，但不是多数专家所熟知的有意设计和有机进化的景观，而是关联性景观，也就是朱利安·史密斯（Julian Smith）所说的'想象的景观'"。[2]

---

[1] *The Vienna Memorandum on World Heritage and Contemporary Architecture – Managing the Historic Urban Landscape*，UNESCO World Heritage Centre and City of Vienna，2005，见：http://whc.unesco.org/uploads/activities/documents/activity-47-2.pdf

[2] Proceedings of the Round Table on "Heritage and the Conservation of Historic Urban Landscapes"，organized by the Canada Research Chair on Built Heritage，Montreal，9 March 2006，p.83；见：http://whc.unesco.org/uploads/activities/documents/activity-47-4.pdf

197   2007 年，ICOMOS 美国委员会通过互联网，发起并主持了 ICOMOS 针对历史性城镇景观的一次全球性的大讨论。[1]

此番讨论的重要结果包括：认为当景观术语被用于历史城镇的情况时，将有助于我们超越城市建筑，进而走向更具整体性的景观尺度；同时认为历史性城镇景观是由三个普遍接受的术语结合而成的一个新语汇，即复杂、历史和关联性。在这个概念的构建中，最为根本的是强调了对于很多人而言"景观"已成为表现当代城市的角度以及构建当代城市的手段，因此直接预示着历史性城镇景观需要跨学科的行动；同时我们也接受了把城市理解为文化景观将有助于我们弄清其他的有形要素类型，而这些要素均还未得到正确识别，更不必说登记在案了。[2]

2007 年 11 月，世界遗产中心在巴西的奥林达举办了第三次地区性专家会议，会上递交的若干论文进一步推动着共识的形成。

会议进行了详尽的探讨，阐述了"历史性城镇景观"这一术语本身并不一定是一个全新的概念，因为城镇景观的景象常常被用来描述某一个依地域形态而建的聚落，因此其本身也成为一种景观。

但是，现有的准则文本的一大局限性就在于它们把目光主要投向了建筑，即使是在与历史城镇地区相关的情况下也是如此。的确，早在 1975 年，《欧洲理事会宪章》（*Council of Europe Charter*）在引入综合保护的概念时，就把关注点放在了建筑遗产上（因此有了文件的标题——《关于建筑遗产的欧洲宪章》（*European Charter of Architectural Heritage*））；1976 年的联合国教科文组织《内罗毕建议》也把概念的定义与"历史和建筑地区"联系在一起，系指"任何建筑群、结构和空旷地"。

---

[1]　有来自美国、加拿大、意大利和墨西哥等国的 64 位专业人士参与了此次历史性城镇景观（HUL）论坛，另有众多来自 ICOMOS 国家委员会的观察员参会，包括阿根廷、澳大利亚、奥地利、加拿大、古巴、捷克、以色列、希腊、马耳他、墨西哥、荷兰、南非、西班牙、瑞典和英国。

[2]　Araoz, G. and O'Donnell, P.M., "US-ICOMOS Final Summary of the Discussion on Historic Urban Landscapes", web-based report, September 2007.

　　由此说明，我们所欠缺的是把城市地区理解为建筑以外的城市性质的那些概念，"如同把对景观的理解扩展到树木、岩石和河道以外，要试着把它当作一幅'风景画'来理解其动态性"。[1] 此外，虽然讨论组里的多数专家都可以接受"景观"（landscape）和"城镇景观"（urban landscape）的说法，但一些人提出是否有必要把"历史性"也放入其中。约基莱赫托（Jokilehto）进一步指出，英语词汇"历史"（history）拥有两层含义：一是指大规模人类事件和活动的时间进程；二是指关于获取或探索人类过往知识的学科或研究。因此，"历史性的"（historic）可以理解为某个对象不仅仅是古老的，同时作为历史学科的来源也必然是十分重要的，即能够与某个特定意义相关联而最终具有价值的东西。因此在涉及文化遗产时，"历史性的"（historic）则成为衡量某个对象是否够得上是遗产的标准。[2]

198

　　在国际范围内，由世界遗产中心全面参与的对该主题的探索仍在继续，与此同时，依照最初世界遗产委员会（2005）的要求，一份关于历史性城镇景观保护的新的国际准则性文件也开始了构思和制定的过程，这份文件将对《维也纳备忘录》中提出的原则内容进行更深入的阐述。

　　2008年11月13日至14日，由13位专家组成的小组在联合国教科文组织巴黎总部对新的建议书的格式和结构进行了讨论。讨论还涉及需要解决哪些技术问题，从而凸显出当下实施城市发展项目的客观条件正不断发生着变化，并且也影响着城市遗产价值的保护——本书第3章对所面临的六大问题进行了探讨。

　　讨论中还对历史性城镇景观的定义进行了修改，大幅减少了有关物质方面的叙述，并引入被认为是理解和体验城市客观条件极为必要的非物质方面的概念。"历史性城镇景观是一种思维模式，是对城市或城市组成部分的一种理解，它把城市或其组成部分看作是对其从空间、时间和经验上进行构建的自然、文化和社会经济活动的产物。它既关注城市的建筑和空间，也关注人带给城市的

[1]　Jokilehto, J., "Reflection on HUL as a Tool for Urban Conservation", in: Van Oers and Haraguchi, 2010, p.52.

[2]　同上，p.54.

礼制和价值观。这一概念包含了层层积淀的象征性意义、非物质遗产、价值观念与历史性城镇景观各组成要素之间的相互关系，以及包括建设实践和对自然资源管理在内的地方知识。它的有益价值就在于吸纳了变化的能力。"

尽管这一定义涵盖了更广泛的内容并且具有高度的包容性，但可以说真正让一切变得大不同却是在最后的结尾，即接受了变化是城市所固有的一种状态这个事实。

这可能也是过去 10 年间，城市保护学科在发展道路上遇到的最大阻碍。尤其是保护界，一直以来接受的核心观念都是应尽可能地使纪念物和遗址保持不变，因此往往会一时觉得难以接受，即便是接受这一观点，他们也无法就可被允许的变化范围取得一致意见。[1]

199   在一份向 2009 年 10 月在马耳他召开的 ICOMOS 执行委员会会议提交的立场报告中，ICOMOS 时任主席古斯塔夫·阿劳斯（Gustavo Araoz）先生提出了，在过去的 10 年中，"一场遗产场所的范式转变"已经上演，背后的原因正是"遗产在社会中所发挥的作用的改变、社区对遗产的挪用，以及人们对遗产是一种可以产生利润的具有经济价值的公共商品的逐渐认可，这些都为政府和公共部门对遗产价值的看法和使用带来了深刻的变革"。[2]

为了应对这一范式的转变，他提议 ICOMOS 开展一项全球行动，对纪念物和遗址所"能接受的改变"进行讨论和界定。目的是征集各方的想法和建议，从而寻求一种更为系统和客观的方法来应对遗产场所及其背景和环境的动态本质，以及遗产所承载价值的不断演变。

然而，他的提议却遭遇到极其强烈的反对意见，尤其是在 2010 年 5 月 5 日至 9 日在捷克布拉格举行的会议上，受到了来自保护和修复理论与哲学委员会成员的反对。

---

[1]   Van Oers, 2010, "Managing Cities and the Historic Urban Landscape Initiative – An Introduction", in: Van Oers and Haraguchi, 2010, p.14.

[2]   2009 年 10 月，ICOMOS 执行委员会未发表的立场报告：Araoz, G., "Protecting Heritage Places under the New Heritage Paradigm & Defining its Tolerance for Change – A Leadership Challenge for ICOMOS".

　　委员会成员认为，这一提议违反了本组织的核心理念，即 ICOMOS 前任主席所提出的"保存，而不是改变和毁坏"纪念物和遗址。[1]

　　之后的两次专家会议又对这一概念和方法进行了完善，一次是在桑给巴尔石头城（Stone Town, Zanzibar）举办的专家会议（2009 年 11 月 30 日至 12 月 3 日），另一次是在巴西里约热内卢举行的会议（2009 年 12 月 7 日至 9 日）。[2]

　　桑给巴尔会议在获取更为传统的社会（尤其是相对于高度城市化的欧洲、北美和南美地区）对城市聚居区遗产及其与周边自然和乡村之间关系的观点和看法方面，取得了重要的进展。[3]

　　会议特别强调城市保护不应局限于对建筑的保护，而应被纳入一系列环境政策之中，还指出层层累积和拼贴而成的非洲大陆景观恰恰突显出一种兼收并蓄的方法的必要性，这一方法应基于对地方价值体系的延续以及由社区主导的非官方过程的动态性的理解。[4] 里约热内卢会议起初是应世界遗产委员会（2009 年）的提议而召开，旨在讨论和审议如何把历史性城镇景观的概念纳入《实施世界遗产公约的操作指南》。在这次会议上，各方达成共识，认为历史性城镇景观方法不应成为另一个安放遗产类别的容器，而应成为一种关于城市该如何发展的态度，从而以一种保护的姿态来看待当今的城市，即一种遗产价值引导下的城市发展的全新模式。

　　正因如此，不仅仅世界遗产城市应当被当作历史性城镇景观进行管理，这些遗产城市的缓冲区由于也是遗产地场所精神的一部分，因而也应被当作历史

200

[1]　摘自：2008 年 3 月 10 日，巴黎，Michael Petzet，"Policy Guidelines set down by the President"，最终版，后发表于：Michael Petzet, International Principles of Preservation, Monuments and Sites XX, ICOMOS 2009, p.7. 2010 年 5 月 26 日，ICOMOS 的网站上发布了一则免责声明，称"这些'原则'仅代表保护界个人的意见，作者应以个人名义进行发表且不直接涉及 ICOMOS，或不出现 ICOMOS 的名称和标志，同时也不代表 ICOMOS 以任何形式同意进行的发表"。见：http://www.international.icomos.org/Disclaimer_Website-Mon-&-Sites-XX.pdf

[2]　成员国巴西举办过两次历史性城镇景观会议（2007 年奥林达和 2009 年里约）的原因之一是在它全国范围内的约 170 个历史城镇都开展了各类城市保护的项目，因此对讨论及其成果给予了极大的重视。

[3]　来自 10 个国家的 40 位专家，包括来自非洲地区 6 个世界遗产城市的代表出席了桑给巴尔的会议。

[4]　《关于历史性城镇景观概念在非洲背景中应用的桑给巴尔建议书》可参见：http://whc.unesco.org/en/events/613

性城镇景观来进行管理。历史性城镇景观突破了保护区域的传统边界和限制，并以遗产地的突出普遍价值（OUV）为基础。此外，还有人提出，除了城镇以外，历史性城镇景观方法也将适用于所有其他类型遗产的管理，包括纪念物、建筑群、遗址和文化景观。

突出普遍价值已得到了世界遗产委员会和国际社会的认可，因此被看作是具有价值且需要进行保护的对象（通过对特征要素及其相互间关系的识别——也包括那些表面的且无明显关联的要素和关系——关于突出普遍价值的陈述可谓是"即时的信息"），而历史性城镇景观则给出了如何对遗产地实施管理的答案，即通过在变化的环境中保持价值的方式来进行管理。

最终，修改后的历史性城镇景观定义获得一致通过。2010 年 2 月，在巴黎举办的新的《关于历史性城镇景观的建议书》首稿起草的一次策划会议上，又对这一定义进行了细微的调整。

"历史性城镇景观是文化和自然价值在历史上层层积淀的城市聚居区，超越了'历史中心'或'整体'的概念，进而包括更广泛的城市背景及其地理环境。上述更广泛的背景包括历史城镇的地形、地貌和自然特征；其建成环境，不论是历史上的还是当代的；其地上和地下的基础设施；其空地和花园；其土地使用模式和空间安排；其视觉联系；以及城市结构的所有其他要素。背景还包括社会和文化方面的实践和价值观、经济进程以及与多样性和特性有关的遗产的无形方面。"[1]

这一定义被收入《关于历史性城镇景观的建议书》初稿，为在可持续发展的大框架内以全面综合的方式识别、保护和管理历史性城镇景观提供了基础。

它对城市遗产在城市发展中发挥的作用所持的综合、全面、整体和参与式的观点与欧盟委员会的指令极为相似，后者提到"必须采用一种综合的生态系

201

---

[1]　2010 年 6 月 27 日联合国教科文组织巴黎总部完成的《关于历史性城镇景观的建议书》初稿中所提出的定义，这份初稿于 2010 年 8 月 25 日发送至教科文组织的 193 个成员国征询审核意见。

统方法，并且必须把城市地区及其周边景观之间的关系和交互性充分地纳入……方法之中"。[1]

1993 年，在斯里兰卡科伦坡举行的 ICOMOS 大会的尾声阶段，对主导保护领域的西方哲学思想提出了批判，并呼吁制定地区性的保护宪章，以使源自不同文化多元性以及有时甚至是全然迥异的观点得到平衡。

在这点上，我们在对既有政策和实践进行重新评估并重新制定一种现代方法的过程中，特别关注了那些能够反映欧美地区以外的城市遗产管理理念的文件。

根据大会第 35C/42 号决议（2009 年 10 月 16 日），2011 年 5 月 25 日至 27 日，在联合国教科文组织巴黎总部召开了一次政府间专家会议（第二类）。根据《议事规则：关于成员国和国际公约的建议书》，要求成员国在 2010 年 10 月 25 日前向联合国教科文组织提交各自对建议书初稿的意见。这些意见在被收集并整合为修改稿后，在联合国教科文组织成员国代表会议上进行了陈述和讨论。5 月 27 日，新的《关于历史性城镇景观的建议书》的最终稿经专家会议确认并通过。这份终稿被提交至联合国教科文组织第 36 届大会，并于 2011 年 11 月 10 日获得一致通过。新的联合国教科文组织《关于历史性城镇景观的建议书》可参见本书附录 C。

---

[1]　欧盟委员会 2008 年 8 月 28 日第 C（2008）4598 号指令。

附录B　世界遗产与当代建筑国际会议

《维也纳备忘录》[1]

序言

　　1.《维也纳备忘录》是主题为"世界遗产与当代建筑"国际会议的成果,该会议是应世界遗产委员会第27届会议(巴黎,2003年6月30日至7月5日,第27COM 7B.108号决定)的要求于2005年5月12日至14日在奥地利维也纳召开的。来自55个国家的600多名专家和专业人员到会,会议由教科文组织赞助。

　　2.谨记教科文组织《保护世界文化和自然遗产公约》(《世界遗产公约》,1972年)的范围;忆及公约第4条和第5条,致力于全球协作以及就列入教科文组织《世界遗产名录》城市活跃的经济动态和近期的结构变化进行必要的全球讨论;

　　3.进一步忆及各处遗产是基于"突出的普遍价值"标准列入《世界遗产名录》的,保护这种突出的普遍价值应是保护政策与管理策略的核心;

　　4.特别考虑到1964年《国际古迹遗址保护和修复宪章》(《威尼斯宪章》)、1968年联合国科教文组织《关于保护受到公共或私人工程危害的文化财产的建议》、1976年教科文组织《关于历史地区的保护及其当代作用的建议》、1982年国际古迹遗址理事会——国际景观设计师联合会《历史园林国际宪章》(《佛罗伦萨宪章》)、1987年国际古迹遗址理事会《保护历史城镇和城区宪章》(《华盛顿宪章》)、1994年《关于原真性的奈良文件》,以及1996年6月在伊斯坦

---

[1]　本文件的中文译本来自国际古迹遗址理事会西安国际保护中心网站,网址为 http://www.iicc.org.cn/Info.aspx?ModelId=1&Id=344;文件的英文原版参见联合国教科文组织世界遗产中心网站来源:http://whc.unesco.org/uploads/activities/documents/activity-47-2.pdf——译者注。

布尔（土耳其）召开的第二次联合国人类住区会议和成员国在会上批准的《21世纪议程》；

5. 希望在上述文件和有关古迹遗址可持续性保护讨论的整体框架内，将《维也纳备忘录》视为一种综合性途径的重要声明，该方法基于现存历史形态、建筑存量（stock）及文脉，综合考虑当代建筑、城市可持续性发展和景观完整性之间的关系。

定义

6. 《维也纳备忘录》谈及已列入或者申报列入教科文组织《世界遗产名录》的历史城市，以及在市区范围内有世界遗产古迹遗址的较大城市。

7. 根据 1976 年教科文组织《关于历史地区的保护及其当代作用的建议》，历史性城市景观[1]指自然和生态环境内任何建筑群、结构和开放空间的整体组合，其中包括考古遗址和古生物遗址，在经过一段时期之后，这些景观构成了人类城市居住环境的一部分，从考古、建筑、史前学、历史、科学、美学、社会文化或生态角度看，景观与城市环境的结合及其价值均得到认可。这些景观是现代社会的雏形，对我们理解当今人类的生活方式具有重要价值。

8. 历史性城市景观植根于当代和历史上在这个地点上出现的各种社会表现形式和发展过程。这些景观的定性因素包括：土地使用和模式、空间组织、视觉关系、地形和土壤、植被以及技术性基础设施的各个部件，其中包括小型物件和建筑细节（路缘、铺路、排水沟、照明设备等）。

9. 特定背景下的当代建筑指出现在建筑历史环境中的所有重大的、有计划、有目标的干预，其中包括开放空间、新建筑、历史建筑及遗址的扩建或延展以及改建。

10. 近 10 年来，文化遗产的含义有所扩展，其解释更为广泛，引导人们认

---

[1] 附录 B 保留了国际古迹遗址理事会西安保护中心网站对 "Historical Urban Landscape" 的译法：历史性城市景观。与正文中统一采用的译法——历史性城镇景观略有差异，特此说明——译者注。

205   识到人与土地的共生共息以及人在社会中的作用。这就要求在所辖范围内采取新的方式方法来保护城市、发展城市。这种发展变化在国际宪章和建议书中还没有得到充分体现。

11.《维也纳备忘录》关于当代发展对具有遗产意义的城市整体景观的影响，其中的历史性城市景观的含义超出了各部宪章和保护法律中惯常使用的"历史中心""整体"或"环境"等传统术语的范围，涵盖的区域背景和景观背景更为广泛。

12. 经过一段时间逐步有序的土地开发过程，通过城市化进程、融合环境和地貌条件、体现出相关社会的经济和社会——文化价值观，历史性城市景观获得了其独特的普遍意义。因此，历史性城市景观的保护和保存既包括保护区内的单独古迹，也包括建筑群及其与历史地貌和地形之间的在实体、功能、视觉、材料和联想等方面的重要关联和整体效果。

原则与目的

13. 功能用途、社会结构、政治环境和经济发展的持续变化反映在对于传统历史性城市景观的结构干预上，这些变化可以看作是城市传统的一部分，这就要求决策者着眼于城市整体，采取前瞻性行动，并与其他参与者及利益相关者展开对话。

14. 历史性城市景观内的当代建筑所面临的核心挑战是与发展态势协调互动，这一方面是为了推动社会经济的变革和发展，同时也是为了尊重传统城市风貌和城市景观。生机勃勃的历史城市，特别是世界遗产城市，要求城市规划与管理政策将文物保护作为核心内容。在这一过程中，绝不能损害历史城市的真实性和完整性，这种真实性和完整性是由多种因素决定的。

15. 历史性城市景观的未来要求决策者、城市规划者、城市开发者、建筑师、文物保护工作者、业主、投资者和相关公民之间互相理解，共同努力保护城市遗产，同时在考虑现代化和城市发展问题时应注重文化和历史因素，加强城市特征和社会凝聚力。

16. 考虑到人类与周边环境之间的联系和地域归属感，一定要保证城市生活的环境质量，以促进城市经济繁荣，提高城市的社会和文化活力。

17. 实际干预和功能干预主要关注的是，在不损害历史城市结构与形式的特点和意义所体现出的现有价值的情况下，改善生活、工作和娱乐条件，调整用途，以便提高生活质量和生产率。这意味着不仅要提高技术标准，还要基于适当的目录和价值评估，以及增加高质量的文化表现形式，实现历史环境的复兴与当代发展。

保护管理的指导方针

18. 决定对于历史性城市景观做出干预或在其中兴建当代建筑，一定要仔细斟酌，采用注重文化和历史因素的策略，与利益相关者进行协商，并借助专家的知识。这样可以在尊重历史结构与建筑主体的真实性和完整性的同时，在具体问题上采取正确行动，探究新旧建筑之间的空间环境。

19. 深入了解某地的历史、文化和建筑，而不仅仅了解建筑物本身，是制定保护框架的关键所在。应为建筑委员会提供城市规划理论以及类型学与形态学分析工具。

20. 规划过程中的一个关键因素是及时发现机会，确定风险，保证发展和设计过程的均衡合理。所有的结构性干预都立足于能够说明历史性城市景观的价值与意义的综合调查分析。调查有序干预的长远影响和可持续性是规划工作不可分割的组成部分，旨在保护历史结构、建筑主体及周边环境。

21. 考虑到基本定义（根据本《备忘录》第 7 条），城市规划、当代建筑和历史性城市景观的保护应避免所有形式的伪历史设计，因为这种设计形式既背叛历史，也否定当代。不应该以一种历史观替代其他观点，因为历史必须是可以解读的，而通过高质量的干预措施使文化得以延续是我们的最终目标。

城市发展的指导方针

22. 道德标准、优质的设计与施工，以及注重文化历史背景，都是规划过程的前提条件。历史区域内的优质建筑应该适当考虑既有规模，特别是要考虑建筑体积和高度。新的开发工程一定要尽量减少对重要建筑和考古遗存等重要历史要素的直接影响。

23. 可以通过城市规划和艺术设计来扩展历史城市内部及其周边的空间结构，这些空间结构是复兴历史城市的关键因素：城市规划和艺术设计可以彰显城市的独特历史、社会和经济脉络，并传诸后世。

24. 世界遗产的保护还包括公共空间的设计：应特别关注功能、规模、材料、照明、街道设施、广告和植物等多项内容，不一而足。遗产区域内部的城市规划基础设施必须包括各种相关措施，以尊重历史结构、建筑主体及周边环境，减轻道路交通和车辆停放造成的负面影响。

25. 城镇景观、屋顶景观、主要视觉轴线、建筑地块和建筑类型都是构成历史性城市景观特征中不可分割的组成部分。在更新问题上，历史性屋顶景观和原初的建筑地块是规划和设计的立足点。

26. 作为总的原则，比例与设计必须适应历史形态和历史建筑的特殊类型，清除值得保护的历史建筑核心区（"形式主义"）并非合理的结构性干预措施。一定要谨慎行事，以确保世界遗产城市的当代建筑开发是对历史性城市景观价值的提升，并且把当代建筑开发限制在一定限度之内，以避免城市的历史特性受到损害。

方法和工具

27. 《实施世界遗产公约的操作指南》规定，世界遗产历史性城市景观内部的动态变化与发展的管理工作包括如下内容：利用科学的目录编写法，准确了解辖区以及具备遗产价值的各种要素，通晓"管理计划"制定的相关法律、法规、方法以及工具。

28. 历史性城市景观"管理计划"的制定与执行要求跨学科专家和专业人员的参与，并需要及时启动全面的公众咨询。

29. 历史性城市景观品质管理的目的是永久保护以及改善空间、功能、与设计相关的价值。就此而言，应特别强调当代建筑与历史性城市景观的互相融合，应在提出当代干预议案的同时一并提交《文化或视觉影响评估报告》。

30. 城市开发的经济利益应服从遗产保护的长远目标。

31. 历史建筑、开放空间和当代建筑可以彰显城市特色，从而极大地提升城市的价值。当代建筑可以吸引居民、旅游者和资金，因而是有力的城市竞争工具。历史遗产和当代建筑共同构成当地社区的资产，应为教育、休闲和旅游服务，确保这些遗产的市场价值。

建议

以下建议提交给世界遗产委员会和联合国教科文组织：

A）对于已经列入《世界遗产名录》的历史性区域，在审查遗产完整性所面临的任何潜在影响既定影响时，应考虑本《备忘录》所表述的历史性城市景观概念和建议。应制定计划，阐述历史性城市景观的具体保护措施，以及巩固上述原则。

B）在审议历史城区时将列入《世界遗产名录》的新遗产和遗址时，建议将历史性城市景观概念纳入申报和评估的过程。

C）请教科文组织研究制定历史性城市景观方面新的推荐书的可能性，以补充和更新现有的推荐书，其中要特别关注当代建筑与周围环境的协调问题，今后应将这个问题提交联合国教科文组织大会审议。

（2005 年 5 月 20 日）

209

United Nations
Educational, Scientific and
Cultural Organization

Organisation
des Nations Unies
pour l'éducation,
la science et la culture

附录 C   关于城市历史景观的建议书[1]

前言

考虑到历史城区是我们共同的文化遗产最为丰富和多样的表现之一，是一代又一代的人所缔造的，是通过空间和时间来证明人类的努力和抱负的关键证据；

还考虑到城市遗产对人类来说是一种社会、文化和经济资产，其特征是接连出现的文化和现有文化所创造的价值在历史上的层层积淀，以及传统和经验的累积，这些都体现在其多样性中；

又考虑到城市化正以人类历史上前所未有的规模向前推进，并且正在全世界范围内推动社会经济变革和发展，应在地方、国家、地区和国际各级对城市化加以控制，承认活的城市的动态性质；

210   **但注意到**，常常失控的高速发展正在改变城区及其环境，这可能在世界范围内导致城市遗产的破碎和恶化，对社区价值观产生深刻影响；

因此，**考虑到**要支持对自然遗产和文化遗产的保护，就必须重视把历史城区的维护、管理及规划战略纳入地方发展进程和城市规划，例如，当代建筑和基础设施的发展，在这方面运用景观法有助于保持城市的特征；

考虑到可持续发展原则规定了保护现有资源、积极保护城市遗产，以及城市遗产的可持续管理是发展的一个必要条件；

忆及教科文组织关于历史区域保护问题的一系列准则性文件，包括各项公

---

[1] 本文件的中文版本来自联合国教科文组织官方网站，文件的英文原版见：http://portal.unesco.org/en/ev.php–URL_ID=48857&URL_DO=DO_TOPIC&URL_SECTION=201.html ——译者注。

约、建议书和宪章[1]，所有这些文件仍然有效；

但注意到由于人口迁移过程、全球市场的自由化和分散化、大规模旅游、对遗产的市场开发以及气候变化，条件已经发生了变化，城市承受着发展的压力和挑战，这些压力和挑战在 1976 年通过关于历史区域的教科文组织前一项建议书（《关于保护历史或传统建筑群及其在现代生活中的作用的建议书》）时并不存在；

还注意到通过地方倡议和国际会议[2]的联合行动，文化和遗产的概念以及其管理方式都发生了变化，这些地方倡议和国际会议对于指导世界各地的政策和实践发挥了有益的作用；

希望补充和拓展现有国际文书中规定的标准和原则的执行；

在其第三十五届会议上**决定**通过一份面向会员国的建议书来处理该问题，

1. 兹于 2011 年 11 月 10 日通过了关于城市历史景观的本《建议书》；

2. 建议会员国采纳适当的立法机构框架和措施，以期在其所管理的领土上执行本《建议书》中确立的原则和标准；

3. 还建议会员国要求地方、国家和地区当局以及与保护、维护和管理历史城区及其更广泛的地理环境有关的机构、部门或社团以及协会重视本《建议书》。

211

---

[1]　特别是 1972 年教科文组织《保护世界文化和自然遗产公约》、2005 年教科文组织《保护和促进文化表现形式多样性公约》、1962 年教科文组织《关于保护景观和古迹之美及特色的建议书》、1968 年教科文组织《关于保护公共或私人工程危及的文化财产的建议书》、1972 年教科文组织《关于在国家一级保护文化和自然遗产的建议书》、1976 年教科文组织《关于保护历史或传统建筑群及其在现代生活中的作用的建议书》；1964 年国际古迹遗址理事会的《国际古迹遗址保护与修复宪章》（威尼斯宪章）、1982 年国际古迹遗址理事会的《国际历史花园宪章》（佛罗伦萨宪章）、以及 1987 年国际古迹遗址理事会的《保护历史名城和历史城区宪章》（华盛顿宪章）、2005 年国际古迹遗址理事会关于保护遗产建筑物、古迹和历史区域的《西安宣言》以及 2005 年关于世界遗产与现代建筑设计——城市历史景观管理的《维也纳备忘录》。

[2]　尤其是 1982 年在墨西哥城召开的世界文化政策会议、1994 年奈良原真性会议、1995 年世界文化和发展委员会首脑会议、1996 年在伊斯坦布尔召开的第二次联合国人类住区会议（会议批准了《21 世纪议程》）、1998 年在斯德哥尔摩召开的教科文组织政府间文化政策促进发展会议、1998 年世界银行和教科文组织关于可持续发展中的文化——投资于文化和自然方面的天赋资源的联合会议、2005 年在维也纳召开的关于世界遗产与当代建筑的国际会议、2005 年国际古迹遗址理事会在西安召开的关于古迹遗址的大会，以及 2008 年国际古迹遗址理事会在魁北克召开的关于遗产地精神的大会。

引言

1. 我们的时代见证了历史上最大规模的人类迁徙。如今，全世界超过一半的人口生活在城区。作为发展的引擎、创新和创造的中心，城区日益变得重要；城市提供就业和教育的机会，满足人们的发展需求和向往。

2. 然而，无节制的快速城市化可能常常导致社会和空间的四分五裂以及城市与周边农村地区环境的急剧恶化。显然，这可能是由于建筑物密度过大、建筑物样式的趋同和单调、公共场所和福利设施缺乏、基础设施不足、严重的贫困现象、社会隔绝以及与气候有关的灾害风险加大等因素造成的。

3. 在提高城区的宜居性，以及在不断变化的全球环境中促进经济发展和社会融合方面，城市遗产，包括有形遗产和无形遗产，是一种重要的资源。由于人类的未来取决于有效规划和管理资源，保护就成为一种战略，目的是在可持续的基础上实现城市发展与生活质量之间的平衡。

4. 在过去的半个世纪里，城市遗产保护成为全世界公共政策的一个重要部分，这是为了满足维护共同价值观和获益于历史遗存的需要。然而，要实现从主要强调建筑遗迹向更广泛地承认社会、文化和经济进程在维护城市价值中的重要性这一重要观念的转变，需要努力调整现行政策，并为实现这一新的城市遗产理念创造新的手段。

5. 《建议书》提到有必要更好地设计城市遗产保护战略并将其纳入整体可持续发展的更广泛目标，以支持旨在维持和改善人类环境质量的政府行动和私人行动。通过考虑其自然形状的相互联系、其空间布局和联系、其自然特征和环境，以及其社会、文化和经济价值，《建议书》为在城市大背景下识别、保护和管理历史区域提出了一种景观方法。

6. 这一方法涉及政策、治理和管理方面要关心的问题，包含各利益攸关者，包括在地方、国家、地区、国际各级参与城市发展进程的政府和私人行动者。

7. 本《建议书》借鉴了以前与遗产保护有关的四份教科文组织《建议书》，承认其概念和原则在保护历史和实践中的重要性和有效性。此外，现代保护公约和宪章涉及文化和自然遗产的许多方面，为本《建议书》奠定了基础。

I. 定义

8. 城市历史景观是文化和自然价值及属性在历史上层层积淀而产生的城市区域，其超越了"历史中心"或"整体"的概念，包括更广泛的城市背景及其地理环境。

9. 上述更广泛的背景主要包括遗址的地形、地貌、水文和自然特征；其建成环境，不论是历史上的还是当代的；其地上地下的基础设施；其空地和花园、其土地使用模式和空间安排；感觉和视觉联系；以及城市结构的所有其他要素。背景还包括社会和文化方面的做法和价值观、经济进程以及与多样性和特性有关的遗产的无形方面。

10. 这一定义为在一个可持续发展的大框架内以全面综合的方式识别、评估、保护和管理城市历史景观打下了基础。

11. 城市历史景观方法旨在维持人类环境的质量，在承认其动态性质的同时提高城市空间的生产效用和可持续利用，以及促进社会和功能方面的多样性。该方法将城市遗产保护目标与社会和经济发展目标相结合。其核心在于城市环境与自然环境之间、今世后代的需要与历史遗产之间可持续的平衡关系。

12. 城市历史景观方法将文化多样性和创造力看作是促进人类发展、社会发展和经济发展的重要资产，它提供了一种手段，用于管理自然和社会方面的转变，确保当代干预行动与历史背景下的遗产和谐地结合在一起，并且考虑地区环境。

213

13. 城市历史景观方法借鉴地方社区的传统和看法，同时也尊重国内和国际社会的价值观。

II. 城市历史景观面临的挑战和机遇

14. 现有的教科文组织《建议书》承认历史城市区域在现代社会中的重要作用。这些《建议书》还查明了在保护历史城市区域方面面临的一些特殊威胁，并为应对这样的挑战提出了一般性原则、政策和准则。

15. 城市历史景观方法反映了一个事实，即城市遗产保护学科和实践在最近几十年里发生了显著的变化，使得政策制定者和管理者能够更有效地应对新的挑战和把握机遇。城市景观方法支持社区在保留与其历史、集体记忆和环境有关的特征和价值的同时，寻求发展和适应求变的努力。

16. 过去几十年里，由于世界城市人的激增、大规模和高速度发展、不断变化的经济，使城市住区及其历史区域在世界许多地区成为经济增长的中心和驱动力，在文化和社会生活中发挥着新的作用。正因为如此，城市住区也承受着各种各样的新压力，包括：

城市化和全球化

17. 城市发展正在改变许多历史城区的本质。全球化进程对社区赋予城区及其环境的价值、对居民和用户的看法和他们的现实生活有着深刻的影响。一方面，城市化提供了能够改善生活质量和城区传统特征的经济、社会和文化机遇；另一方面，由城市密度和规模无节制增长的发展所带来的改变会损害地方特质感、城市结构的完整性以及社区的特性。一些历史城区正在丧失其功能性、传统作用和人口。城市历史景观方法可以帮助控制和减轻这样的影响。

发展

18. 许多经济进程提供了减轻城市贫困和促进社会和人类发展的途径和手段。信息技术以及可持续的规划、设计和建筑方法等新事物的进一步普及能够改善城市区域，从而提高生活质量。如果通过城市历史景观方法得到妥善管理，服务和旅游等新功能可以在经济方面发挥重要的积极作用，增进社区的福利，促进对历史城区及其文化遗产的保护，同时确保城市经济和社会的多样性以及居住的功能。如果不能把握这些机遇，那么城市就失去了可持续性和宜居性，就好像对城市开发不当和不合时宜会导致遗产损毁，给后世子孙造成不可挽回

214

的损失一样。

环境

19. 人类住区一直在发生改变以适应气候和环境的变化，包括灾害所导致的变化。然而，当前变化的强度和速度对我们复杂的城市环境构成了挑战。出于对环境，尤其是水和能源消费的担心，城市生活需要采取新的方式和模式，其基础是旨在加强城市生活的可持续性与质量的生态敏感性政策和做法。不过，许多这类举措应统筹考虑自然遗产和文化遗产，把它们作为促进可持续发展的资源。

20. 历史城区发生的改变也可能源于突发灾害和武装冲突。这些灾害和冲突可能是短暂的，但会产生持久影响。城市历史景观方法可以帮助控制和减轻这样的影响。

III. 政策

21. 现有国际建议书和宪章中所反映的现代城市保护政策为维护历史城区创造了条件。然而，为了应对现在和未来的挑战，需要拟定和执行一批新的公共政策，阐明和保护城市环境中文化和自然价值在历史上的层层积淀以及平衡。

22. 应将城市遗产的保护纳入一般性政策规划和实践以及与更广泛的城市背景相关的政策规划和实践。政策应提供在短期和长期平衡保护与可持续性的机制。应特别强调具有历史意义的城市结构与当代干预行动之间的协调整合。尤其是，各利益攸关方负有下述责任：

（a）会员国应按照城市历史景观方法，将城市遗产保护战略纳入国家发展政策和议程。在这一框架内，地方当局应拟定城市发展计划，计划应考虑区域价值，包括景观及其他遗产的价值及其相关特征；

（b）公共和私营部门的利益攸关者应通过例如伙伴关系开展合作，以确保城市历史景观方法的成功实施；

（c）处理可持续发展进程的国际组织应将城市历史景观方法纳入其战略、

计划和行动；

（d）国内和国际非政府组织应参与为实施城市景观方法开发和传播工具和最佳做法。

23. 各级政府——地方、国家／联邦、地区——应清楚自己的责任，为定义、拟定、执行和评估城市遗产保护政策作出贡献。这些政策应基于所有利益攸关者参与的方法，并且从机构和部门的角度加以协调。

IV. 手段

24. 基于城市历史景观的方法意味着应用一系列适应当地环境的传统手段和创新手段。需作为涉及不同利益攸关者的程序的一部分加以开发的这些手段中的一些可能包括：

（a）**公民参与手段**应让各部门的利益攸关者参与进来，并赋予他们权力，让他们能够查明其所属城区的重要价值，形成反映城区多样性的愿景，确立目标，就保护其遗产和促进可持续发展的行动达成一致。作为城市治理动态的一个组成部分，这些手段应通过借鉴各个社区的历史、传统、价值观、需要和向往以及促进相互冲突的不同利益和群体间的调解和谈判，为文化间对话提供便利。

（b）**知识和规划手段**应有助于维护城市遗产属性的完整性和真实性。这些手段还应考虑到对文化意义及多样性的承认，规定对变化进行监督和管理以改善生活质量和城市空间的质量。这些手段将包括记录和绘制文化特征和自然特征。应利用遗产评估、社会评估和环境评估来支持和促进可持续发展框架内的决策工作。

（c）**监管制度**应反映当地条件，可包括旨在维护和管理城市遗产的有形和无形特征包括其社会、环境和文化价值的立法措施和监管措施。必要时应承认和加强传统和习俗。

（d）**财务手段**应旨在建设能力和支持植根于传统的、能创造收入的创新发展模式。除了来自国际机构的政府资金和全球资金，应有效利用财务手段来促

进地方一级的私人投资。支持地方事业的小额贷款和其他灵活融资以及各种合 216
作模式对于城市历史景观方法在财务方面的可持续性具有重要作用。

V. 能力建设、研究、信息和传播

25. 能力建设应包含主要的利益攸关者：社区、决策者以及专业人员和管理者，以促进对城市历史景观方法及其实施的理解。有效的能力建设取决于这些主要的利益攸关者的积极配合，以便根据地区环境因地制宜地落实本《建议书》，制定和完善地方战略和目标、行动框架以及资源动员计划。

26. 应针对城市住区复杂的层积现象进行研究，以查明价值，理解其对社区的意义，并全面展示给游客。应鼓励学术机构、大学机构以及其他研究中心就城市历史景观方法的方方面面开展科学研究，并在地方、国家、地区和国际各级开展合作。重要的是记录城区的状况及其演变，以便利对改革提案进行评价，改进保护和管理技能和程序。

27. 鼓励利用信息和传播技术来记录、了解和展示城区复杂的层积现象及其组成部分。这一数据的收集和分析是城区知识的一个重要部分。为了与社会各部门进行沟通，尤为重要的是接触青年和所有代表人数不足的群体，以鼓励其参与。

VI. 国际合作

28. 各会员国和国际政府组织和非政府组织应促进公众理解和参与城市历史景观方法的实施，办法是宣传最佳做法及从世界各地获取的经验教训，以加强知识共享和能力建设网络。

29. 会员国应促进地方当局之间的跨国合作。

30. 应鼓励各会员国的国际发展和合作机构、非政府组织以及基金会开发考虑城市历史景观方法的办法，并根据其关于城区的援助计划和项目调整这些办法。

参考文献

Adams, W.M., 2006. 'The Future of Sustainability: Re-Thinking Environment and Development in the Twenty-First Century'. Report of the IUCN Renowned Thinkers Meeting, 29 - 31 January 2006. Gland: IUCN.

Aga Khan Trust for Culture, 1989. *The Hassan Fathy Collection. A Catalogue of Visual Documents at the Aga Khan Award for Architecture*. Bern: Aga Khan Trust for Culture.

Agnew, Neville; Demas, Martha, 2002. *Principles for the Conservation of Heritage Sites in China*. Los Angeles: The Getty Conservation Institute.

Ahmed, Kulsum; Sánchez-Triana, Ernesto, (eds.), 2008.*Strategic Environmental Assessment for Policies - An Instrument for Good Governance Overview*. Washington DC: The World Bank.

Appleyard, Donald (ed.), 1979. *The Conservation of European Cities*. Cambridge, Massachusetts: MIT Press.

Araoz, Gustavo, 2011. 'Preserving Heritage Places under a New Paradigm'. *Journal of Cultural Heritage Management and Sustainable Development*. Vol. 1, Issue 1.

Argan, Giulio Carlo, 1963. 'On the Typology of Architecture'. *Architectural Design* N. 33: 564 - 565.

Ascher, François, 2010. *Les nouveaux principes de l'urbanisme*. La Tour d'Aigues: Edition de l'Aube.

Ashworth, Gregory; Turnbridge, John, 1990. *The Tourist-Historic City*. London: Belhaven.

Avrami, Erica; Mason, Randall; De la Torre, Marta, 2000. *Values and Heritage Conservation*. Research Report. Los Angeles: The Getty Conservation Institute.

Aymonino, Carlo, 2000. *Il Significato delle Città*. Venezia: Marsilio. (Originally published in 1975.)

Bandarin, Francesco, 2006. 'Towards a new standard-setting instrument for Managing the Historic Urban Landscape'. *Conservation in changing societies*. Leuven: Raymond Lemaire Centre.

Bandarin, Francesco, 2007. 'Looking Ahead: the World Heritage Convention in the 21st Century'. *World Heritage: Challenges for the Millennium*. Paris: UNESCO World Heritage Centre.

Bandarin, Francesco, 2011a. 'From Paradox to Paradigm? Historic Urban Landscape as an urban conservation approach'. Taylor, K. and Lennon, J. 2012. *Managing Cultural Landscapes*. London and New York: Routledge. Chapter 11.

Bandarin, Francesco, 2011b. 'A new international instrument: the proposed UNESCO Recommendation for the Conservation of Historic Urban Landscape'. Heft, 3/4: 179 - 182. Bonn: Bundesinstitut für Bau-, Stadt und Raumforschung.

Bandarin, Francesco, 2011c. 'Utopien

und ihre Rekonstruktion'. Demand, Thomas; Kit–telman, Udo, 2011. *Nationalgalerie*. '*How German is it?*' Berlin: Suhrkamp. 333 – 350.

Bandarin, Francesco; Hosagrahar, Jyoti; Albernaz, Frances, 2011. 'Why Development needs Culture'. *Journal of Cultural Heritage Management and Sustainable Development*, Vol.1, N.1: 15 – 25.

Benevolo, Leonardo, 1993. *La città nella storia d' Europa*. Bari: Laterza.

Berghauser Pont, Meta; Haupt, Per, 2010. *Space Matrix – Space, Density and Urban Form*. Rotterdam: NAi Publishers.

Bertaud, Alain, 2003. 'Metropolis: The Spatial Organization of Seven Large Cities'. Watson, Donald; Plattus, Alan; Shibley, Robert G. (eds.), 2003. *Time–Saver Standards for Urban Design*. New York: McGraw Hill.

Bianca, Stefano, 2000. *Urban Form in the Arab World. Past and Present*. Zurich: vdf.

Bianca, Stefano; Jodidio, Philip (eds.), 2004. *Cairo – Revitalising a Historic Metropolis*. Turin: Umberto Allemandi Editore for the Aga Khan Trust for Culture.

Bidou–Zachariasen, Catherine (ed.), 2003. *Retours en ville – des processus de "gentrifica– tion" urbaine aux politiques de "revitalisation" des centres*. Paris: Descartes et Cie, collection 'Les urbanités'.

Bigio, Antony Gad, 2010. '*The*

Sustainability of Urban Heritage Preservation: The Caseof Marrakesh'. Washington, DC: IDB Discussion Paper.

Bohl, Charles C.; Lejeune, Jean–François, 2009. Sitte, *Hegemann and the Metropolis*. London: Routledge.

Boito, Camillo, 1893: *Questioni pratiche di belle arti*. Milano: Hoepli.

Bruns, Diedrich, 2007. *Integration of Landscapes in National Policies: Urban, Peri–Urbanand Sub–Urban Landscape*. Meeting of the Council of Europe on the European Landscape Convention. Strasbourg: Council of Europe, 22 – 23 March 2007.

Buchanan, Peter, 2005. *Ten Shades of Green Architecture and the Natural World*. NewYork: The Architectural League of New York.

Buckley, Ralf, 2004. 'The Effects of World Heritage Listing on Tourism to Australian National Parks'. *Journal of Sustainable Tourism*, Vol. 12, No. 1: 70 – 84.

Burke, Gerald, 1976. *Townscapes*. Harmondsworth, Middlesex: Penguin Books Ltd.

Burns, Carol; Kahn, Andrea, 2005. *Site Matters. Design Concepts, Histories and Strategies*. New York, Routledge.

Calabi, Donatella, 1979. *Il 'male' città: diagnosi e terapia: didattica e istituzioni nell' urbanistica inglese del primo '900*. Rome: Officina Edizioni.

Campbell, Tim E., 2003. 'Unknown Cities: Metropolis, Identity and Governance in a Global World'. *Development Outreach*, Volume 5, number 3. Washington DC: The World Bank Institute.

Caniggia, Gianfranco; Maffei, Gian Luigi, 2001. *Interpreting Basic Building*. Firenze: Alinea.

Canizaro, Vincent (ed.), 2007. *Architectural Regionalism: Collected Writings on Place, Identity, Modernity and Tradition*. New York: Princeton Architectural Press.

Cassar, May, 2005. *Climate Change and the Historic Environment*. London: Centre for Sustainable Heritage, University College London.

Choay, Françoise, 1992. *L'allégorie du patrimoine*. Paris: Seuil.

Choay, Françoise (ed.), 2002. *La Conférence d'Athènes sur la conservation artistique ethistorique des monuments (1931)*. Paris: Les Editions de l'Imprimeur.

Choay, Françoise, 2006. *Pour une anthropologie de l'espace*. Paris: Seuil.

Choay, Françoise, 2009. *Le patrimoine en questions. Anthologie pour un combat*. Paris: Seuil.

City of Cape Town, 2005. *Integrated Metropolitan Environmental Policy (IMEP). Cultural heritage strategy for the City of Cape Town*. Cape Town: Environmental Management Branch, Heritage Resources Section.

Cohen, Nahum, 1999. *Urban conservation*. Cambridge, Massachusetts: MIT Press.

Collins, George R.; Crasemann Collins, Christiane, 1986.

Camillo Sitte: *the Birth of Modern Town Planning*. Mineola, New York: Dover.

Considérant, Victor, 2009. *Le socialisme devant le vieux monde ou le vivant devant lesmorts*. Paris: Librairie Phalanstérienne. (Originally published in 1848.)

Conzen, M.R.G., 2004. *Thinking about Urban Form. Papers on Urban Morphology, 1932 - 1998*. Bern: Peter Lang.

Corboz, André, 2009. *De la ville au patrimoine urbain. Histoire de forme et de sens*. Québec: Presse de l'Université du Québec.

Council of Europe, 2000. *European Landscape Convention*. European Treaty Series No. 176. Florence: Council of Europe.

Crasemann Collins, Christiane, 2005. *Werner Hegemann and the search for universal urbanism*. New York: Norton.

Cullen, Gordon, 1961. *Townscape*. London: The Architectural Press.

Culot, Maurice; Barey, André; Culot Lefèbvre, Philippe, 1982. *La déclaration de Bruxelles*. Bruxelles: Editions AAM.

Curtis, William J.R., 1986. *Le Corbusier. Ideas and Forms*. London: Phaidon Press.

Curtis, William J.R., 1996. *Modern Architecture since 1900*. London: PhaidonPress.

Dalal-Clayton, Barry; Sadler, Barry, 1998. Strategic *Environmental Assessment and Developing Countries*. London: IIED.

Dear, Michael J., 2000. *The Postmodern Urban Condition*. Oxford: Blackwell Publishers.

De Carlo, Giancarlo, 1972. *An Architecture of Participation*. The Melbourne Architectural Papers. Melbourne: The Royal Australian Institute of Architects.

De Mulder, Eduardo F.J.; Kraas, Frank, 2008. 'Megacities of tomorrow'. *A World of Science*, Natural Sciences Quarterly Newsletter, UNESCO. 6 (4): 2 – 10.

Descamps, Françoise (ed.), 2009. *Proceedings of the World Congress of the Organisation of World Heritage Cities, Quito 2009*. Los Angeles: The Getty Conservation Institute.

Di Biagi, Paola (ed.), 1998. *La Carta di Atene. Manifesto e frammento dell' urbanistica moderna*. Roma: Officina Edizioni.

Dufieux, Philippe, 2009. *Tony Garnier: la Cité industrielle et l' Europe*. Lyon: *CAUE duRhône. Dupuis, Xavier, 1989. La prise en compte de la dimension culturelle du développement: un bilan méthodologique*. Paris: UNESCO.

Durrell, Lawrence, 1969. *Spirit of Place: Letters and Essays on Travel*. London:

Faber &Faber.

Eisenman, Peter, 1984. 'The End of the Classical. The End of the Beginning, the End of the End'. Perspecta: *The Yale Architectural Journal* 21: 154 – 172.

Elias, Derek, 2005. 'Spared by the Sea'. *The New Courier*, May. Paris: UNESCO.

Engels, Friedrich, 1993. *The Condition of the Working Class in England*. Oxford: Oxford University Press. (Originally published in German in 1845.)

English Heritage, 1997. *Sustaining the Historic Environment*. London: English Heritage.

English Heritage, 2000. *Power of Place: A Future for the Historic Environment*. London: English Heritage.

English Heritage, 2008. *Conservation Principles. Policies and Guidance for the Sustainable Management of the Historic Environment*. London: English Heritage.

Erder, Cevat, 1987. *Our Architectural Heritage: From Consciousness to Conservation*. Paris: UNESCO.

Ernstson, Henrik; Van der Leeuw, Sander E.; Redman, Charles L.; Meffert, Douglas J.; Davis, George; Alfsen, Christine; Elmqvist, Thomas, 2010. 'Urban Transitions: On Urban Resilience and Human-Dominated Ecosystems'. *AMBIO: A Journal of the Human Environment*. 39 (8): 531 – 545.

European Science Foundation, 2010. *Landscape in a Changing World. Bridging*

Divides, *Integrating Disciplines*, *Serving Society*. Science Policy Briefing, October 2010.

European Union, 2000. *European Spatial Development Perspectives*. Potsdam: European Union.

Fahr-Becker, Gabriele, 2008. *Wiener Werkstätte 1903 - 1932*. Paris: Taschen France.

Falser, Michael; Lipp, Wilfred; Tomaszewski, Andrzej, 2010. *Conservation and Preservation*. Proceedings of the International Conference of the ICOMOS International Scientific Committee for the Theory and Philosophy of Conservation and Restoration, 23 - 27 April 2008, Vienna.

Farr, Douglas, 2008. *Sustainable Urbanism*. Hoboken, New Jersey: Wiley.

Fathi, Hassan, 1973. *Architecture for the Poor. An experiment in rural Egypt*. Chicago: the University of Chicago Press.

Feilden, B.; Jokilehto, J., 1998. *Management Guidelines for World Cultural Heritage Sites*. Rome: ICCROM.

Firestone, Michal, 2007. 'Historic Urban Landscape initiative. Draft Summary'. Unpublished Report, ICOMOS Scientific Council.

Fischer, Thomas, 2007. *The Theory and Practice of Strategic Environmental Assessment - Towards a More Systematic Approach*. London: Earthscan.

Fishman, Robert, 1977. *Urban Utopias in the XXth Century*. Cambridge, Massachusetts: MIT Press.

Florida, Richard, 2002. *The Rise of the Creative Class. And How It's Transforming Work, Leisure, Community and Everyday Life*. New York: Perseus Book Group.

Foo, Ah Fong; Yuen, Belinda (eds.), 1999. *Sustainable Cities in the 21ˢᵗ Century*. Singapore: University of Singapore Press.

Frampton, Kenneth, 1983. 'Towards a Critical Regionalism: Six Points for an Architectureof Resistance', in: Foster, Hal (ed.): *The Anti-Aesthetic: Essays on Postmodern Culture*. Port Townsend, Washington: Bay Press. 16 - 30.

Frampton, Kenneth, 2007. *Modern Architecture: A Critical History*. London: Thames and Hudson.

Freestone, Robert, 2000. *Urban Planning in a Changing World. The Twentieth century Experience*. London: Spon Press.

Fritsch, Theodor, 1896. *Die Stadt des Zukunft*. Leipzig: Hammer. (2nd edition 1912.)

Garnier, Tony, 1917. *Une Cité industrielle. Etude pour la construction des villes*. Paris: Massin.

Geddes, Patrick, 2010. *Cities in evolution: Evolution: an Introduction to the Town Planning Movement and to the Study of Civics*. Nabu Press. (Originally published in 1915.)

Gorski, Esser, 2009. *Regulating New*

Construction in Historic Districts. Washington, DC: The National Trust for Historic Preservation.

Graafland, Arie; Kavanaugh, Leslie J. (eds.), 2006. *Crossover: Architecture, Urbanism, Technology.* Rotterdam: 010 Publishers.

Guccione, Margherita; Vittorini, Alessandra, 2005. *Giancarlo De Carlo. Le ragionidell' Architettura.* Roma: MIBAC/ MAXXI.

Gugic, Goran, 2009. *Managing Sustainability in Conditions of Change and Unpredictability.* Krapje, Croatia: Lonjsko Polje Nature Park Public Service.

Giambruno, Mariacristina (ed.), 2007. *Per una storia del restauro urbano.* Novara: DeAgostini, Città Studi Edizioni.

Giovannoni, Gustavo, 1931. *Vecchie città ed edilizia nuova.* Torino: UTET.

Gregotti, Vittorio, 1966. *Il territorio dell' architettura.* Milano: Feltrinelli.

Gregotti, Vittorio, 1985. 'Territory and Architecture', in: *Architectural Design Profile* 59, no. 5 - 6: 28 - 34.

Guo, Y.; Zan, Luca; Liu, S., 2008. *The Management of Cultural Heritage in China.* Milano: EGEA S.p.A.

Habraken, John, 2000. *The Structure of the Ordinary: Form and Control in the Built Environment,* ed. by Jonathan Teicher. Cambridge, Massachusetts: MIT Press.

Hall, Peter, 1988. *Cities of Tomorrow: an Intellectual History of Urban Planning in the XXth Century.* Oxford: Blackwell Publishers.

Hankey, Donald (ed.), 1998. *Case Study: Lahore, Pakistan. Conservation of the Walled City.* Washington, DC: The World Bank.

Hayden, Dolores, 1995. *The Power of Place. Urban Landscape as Public History.* Cambridge, Massachusetts: MIT Press.

Hays, Michael K., 2000. *Architecture Theory since 1968.* Cambridge, Massachusetts: MIT Press.

Healey, Patsy, 2005. *Collaborative Planning: Shaping Places in Fragmented Societies.* Houndsmill, Basingstoke, Hampshire: Palgrave Macmillan.

Healey, Patsy, 2010. *Making Better Places. The Planning Project in the Twenty-First Century.* Houndsmill, Basingstoke, Hampshire: Palgrave Macmillan.

Hegemann, Werner; Peets, Elbert, 1988. *The American Vitruvius: an Architect's Handbook of Civic Art.* New York: Princeton Architectural Press.

Heiken, Grant; Funiciello, Renato; De Rita, Donatella, 2005. *The Seven Hills of Rome.* Princeton: Princeton University Press.

Henket, Hubert-Jan; Heyned, Hilde (eds.), 2002. *Back from Utopia. The Challenge of the Modern Movement.* Rotterdam: 010 Publishers.

Hobsbawm, Eric, 1983. 'Mass-producing

traditions: Europe, 1870 – 1914',
in: Hobsbawm, Eric; Ranger,
Terence, *The Invention of Tradition*.
Cambridge: Cambridge University Press:
263 – 307.

Holl, Steven, 2009. *Urbanisms: Working
with Doubt*. New York: Princeton
Architectural Press.

Hosagrahar, Jyoti, 2005. *Indigenous
Modernities. Negotiating Architecture and
Urbanism*. London: Routledge.

Howard, Ebenezer (1902). *Garden Cities
of To-morrow*. London: S.Sonnenschein &
Co. Ltd.

IAIA, 2007. *The Big Picture*. International
Association of Impact Assessment, Annual
Report.

Iamandi, Cristina, 1997. 'Charters of
Athens of 1931 and 1933: Coincidence,
controversy and convergence'.
*Conservation and Management of
Archaeological Sites* 2 (1): 17 – 28.

ICOMOS, 2001. *International Charters for
Conservation and Restoration*. Paris:
ICOMOS.

ICOMOS, 2008. *The World Heritage List.
What is OUV? Defining the Outstanding
Universal Value of Cultural World Heritage
Properties*. Paris: ICOMOS.

IFC, 2006. *Performance Standard 8 –
Cultural Heritage*. Washington, DC:
International Finance Corporation.

Innes, Judith; Booher, David, 2010.
*Planning with Complexity. An Introduction
to Collaborative Rationality for Public
Policy*. New York: Routledge.

International Architecture Biennale
Rotterdam, 2007. *Visionary Power.
Producing the Contemporary City*.
Rotterdam: NAi Publishers.

IUCN, 1980. *The World Conservation
Strategy*. Geneva: International Union
for the Conservation of Nature; United
Nations Environment Programme; World
Wildlife Fund.

IUCN, 2008. *Management Planning for
Natural World Heritage Properties – A
Resource Manual for Practitioners*. IUCN
World Heritage Studies, N. 5. Gland:
International Union for the Conservation of
Nature.

Jacobs, Jane, 1993. *The Death and Life of
Great American Cities*. New York: The
Modern Library. (Originally published in
1961.)

Jameson, Fredric, 2003. *Future City*. New
Left Review 21, May – June 2003:
65 – 79.

Jencks, Charles, 1988. *The Prince, the
Architects and the New Wave Monarchy*.
London: Academy Editions.

Jencks, Charles, 2002. *The New Paradigm
in Architecture. The Language of Post-
Modernism*. New Haven: Yale University
Press.

Jencks, Charles, 2005. *Iconic Building*. New
York: Rizzoli.

Jencks, Charles; Kropf, Karl, 2006.

Theories and Manifestoes of Contemporary Architecture. London: Wiley.

Jenks, Michael; Burton, Elisabeth; Williams, Cathy, 1996. *The Compact City. A Sustainable Urban Form?* London: Spon Press.

Jha-Thakur, U.; Gazzola, P.; Peel, D.; Fischer, T.B.; Kidd, S., 2009. 'Effectiveness of strategic environmental assessment – the significance of learning', *Impact Assessment and Project Appraisal*, 27（2）.

Jokilehto, Jukka, 1999a. 'Management of Sustainable Change in Historic Urban Areas'. Zancheti, Silvio（ed.）. *Conservation and Urban Sustainable Development – A Theoretical Framework*. Recife: CECI.

Jokilehto, Jukka, 1999b. A *History of Architectural Conservation*. Oxford: Butterworth– Heinemann.

Jokilehto, Jukka, 2010b. 'Notes on the Definition and Safeguarding of HUL'. *City & Time* 4（3）: 4.

Judd, Dennis R.; Fainstein, Susan S., 1999. *The Tourist City*. New Haven, Yale University Press.

Kaplan, Robert D., 2000. *The Coming Anarchy*. New York: Vintage Books, New York.

Kaplan, Wendy; Crawford, Alan, 2005. *The Arts & Crafts Movement in Europe and America: Design for the Modern World 1880 1920*. London: Thames & Hudson.

Katz, Peter, 1994. *The New Urbanism: Toward an Architecture of Community*. New York: McGraw–Hill Professional.

Kerr, James Semple, 2000. *The Conservation Plan*. 6th Edition. Canberra: The NationalTrust of Australia.

Klamer, Arjo; Zuidhof, Peter–Wim, 1998. *The Role of the Third Sphere in the World of the Arts*. Paper presented at the XX Conference of the Association of Cultural Economics International, Barcelona.

Koolhaas, Rem, 1978. *Delirious New York: a retroactive manifesto for Manhattan*. NewYork: Oxford University Press.

Koolhaas, Rem, 2000. 'Junkspace'. *A+U Special Issue: OMA@Work*, May: 16–24.

Koolhaas, Rem, 2010. *CRONOCAOS*. OMA*AMO Exhibition. Venice: Biennale.

Koolhaas, Rem; Mau, Bruce, 1995. *S, M, L, XL*. New York: Monacelli Press.

Kostof, Spiro, 1991. *The City Shaped*. London: Thames and Hudson.

Kostof, Spiro, 1992. *The City Assembled*. London: Thames and Hudson.

Krier, Leon, 1978. *Rational Architecture Rationelle: the Reconstruction of the European City*. Bruxelles: Archives d'Architecture Moderne.

Krier, Leon, 2009. *The Architecture of Community*. Washington: Island Press.

Krier, Leon; Culot, Maurice, 1980. *Contreprojets, Controprogetti, Counterprojects*.Bruxelles: Editions AAM.

Landry, Charles, 2000. *The Creative City: A Toolkit for Urban Innovators*. London: Earthscan.

Lanzafame, Francesco; Quartesan, Alessandra (eds.), 2009. *Downtown Poverty - Methodsof Analysis and Interventions*. Washington, DC: Inter-American Development Bank.

Larkham, Peter J., 1996. *Conservation and the City*. Routledge: New York.

Laurin, Claude; Laterreur, Isabelle; Schwartz, Marlène; Bronson, Susan, 2007. 'Montreal' sPlateau Mont-Royal Borough: An innovative approach to conserving and enhancing an historic urban neighborhood'. Paper presented at the 5th International Seminar on *Changing Role and Relevance of Urban Conservation Charters*. Recife: CECI.

Lawler, Eilìs; Neitzert, Eva; Nicholls, Jeremy, 2008. *Measuring Value: a guide to Social Return on Investment (SROI)*. London: New Economics Foundation.

Leal, Eusebio, 2006. *A Singular Experience - Appraisals of the Integral Management Model of Old Havana, World Heritage Site*. Havana: Office of the City Historian.

Le Corbusier, 1935. *La ville radieuse*. Paris: Éditions de l' Architecture d' Aujourd' hui.

Le Corbusier, 1957. *La Charte d' Athènes*. Paris: Editions de Minuit. Ld. (Originally published in 1941.)

Le Corbusier, 1977. *Vers une Architecture*. Paris: Edition Arthaud. (Originally published in 1923.)

Lefebvre, Henri, (2000). *La production de l' espace*. Paris: Economica. (Originally published in 1974.)

Lichfield, Nathaniel, 1988. *Economics in Urban Conservation*. Cambridge, Cambridge University Press.

Logan, William S. (ed.), 2002. *The Disappearing 'Asian' City: Protecting Asia' s Urban Heritage in a Globalizing World*. Oxford: Oxford University Press.

Lynch, Kevin, 1960. *The image of the city*. Cambridge, Massachusetts: MIT Press.

Lynch, Kevin, 1972. *What Time is This Place?* Cambridge, Massachusetts: MIT Press.

Lynch, Kevin, 1976. *Managing the Sense of a Region*. Cambridge, Massachusetts: MITPress.

Lynch, Kevin, 1981. *Good City Form*. Cambridge, Massachusetts: MIT Press.

Lynch, Kevin, 1984. 'Reconsidering the Image of the City', in: Rodwin, Lloyd; Hollister, Robert M., 1984. *Cities of the Mind*. New York: Plenum Press.

McDonough, William, 1992. *The Hannover Principles: Design for Sustainability*. New York: William McDonough Architects. McDonough, William, 2003. 'From Principles to Practice: Creating Sustaining Architecture for the Twenty-First Century'. Green@work, May/June. Republished in: Sykes, Krista

A. (ed.), 2010. *Constructing a New agenda. Architectural Theory 1993 – 2009.* New York: Princeton University Press: 218 – 225.

McGranahan, Gordon; Balk, Deborah; Anderson, Bridget, 2007. 'The rising tide: assessing the risks of climate change and human settlements in low elevation coastal zones'. *Environment and Urbanization* (19) (1): 17 – 37.

McHarg, Ian, 1969. *Design with Nature.* Philadelphia: The Falcon Press.

McHarg, Ian, 1981. 'Human Ecological planning at Pennsylvania'. *Landscape Planning* 8: 109 – 120.

McKean, John, 2003. 'Il Magistero: De Carlo's dialogue with historical forms'. *Places*, Vol. 16, No. 1: 54 – 63.

Meadows, Donella H.; Meadows, Dennis L.; Randers, Jorgen; Behrens, William W. III, 1972. *The Limits of Growth. A Report for the Club of Rome's Project on the Predicament of Mankind.* New York: Universe Books.

Meadows, Donella H.; Randers, Jorgen; Meadows, Dennis L., 2004. *Limits to Growth: The 30-Year Update.* White River Junction, VT: Chelsea Green Publishing Company.

Mongin, Olivier, 2005. *La condition urbaine. La ville à l' heure de la mondialisation.* Paris: Seuil.

Morris, William, 1878. 'The restoration of ancient buildings'. *The Builder*, December.

Mostafavi, Mohsen; Doherty, Gareth (eds.), 2010. *Ecological Urbanism.* Baden: LarsMüller Publishers.

Mumford, Eric, 2000. *The CIAM discourse on Urbanism.* Cambridge, Massachusetts: MITPress.

Mumford, Lewis, 1938. *The Culture of Cities.* London: Secker and Warburg.

Muñoz, Vinas Salvador, 2005. *Contemporary Theory of Conservation.* Oxford: Elsevier.

Muratori, Saverio, 1960. *Studi per una operante storia urbana di Venezia. Quadro generale dalle origini agli sviluppi attuali.* Roma: Istituto Poligrafico dello Stato.

Muratori, Saverio, 1967. *Civiltà e territorio*, Roma: Centro Studi di Storia Urbanistica.

Nelson Coffin, A., 2008. 'Maori Cultural Impact Assessment and Mapping', Paper presented at the International Association of Impact Assessment Conference in Perth, Australia, 4 – 10 May 2008.

Nesbitt, Kate (ed.), 1996. *Theorizing a New Agenda for Architecture. An Anthology of Architectural Theory. 1965 – 1995.* New York: Princeton University Press.

Netherlands State Government, 1999. *The Belvedere Memorandum: a Policy Document Examining the Relationship Between Cultural History and Spatial Planning.* The Hague.

Ng, Edward (ed.), 2009. *Designing High-Density Cities For Social and*

Environmental Sustainability. London: Earthscan.

Norberg-Schulz, Christian, 1976. 'The Phenomenon of Place', in: *Architectural Association Quartely* 8, No. 4: 3 - 10.

Norberg-Schulz, Christian, 1980. *Genius Loci: Towards a Phenomenology of Architecture*. New York: Rizzoli.

Norberg-Schulz, Christian, 2000. *Architecture: Presence, Language, Place*. Milan: Skira.

Nurse, Keith, 2007. 'Culture as the Fourth Pillar of Sustainable Development'. *INSULA - International Journal of Island Affairs*, Year 16, No. 1. Paris: UNESCO.

OECD, 2006. *Applying Strategic Environmental Assessment*. DAC Guidelines and References Series. Paris: Organisation for Economic Co-operation and Development.

OECD, 2010. *Territorial Reviews*: Venice, Italy. Paris: Organisation for Economic Cooperation and Development.

Ost, Christian G., 2009. *A Guide for Heritage Economics in Historic Cities - Values, Indicators, Maps, and Policies*. Brussels: ICHEC Brussels School of Management.

Parsons, Kermit Carlyle, 1998. *The Writings of Clarence S. Stein: Architect of the Planned Community*. Baltimore: The Johns Hopkins University Press.

Partidário, Maria do Rosario, 2007. *Strategic Environmental Assessment - Good Practices Guide*, Amadora: Portuguese Environmental Agency.

Pedersen, Poul Baek (ed.), 2009. *Sustainable Compact City*. Århus: Arkitektskolens Forlag. 2nd Edition.

Petruccioli, Attilio, 2007. *After Amnesia. Learning from the Islamic Mediterranean Urban Fabric*. Bari: ICAR.

Pevsner, Nikolaus, 2005. *Pioneers of Modern Design*. New Haven: Yale University Press.

Pickard, Robert, 2009. *Funding the architectural heritage: a guide to policies and examples*. Strasbourg: Council of Europe.

Pinder, David, 2005. *Visions of Cities. Utopianism, Power and Politics in Twentieth-Century Urbanism*. Edinburgh: Edinburgh University Press.

Pinon, Pierre, 2002. *Atlas du Paris Haussmannien. La ville en héritage du Second Empireà nos jours*. Paris: Editions Parigramme.

Poëte, Marcel, 2000. *Introduction à l'urbanisme*. Paris: Sens &Tonka. (Originally published in 1929.)

Poulot, Dominique, 2006. *Une Histoire du patrimoine en Occident*. Paris: PUF.

Pricewaterhouse Coopers LLP, 2007. The Costs and Benefits of UK World Heritage Status. *A literature review for the Department for Culture, Media and Sport*. London: DCMS.

Prud'homme, Rémy, 2008. *Les impacts socio-économiques de l'inscription d'un site surla Liste de Patrimoine Mondial: Trois études*. Paris: UNESCO.

Purchla, Jacek, 2005. *Heritage and Transformation*. Kraków, International Cultural Centre.

Ragon, Michel, 1986. H*istoire de l'architecture et de l'urbanisme modernes*. Paris: Casterman.

Rebanks Consulting Ltd, 2009. *World Heritage Status – Is there opportunity for economic gain?* UK: Lake District World Heritage Project.

Register, Richard, 2006. *EcoCities: Rebuilding Cities in Balance with Nature*. GabriolaIsland, British Columbia: New Society Publishers.

Reiner, Thomas, 1963. *The place of the ideal community in urban planning*. Philadelphia: University of Pennsylvania Press.

Relph, Edward, 1987. *The Modern Urban Landscape*. Baltimore: The Johns Hopkins University Press.

Riegl, Alois, 1903. *Der moderne Denkmalkultus, sein Wesen und seine Entstehung*. Vienna. (English translation: Forster and Ghirardo, 'The Modern Cult of Monuments: Its Character and Its Origins', in: Oppositions, number 25, Fall 1982, pp. 21 - 51.)

Ringbeck, Birgitta, 2008. *Management Plans for World Heritage Sites – A practicalguide*. Berlin: The German Commission for UNESCO.

Roberts, Peter; Sykes, Hughes (eds.), 2000. *Urban Regeneration: a Handbook*. London: Sage.

Robinson, Mike; Picard, David, 2006. *Tourism, Culture and Sustainable Development*. Paris: UNESCO.

Rodwell, Dennis, 2007. *Conservation and Sustainability in Historic Cities*. Oxford: Blackwell Publishing Ltd.

Rodwin, Lloyd; Hollister, Robert M., 1984. *Cities of the Mind*. New York: Plenum Press.

Rojas, Eduardo, 2002. *Urban Heritage Conservation in Latin America and the Caribbean. A Task for All Social Actors*. Sustainable Development Department Technical Papers Series Publication SOC-125. Washington, D.C.: Inter-American Development Bank.

Roncayolo, Marcel; Paquot, Thierry (eds.), 2001. *Villes et civilisation urbaine, XVIII-XXsiècle*. Paris: Larousse. Rosan, Christina; Ruble, Blair A.; Tulchin, Joseph. S. (eds.), 1999. *Urbanization, Population, Environment and Security – A Report of the Comparative Urban Studies Project*. Washington, DC: Woodrow Wilson Center.

Rossi, Aldo, (1978). *L'Architettura della Città*. Milano: Cittàà Studiedizioni.

Rowe, Colin; Koetter, Fred, 1978. *Collage City*. Cambridge, Massachusetts: MIT

Press.

Ruskin, John, （1960）. *The Stones of Venice*. New York: Hill and Wang. （Originally published in 1853.）

Ruskin, John, （1989）. *The Seven Lamps of Architecture*. London: Dent and Sons. （Originally published in 1849.）

Rykwert, Joseph, 1989. *The Idea of a Town*. Cambridge, Massachusetts: MIT Press.

Rypkema, Donovan, 1994. *The Economics of Historic Preservation: A Community Leader's Guide*. Washington, DC: The National Trust for Historic Preservation.

Sachs, Jeffrey, 2003. 'The New Urban Planning'. *Development Outreach*, Volume 5, Number 3. Washington, DC: The World Bank Institute.

Safranski, Rüdiger, 2007. 'Hoeveel globalisering verdraagt een mens?' *Opinio*, Opinio Media BV, 19 – 25 oktober.

Sanderson, Eric W., 2009. *Mannahatta. A Natural History of New York City*. New York: Abrams.

Sanson, Parcal, 2007. *Le Paysage Urbain. Représentations, Significations, Communication*. Paris: Harmattan.

Sassen, Saskia, 2001. *The Global City*. Princeton: Princeton University Press.

Satterthwaite, David, 2008. 'Adapting to Climate Change'. Id 21 Insights, N. 71.

Savir, Uri, 2003. 'Glocalization – A New Balance of Power'. *Development Outreach*, Volume 5, Number 3.

Washington, DC: The World Bank Institute.

Savourey, Cathy, 2005. *Ten years of decentralized cooperation between the cities of Chinon and Luang Prabang sponsored by UNESCO*. Paris: UNESCO.

Schumacher, Thomas L., 1971. 'Contextualism: Urban Ideals and Deformations'. *Casabella* N. 359 – 360: 79 – 86.

Schuyler, David, 1986. *The New Urban Landscape. The Redefinition of City Form in Nineteenth-Century America*. Baltimore: The Johns Hopkins University Press.

Schwartz, Frederic J., 1996. *The Werkbund: Design Theory and Mass Culture before the First World War*. New Haven: Yale University Press.

Secchi, Bernardo, 2005. *La città del ventesimo secolo*. Roma: Laterza.

Semes, Steven W., 2009. *The Future of the Past. A conservation Ethic for Architecture, Urbanism and Historic Preservation*. New York: Norton.

Serageldin, Ismail, 1999. *Very Special Places: The Architecture and Economics of Intervening in Historic Cities*. Washington, DC: The World Bank.

Serageldin, Ismail; Shluger, Ephim; Martin-Brown, Joan （eds.）, 2001. *Historic Citiesand Sacred Sites. Cultural Roots for Urban Futures*. Washington, DC: The World Bank.

Sida, 2002. *Sustainable Development? Guidelines for the Review of Environmental Impact Assessments.* Stockholm: Swedish International Development Cooperation Agency.

Simonis, Udo; Hahn, Eckhart, 1990. *Ecological Urban Restructuring.* Paris: Organization for Economic Co-operation and Development.

Sitarz, Daniel (ed.), 1994. *Agenda 21: The Earth Summit Strategy to save Our Planet.* Boulder, Colorado: Earth Press.

Sitte, Camillo, 1965. *City Planning According to Artistic Principles.* London: Collins. (Originally published in German as *Der Städtebau nach seinen künstlerischen Grundsätzen* in 1889.)

Smets, Marcel, 1995. *Charles Buls. Les principes de l' Art Urbain.* Liège: Pierre Mardaga. Stein, Clarence, 1951. *Toward New Towns for America.* Cambridge, Massachusetts: MIT Press.

Stubbs, John H., 2009. *Time Honoured. A Global View of Architectural Conservation.* Hoboken, New Jersey: Wiley.

Sykes, Krista A. (ed.), 2010. *Constructing a New Agenda. Architectural Theory 1993-2009.* New York: Princeton University Press.

Tatom, Jacqueline; Stauber, Jennifer (eds.), 2009. *Making the Metropolitan Landscape.* New York: Routledge.

Teutonico, Jeanne Marie; Matero, Frank, 2003. *Managing Change: Sustainable Approaches to the Conservation of the Built Environment.* Los Angeles: The Getty Conservation Institute.

Thomas, Randall (ed.), 2003. *Sustainable Urban Design. An Environmental Approach.* New York: Spon Press.

Tiesdell, Steven; Oc, Taner; Heath, Tim, 1996. *Revitalising Historic Urban Quarters.* Oxford: Architectural Press.

Toffler, Alvin, 1984. *The Third Wave.* New York: Bantam Books.

Tomaszewski, Andrej, 2010. 'Conservation between "tolerance for change" and "management of change" '. Paper presented at the 5th Conference of the ICOMOS International Scientific Committee for the Theory and Philosophy of Conservation, Prague, 5 - 9 May 2010.

Tung, Anthony M., 2001. *Preserving the World' s Great Cities.* New York: Random House.

Turgeon, Laurier (ed.), 2009. *Spirit of Place: between Tangible and Intangible Heritage.* Québec: Les Presses de l' Université Laval.

Turner, John, 1976. *Housing by People: Towards Autonomy in Building Environments, Ideas in progress.* London: Marion Boyars.

Tzonis, Alexander; Lefaivre, Liane, 1990. 'Why Critical Regionalism Today?' *Architecture and Urbanism* 236: 22 - 33.

UCLG, 2007. *Decentralization and Local Democracy in the World, First Global*

Report. Barcelona: United Cities and Local Governments.

UNCTAD, 2008. *Creative Economy Report 2008*. New York: United Nations.

UNECE, 2007. *Guidebook on Promoting Good Governance in Public - Private Partnerships*. New York and Geneva: United Nations Economic Commission for Europe.

UNEP, 2005. *Making Tourism More Sustainable - A Guide for Policy Makers*. Nairobi: UNEP and UNWTO.

UNEP, 2007. *Liveable Cities: The Benefits of Urban Environmental Planning*. Nairobi: UNEP; Cities Alliance; ICLEI.

UNEP, 2008. *Global Green New Deal - Environmentally Focused Investment Historic Opportunity for 21st Century Prosperity and Job Generation*. Nairobi: United Nations Environment Programme.

UNEP, 2009a. *Global Green New Deal Policy Brief*. Nairobi, Kenya: United Nations Environment Programme.

UNEP, 2009b. *Integrated policy-making for sustainable development*. Nairobi: United Nations Environment Programme.

UNEP, 2009c. *Integrated Assessment: Mainstreaming sustainability into policymaking - A guidance manual*. Nairobi: United Nations Environment Programme.

UNESCO, 1996. *Our Creative Diversity. Report of the World Commission on Culture and Development*. Paris: UNESCO.

UNESCO, 1998. *Linking Nature and Culture. Global Strategy Natural and Cultural Heritage Expert Meeting*. Amsterdam: Dutch Ministry of Education, Culture and Science.

UNESCO, 2004. *Partnerships for World Heritage Cities: Culture as a Vector for Sustain- able Urban Development*. World Heritage Papers No. 9. Paris: UNESCO.

UNESCO, 2009. *Preliminary study on the technical and legal aspects relating to the desirability of a standard-setting instrument on the conservation of the historic Urban Landscape*. 181 Executive Board Session Doc.29. Paris: UNESCO.

UNESCO World Heritage Centre, 2007. *World Heritage. Challenges for the Millennium*. Paris: UNESCO.

UNESCO World Heritage Centre, 2008. *Policy Document on the Impacts of Climate Change on World Heritage Properties*. Paris: UNESCO.

UNESCO World Heritage Centre and City of Vienna, 2005. *Proceedings of the International Conference "World Heritage and Contemporary Architecture - Managing the Historic Urban Landscape"*. Vienna: City of Vienna.

UN-HABITAT, 2003. *The UN-HABITAT Strategic Vision*. Nairobi: The United Nations Human Settlements Programme.

UN-HABITAT, 2008. State of the World Cities 2010-2011. Bridging the Urban Divide. London: Earthscan.

UN–HABITAT, 2009. *Planning Sustainable Cities. Global Report on Human Settlements.* London: Earthscan.

United Nations, 1993. *Earth Summit Agenda 21. The UN Programme of Action from Rio.* New York: United Nations.

United Nations World Commission on Environment and Development, 1987. *Our Common Future.* Oxford: Oxford University Press.

Unwin, Raymond, 1909. *Town Planning in practice: an introduction to the Art of Designing Cities and Suburbs.* London: Adelphi Terrace.

Vance, James E., 1990. *The Continuing City. Urban Morphology in Western Civilization.* Baltimore: The Johns Hopkins University Press.

Van Oers, Ron, 2007a. 'Preventing the Goose with the Golden Eggs from catching Bird–Flu', in: *Cities between Integration and Disintegration.* Istanbul: Proceedings of the 42nd Congress of The International Society of City and Regional Planners (ISoCaRP).

Van Oers, Ron, 2007b. 'Safeguarding the Historic Urban Landscape'. *Topos*, 58: 91 – 99.

Van Oers, Ron, 2008. 'Towards new international guidelines for the conservation of historic urban landscapes'. *City & Time* 3 (3): 43 – 51.

Van Oers, Ron; Haraguchi, S. (eds.), 2010. *Managing Historic Cities.* World Heritage Papers 27. Paris: UNESCO World Heritage Centre.

Venturi, Robert, 1966. *Complexity and Contradiction in Architecture.* New York: The Museum of Modern Art.

Venturi, Robert, 2004. *Architecture as Signs and Systems.* Cambridge, Massachusetts: The Belknap Press of Harvard University.

Venturi, Robert; Scott Brown, Denise; Izenour, Steven, 1982 (Revised Edition). *Learning from Las Vegas.* Cambridge, Massachusetts: MIT Press.

Vidler, Anthony, 1976. 'The Third Typology'. *Oppositions* 7: 1 – 4.

Viollet–Le–Duc, Eugène Emmanuel, 1977. *Entretiens sur l'Architecture.* Paris: Mardaga. (Originally published between 1863 and 1872.)

Von Droste, Bernd, 1991. '*From Urban Growth to Sustainable Development*'. Yokohama: National University. Unpublished Paper delivered at the Japanese Institute for Studyin Ecology.

Von Droste, Bernd; Plachter, Harald; Rössler, Mechtild, 1995. *Cultural Landscapes of Universal Value: Components of a Global Strategy.* Jena: Gustav Fischer Verlag.

Waldheim, Charles, 2005. *The Landscape Urbanism Reader.* New York: Princeton Architectural Press.

Waller, Philip (ed.), 2000. *The English Urban Landscape.* Oxford: Oxford University Press.

Welter, Volker M., 2002. *Biopolis: Patrick Geddes and the City of Life.* Cambridge, Massachusetts: MIT Press.

Welter, Volker M., 2003. 'From locus genii to heart of city: embracing the spirit of the city'. Whyte, Iain Boyd (ed.), *Modernism and the Spirit of the City.* London: Routledge.

Whitehand, Jeremy W.R., 1992. *The making of the Urban Landscape.* Oxford: Blackwell Publishers.

Wieckzorek, Daniel, 1982. *Camillo Sitte et les débuts de l' urbanisme moderne.* Bruxelles-Liège: Pierre Mardaga.

Williams, Kevin, 2004. 'The Meanings and Effectiveness of World Heritage Designationin the USA'. *Current Issues in Tourism*, Vol. 7, No. 4 & 5: 412 - 416.

Wilson, Meredith, 2009. *Nominating Chief Roi Mata' s Domain (Vanuatu) for World Heritage Listing - An Assessment of Costs and Benefits.* Paris: UNESCO.

World Bank, 2000a. *Culture Counts.* Proceedings of the Conference convened by the World Bank, UNESCO and the Government of Italy, Florence, 4 - 7 October 1999.Washington, DC: The World Bank.

World Bank, 2000b. *Cities in Transition: A Strategic View of Urban and Local Government Issues.* Washington, DC: The World Bank.

World Bank, 2006. *Operational Policy 4.11 - Physical Cultural Resources.* Washington, DC: The World Bank.

World Bank, 2009a. *World Bank Physical Cultural Resources Safeguard Policy Guidebook.* Washington, DC: The World Bank.

World Bank, 2009b. *Systems of Cities. The World Bank Urban and Local Government Strategy.* Washington, DC: The World Bank.

Worldwatch Institute, 2007. *State of the World 2007:* Our Urban Future. Washington, DC.

Worthing, Derek; Bond, Stephen, 2008. *Managing Built Heritage - The Role of CulturalSignificance.* Oxford: Blackwell Publishing.

Yacoob, May; Margo, Kelly, 1999. '*Secondary Cities in West Africa: The Challenge forEnvironmental Health and Prevention*'. Washington, DC: Woodrow Wilson International Center for Scholars. Comparative Urban Studies Occasional Series, 21: 17.

Yusuf, Abdulqafi, 2007. *Standard-setting in UNESCO.* Leiden: Martinus Nijhoff.

Zancheti Mendes, Silvio, 2010. *The Sustainability of Urban Heritage Preservation: The Case of Salvador de Bahia.* Washington, DC: IDB Discussion Paper.

Zucconi, Guido, 1989. *La città contesa. Dagli ingegneri sanitari agli urbanisti (1885–1942).* Milano: Jaca Book.

Zucconi, Guido, 1997. *Gustavo Giovannoni, dal capitello alla città.* Milano: Jaca Book.

索引

说明：＊索引中标注的页码为原版书页码，与本书前文侧边标注的页码相对应。

　　＊＊页码使用斜体数字的代表图片，页码数字后的 n 代表脚注。

A

Aalborg Charter （1994）《奥尔堡宪章》
（1994） 59

actors in urban heritage management 城市遗产管理中的行动方 143–5

Adams，W.M. W.M. 亚当斯 81，84

adaptation to climate change 应对气候变化 91，93

aesthetic function 美学功能 14，105

AFD （French Development Agency） 法国发展机构 104

Aga Khan Trust for Culture 阿迦汗文化信托 123

Aleppo 阿勒颇 *28–9*，29

Alexandria 亚历山大 *79*

Algiers 阿尔及尔 *42*

Amazon rainforest 亚马逊原始热带雨林 90

Amsterdam 阿姆斯特丹 174

　　Declaration of《阿姆斯特丹宣言》 44–5

　　Plan of 阿姆斯特丹规划 19

　　Waterlinie 阿姆斯特丹水线 *60*

analytic tools 分析工具 29–32 也可见 toolkits 工具包

Ankara 安卡拉 *8*

Araoz，Gustavo 古斯塔夫·阿劳斯 199

archaeology 考古 *177*

architecture 建筑 见 urban planning and architecture 城市规划和建筑

Arts and Crafts Movement 艺术与手工艺运动 17–18

Athens 雅典 *2*

Athens Charter《雅典宪章》
　　CIAM 国际现代建筑协会 19，21，22
　　ECTP 欧洲城镇规划师委员会 187

Athens Conference （1931） 雅典会议
（1931） 22

Athos，Mount 阿苏斯山 *165*

Australia 澳大利亚
　　Charter for Places of Cultural Significance （Burra Charter）《保护具有文化重要性场所的宪章》（《巴拉宪章》）51，178
　　revenues from World Heritage properties 世界遗产地收入 117n

authenticity 真实性 49，68，111
　　loss of 真实性的丧失 96–7
　　Venice 威尼斯 71
　　Zabid 乍比得 101

Avila 阿维拉 *181*

Axum 阿克苏姆 *8*

B

Bakema，Jacob 雅各布·贝克玛 24

Balrampur 巴尔拉姆普尔 13

Bangkok 曼谷 *161*

Bauhaus 包豪斯 17n，18

Beijing 北京 *2*，*16*，17，*189*

Belvedere Strategy （The Netherlands）《贝威蒂尔战略》（荷兰） 60–1

Benevolo，Leonardo 里昂纳多·贝纳沃罗 30

Berlin 柏林 *185*，190

Black Sea 黑海　87

Boito，Camillo 卡米洛·波依托　7n

Bologna 博洛尼亚　30

Bordeaux 波尔多　*58*

Brasilia 巴西利亚　21，*185*，190

Brazil 巴西　199n

　　Itaipava Charter（1987）《伊泰帕瓦宪章》（1987）　51

Brundtland Report 《布伦特兰报告》　81

Buchanan，Peter 彼得·布坎南　170

Budapest 布达佩斯　190

Buls，Charles 夏尔·布尔斯　11

Burra Charter（1979）《巴拉宪章》（1979）　51，178

Busquets，Joan 胡安·布里盖茨　186-7

C

Cairo 开罗　*4*，5，*122*，123

California Electric Sign Association 加州电子标识协会　129

Cameron，Christina 克里斯蒂娜·卡梅伦　196

Candilis，George 乔治·坎迪利斯　24

Caniggia，Gianfranco 詹弗兰科·卡尼吉亚　30

Cape Town 开普敦　x，*83*，149，*149*

Carcassonne 卡尔卡松城　*7*

Çatalhöyük，Turkey 土耳其恰塔霍裕克　*viii*

Chandigarh 昌迪加尔　21，*184*，190

change 变化

　　current forces for 推动变化的当前动力　xiii，176，178

　　management of 变化的管理　69，108，110-11，180，188，190-1，193

meaning of urbanisation 城市化的意义　78

Changwon Declaration on Green Growth 《绿色增长昌原宣言》　169n

Charles，Prince of Wales 威尔士亲王　33

Charter for the Conservation of Historic Towns and Urban Areas（Washington Charter）《保护历史城镇与城区的宪章》（《华盛顿宪章》）　48-9

Charter of European Cities and Towns towards Sustainability（Aalborg Charter）《面向可持续发展的欧洲城镇宪章》（《奥尔堡宪章》）　59

China 中国　93，146，*147*

　　Sichuan 四川　*54*，*164*

　　urban growth 城市发展　78，94

CIAM（Congrès International de l'Architecture Moderne）国际现代建筑协会　11，18-19，23，32

　　Athens Charter 《雅典宪章》　19，21，22

　　Team 10 group 十人小组　24-5

cities 城市

　　changing nature of 城市的变化本质　*viii*，ix，xiii，176，190 也可见 demographic changes in historic cities 历史城市的人口变化

　　contemporary reflections on 对城市的当代思考　182-4

　　place branding and marketing 场所营销和品牌化　96

　　sacred 神圣的　71

　　as trailblazers 作为开拓者　见 Urban Strategy of the World Bank 世界银行的

城市战略

The Cities Alliance 城市联盟 135，156-7，163

citizenship 公民身份 107-8

City Development Strategies（CDS）城市发展战略（CDS） 155-6，173

city planning 城市规划 见 urban planning and architecture 城市规划和建筑

City-to-City Cooperation 城际合作 150，151-2

climate change 气候变化 67n，89，90，91，92，93

    impact on built heritage 对建成遗产的影响 131

    mitigation 减缓 129-31

    resilience 韧性 131，133

Climate Group 气候组织 169

Clinton Climate Initiative 克林顿气候计划行动 130-1

Cologne cathedral 科隆大教堂 32

Commission for Architecture and the Built Environment（CABE）建筑与建设环境委员会 168

community engagement 社区参与 见 participation and consensus 参与和共识

conservation plans 保护规划 152-3

conservation policies 保护政策

    international charters and standard-setting instruments 国际宪章和准则性文书 39-40，44-6，48-50，214-15 也可见 World Heritage Convention（1972）《世界遗产公约》（1972）

    a new paradigm 新范式 65-72

    post World War II 二战后 37-9

reassessing the principles 重新评估原则 61-5，176

regional charters 地区性宪章 50-1，53，59-61

conservative surgery 保守治疗 13

Considérant, Prosper 普罗斯珀·孔西得朗 3

context 文脉 33，34，36，170 也可见 setting 环境

Convention on Biological Diversity（CBD）《生物多样性公约》

Convention for the Protection of the Architectural Heritage of Europe（1985）《保护欧洲建筑遗产公约》（1985） 45

Convention for the Safeguarding of the Intangible Cultural Heritage（2003）《保护非物质文化遗产公约》（2003） 49-50

Conzen, M.R.G. M.R.G. 康泽恩 27-8

Cordoba 科尔多瓦 172

Council of Europe 欧洲理事会 174

    Charter（1975）宪章（1975） 197

creative cities 创意城市 118

creative industries 创意产业 120

Critical Regionalism 批判性地域主义 182-3

Cullen, Gordon 戈登·科伦 31

Culot, Maurice 莫里斯·库洛特 33

cultural diversity 文化多样性 58，63，68，85，192

    importance affirmed by UNESCO 受联合国教科文组织肯定的重要性 46，50，117

    loss of（文化多样性）的丧失 97

cultural impact assessments 文化影响评估 166

cultural landscapes 文化景观 49–50，197

cultural resources 文化资源 *xv*，45，115，117–19

culture 文化

　commoditisation 商品化 96–7

　economic benefits from 经济效益 115，117–9

　role in sustainable development 在可持续发展中的作用 84–5，87，117

culture–based conservation values 基于文化的保护价值观 xvi，49，63，68

Cusco 库斯科 *xviii*，*177*，*192*

D

De Carlo, Giancarlo 吉安卡罗·德卡罗 24–5

decentralisation 分散化 96，97，99

Declaration of Amsterdam 《阿姆斯特丹宣言》 44–5

Delhi 德里 *xviii*

demographic changes in historic cities 历史城市的人口变化 38

　economic restructuring 经济结构调整 93–4

　population growth 人口增长 76，78

　Venice 威尼斯 71

demolition and renewal 拆除和更新 *4*，5，37，131 也可见 Modern Movement 现代运动

Deutscher Werkbund （German Work Federation） 德国工艺联盟 17–18

developing world 发展中国家

　climate change 气候变化 93

　creative industries 创意产业 120

　tourism 旅游业 99

　urban growth 城市发展 76，77，78

disaster management 灾害管理 133

dissonance 不协调性 34

Djenné 杰内 *xix*

Dublin 都柏林 13

Dubrovnik 杜布罗夫尼克 *x*

E

ecoBUDGET © 生态预算 157

ecological planning 生态规划 36

Ecological Urbanism 生态城市主义 187

economic restructuring 经济结构调整 93–4，96–7

economics 经济学

　cultural resources 文化资源 115，117–9

　financial tools 财务工具 145，171，173–4

　investment strategies 投资策略 120–1

　prioritisation of （经济）优先 87

Ecuador 厄瓜多尔 148

Edinburgh 爱丁堡 13，*20*，43

Eesteren, Cornelis van 科尼利斯·范·伊斯特伦 19

Emei, Mount （China） 峨眉山（中国） *164*

employment 就业 118，121

energy efficiency 能源效率 93，129–31，169–70

Engels, Friedrich 弗里德里希·恩格斯 3

English Heritage 英格兰遗产协会 168

　Historic Landscape Characterisation（HLC）programme 历史景观特征（HLC）项目 66–7

　'Enhancing our Heritage – Skills Sharing

Pilot Project'（Uganda）"提升我们的遗产——技能分享试点项目"（乌干达） 154

environmental impact assessments（EIA）环境影响评价（EIA） 160，162，167

Environmental Profiles 环境大纲 156-7

environmental sustainability 环境可持续发展 67n，69，71，81-2，191

　　Global Green new Deal 全球绿色新政 138-9

　　prioritisation 优先化 87

　　也可见 environmental impact assessments（EIA）环境影响评价

Ernstson，H. et al. H. 恩斯特松等人 133

Esphahan 伊斯法罕 xiv

European Architectural Heritage Year（1975）欧洲建筑遗产年（1975） 44

European Charter of the Architectural Heritage 《关于建筑遗产的欧洲宪章》 44-5

European Council of Town Planners 欧洲城镇规划师委员会 187

European Landscape Convention 《欧洲景观公约》 67

European Union（EU）欧盟

　　climate change 气候变化 93，131

　　HerO project "遗产为契机"项目 151

　　Urban Initiative 城市计划 139

Eyck，Aldo van 阿尔多·凡·艾克 24

F

Fathi，Hassan 哈桑·法蒂 25，27

financial tools 财务工具 145，171，173-4

flood risk 洪水灾害 91，92，93

Florence 佛罗伦萨 xiv，5，129

Fourier，François 弗朗索瓦·傅里叶 3

France 法国 118

　　Commission des Monuments Historiques 历史性纪念物委员会 1

　　regulatory systems 监管制度 148，150

FRESH approach FRESH 原则 168

G

Galapagos Islands 加拉帕戈斯群岛 99

Garnier，Tony 托尼·加尼埃 18

Geddes，Patrick 帕特里克·盖迪斯 12-13

genius loci 场所精神 13，32-3，35，107

gentrification 绅士化 38，48

Gilbert，Alan 阿兰·吉尔伯特 78

Giovannoni，Gustavo 古斯塔夫·乔万诺尼 11，14-15，22

Global Biodiversity Outlook（GBO-3）《全球生物多样性展望》 82

Global Green New Deal（UNEP）全球绿色新政 137-8

Global Report on Decentralization and Local Democracy in the World（2007）《世界分权和地方民主全球报告》（2007） 96

globalisation 全球化 94，97，182

　　impact on urban conservation 对城市保护的影响 ix，65n，176，178，180，191

　　tourism 旅游业 xiii，101

government policy 政府政策 见 conservation policies 保护政策

Graz 格拉茨 21

greenhouse-gas emissions 温室气体排放 89，90，130

Gregotti，Vittorio 维多利奥·格里高

蒂 35-6

Gropius，Walter 瓦尔特·格罗皮乌斯 18n，19，128

Gugic，Goran 戈兰·古吉克 133

H

Habitat Agenda《人居议程》 134

Hangzhou 杭州 99，101，103

Hannover Principles 汉诺威原则 184

Haussmann，Georges-Eugène 乔治-欧仁·奥斯曼 5

Havana 哈瓦那 *109*，136-7，*136*

Hegemann，Werner 维尔纳·黑格曼 11，12，33

Heidegger，Martin 马丁·海德格尔 32，33

Helsinki 赫尔辛基 159

Heritage 遗产

  as an economic resource 作为一种经济资源 117-19

  broadening perceptions of 不断拓展的理解 105-6，110

  commoditisation 商品化 96-7，199

  consensus on conservation 保护共识 175，176

  economic impact of preservation 保护的经济影响 171，173-4

  economic sustainability 经济可持续发展 191

  emergence of concept 概念的出现 1，3，6-7，10，30

  historic city as 作为……的历史城市 10-15

  as part of urban infrastructure 作为城市基础设施的组成部分 121

  也可见 urban heritage values 城市遗产价值

heritage impact assessments （HIA） 遗产影响评估（HIA） 166-7

high-rise construction 高层建筑 124，*125*，*127*，128-9，168

historic landscape character 历史景观特征 66-7

historic monuments 历史纪念物

  in the Athens Charter《雅典宪章》中的 21

  built environment of 历史纪念物的建成环境 15

  and national identity 和国家身份 1，*9*

  safeguarding 保护 *2*，*3*，6-7

    见 conservation policies 保护政策

  use value 使用价值 10

Historic Urban Landscape （HUL） initiative 历史性城镇景观行动 xvi，xvii，*58*，72-3，175-6

  action plan 行动计划 173

  Recommendation text《建议书》文本 209-16

  ICOMOS discussions 国际古迹遗址理事会论坛 63-4

  issues under discussion 讨论的议题 67-9，71-2

  management of change 对变化的管理 180，188，190-1，193

  organisations involved 参与的组织 61n

  origins and development 起源的发展 195-201

  也可见 Vienna Memorandum （2005）《维也纳备忘录》（2005）

Holl，Steven 史蒂芬·霍尔 187

Hong Kong 香港 *124*

Horta，Victor 维克多·霍塔 22

Hugo，Victor 维克多·雨果 3

I

ICCROM （International Centre for the Study of the Preservation and Restoration of Cultural Property） 国际文化财产保护与修复研究中心 38，113–14

ICLEI 地方政府可持续发展国际理事会 157

ICOM （International Council of Museums） 国际博物馆协会 38

ICOMOS （International Council on Monuments and Sites） 国际古迹遗址理事会 38，39

　discussions on Historic Urban Landscape （HUL） 对历史性城镇景观的讨论 63–4，197，198

　heritage impact assessments （HIA） 遗产影响评估 166–7

　International Tourism Charter 《国际文化旅游宪章》 105–6

　management of change 对变化的管理 111

　Quebec Declaration on the Preservation of the Spirit of Place 《魁北克宣言——场所精神的保存》 64–5

　regional charters 地方性宪章 51，53，201

　Washington Charter 《华盛顿宪章》 48–9，64，72

　Xi'an Declaration on the Conservation of the

Setting of Heritage Structures 《关于保护历史建筑、古遗址和历史地区环境的西安宣言》 51，64

Identity 身份

　civic 公民 *xv*，176

　creative industries 创意产业 120

　cultural–historic 文化历史 60–1，97

　national 国家的 *1*，*9*，176

　place 场所 见 place，sense of 场所感

impact assessment （IA） 影响评估 159–60

Independent Steering Committees 独立管理委员会 158

India 印度 78，93，145，150

Indonesia 印度尼西亚 132

infrastructure 基础设施 101，121

intangible heritage 非物质遗产 51，108，176

　Convention for the Safeguarding of the Intangible Cultural Heritage （2003） 《保护非物质文化遗产公约》（2003） 49–50

　Kyoto 京都 152

　UNESCO draft Recommendation 联合国教科文组织的《建议书》草案 198

　Xi'an and Quebec Declarations 西安和魁北克宣言 64–5

　也可见 place，sense of 场所感

integrated approach to conservation 保护的综合方法 61，73，743

　China 中国 146

　France 法国 148

　South Africa 南非 145–6，149

　and urban development 和城市发

展 176，186-8

也可见 Historic Urban Landscape（HUL）initiative 历史性城镇景观行动

Integrated Assessment（IA） 综合评价法 163，165-6

Inter-American Development Bank（IDB）美洲开发银行 118-19，173

Inter-Governmental Panel on Climate Change（IPCC） 政府间气候变化专门委员会 91

International Charter for the Conservation and Restoration of Monuments and Sites 《保护文物建筑及历史地段国际宪章》见 Venice Charter（1964）《威尼斯宪章》（1964）

International Finance Corporation（IFC） 国际金融公司 162

International Union for the Conservation of Nature（IUCN） 国际自然保护联盟 81，153-4

Istanbul 伊斯坦布尔 5，*172*

Itaipava Charter（1987）《伊泰帕瓦宪章》（1987） 51

J

Jacobs, Jane 简·雅各布斯 24

Japan 日本 150

    Charter for the Conservation of Historical Towns and Settlements of Japan（Machi-nami Charter）《关于保护日本历史城镇和聚落的宪章》（《街并宪章》） 51，53，60

JCIC-Heritage（Japan Consortium for International Co-operation in Cultural Heritage） 日本文化遗产国际合作联盟 150

Jerusalem 耶路撒冷 *109*

Jokilehto, J. J. 约基莱赫托 197-8

K

Katajanokka hotel project 卡达亚诺伽旅馆项目 159

Kathmandu 加德满都 *xv*

Kiev 基辅 *179*

Koolhaas, Rem 雷姆·库哈斯 34-5，182

Kostof, Spiro 斯皮罗·科斯托夫 129

Krier, Leon 莱昂·克里尔 33

Kyoto 京都 152

    Center for Community Collaboration（KCCC） 京都市景观与社区营造中心 157-8

Kyoto Protocol 《京都议定书》 89

L

La Paz 拉巴斯 *125*

Lahore 拉合尔 13

Lalibela 拉利贝拉 *43*

Landscape Urbanism 景观城市主义 187-8

layers of significance 意义的层积性 50，63，68-9，*172*，176

    archaeology 考古学 *177*

    physical structure 自然结构 27

    value of contemporary architecture 当代建筑的价值 73

Le Corbusier 勒·柯布西耶 11，14，18，19

Lijiang 丽江 190

Liverpool 利物浦 153，*153*

Living Building Concept 活的建筑的概念 170-1

living conditions 居住条件 3，5

Local Strategic Partnerships 地方战略合作伙伴关系 152

Lofoten Islands 罗弗敦群岛 58

London 伦敦 9，126，167，167

Los Angeles 洛杉矶 90

Luang Prabang 琅勃拉邦 54，104，104

Luoyang 洛阳 146

Luxor 卢克索 98

Lynch, Kevin 凯文·林奇 31-2，108，110

Lyon 里昂 192

M

McDonough, William 威廉·麦唐纳 184

McHarg, Ian 伊安·麦克哈格 35，36

Machi-nami Charter （2000）《街并宪章》（2000） 51，53，60

Male 马累 125

management guidelines 管理导则

city-to-city cooperation 城际合作 151-2

ICCROM 国际文化财产保护与修复研究中心 113-14

Vienna Memorandum 《维也纳备忘录》 206

management plans 管理规划 152-4，207

Maori peoples 毛利人 166

Maputo 马普托 77

Marrakesh 马拉柯什 86，86

Mayer, Hannes 汉斯·迈耶 19

mega-cities 大型城市 76，78

Melbourne Principles for Sustainable Cities《墨尔本原则——建设可持续城市》 157

Merimée, Prosper 普罗斯佩·梅里美 1

metropolises 大都市 76

Mexico City 墨西哥城 xi

Mies van der Rohe, Ludwig 路德维希·密斯·凡·德·罗 18，19

Millennium Development Goals （MDG） 千年发展目标（MDG） 81-2，85，137

Millennium Ecosystem Assessment （2005）《千年生态系统评估》 82

Modern Movement 现代运动 xii，6n，15，17-18

CIAM and the Athens Charter CIAM 和《雅典宪章》 18-19，21

impact on conservation 对保护的影响 20，23，24

opposition to concept of continuity 对连续性概念的反对 11，14，22

utopian thinking 乌托邦理念 vii

Mogao Grottoes（China）莫高窟（中国） 147

Monaco 摩纳哥 161

Mongin, Oliver 奥利维耶·蒙欣 107-8

Montreal 蒙特利尔 157

Moore, Steven 史蒂芬·摩尔 183

Morris, William 威廉·莫里斯 3，6，17n

Moscow 莫斯科 179

Mostar 莫斯塔尔 178

Mumford, Lewis 刘易斯·芒福德 13，180，182

Muratori, Saverio 萨维里奥·穆拉托里 29-30

N

Nairobi Recommendation （1976）《内罗毕

建议》（1976） 45-6，48

Naples 那不勒斯 *177*

Nara Document on Authenticity（1994）《关于原真性的奈良文件》（1994） xvi，49，53

Netherlands 荷兰 93，174

Belvedere Memorandum《贝威蒂尔备忘录》 60-1

New Gourna, Luxor 卢克索新古纳尔村 25n，*26*

New South Wales Heritage Office 新南威尔士遗产办事处 168

New Urbanism 新城市主义 33，188n

New York City 纽约市 *83*

New Zealand，cultural impact assessments 文化影响评估 166

Noah's Ark Project（EC） 诺亚方舟计划 131

Norberg-Schulz, Christian 克里斯蒂安·诺柏-舒尔茨 32-3

Nurse, Keith 基特·努尔斯 85

O

Organization for Economic Co-operation and Development（OECD）经济合作与发展组织

Urban Environmental Policies 城市环境政策 84

Urban Programme 城市计划 139-40

Outstanding Universal Value（OUV） 突出普遍价值 41，167，200

Vilnius 维尔纽斯 89

P

Paramaribo 帕拉马里博 *57*

Paris 巴黎 *4，5，126*，128

participation and consensus 参与和共识 25，27

Aalborg Charter（1994）《奥尔堡宪章》（1994） 59

Aleppo 阿勒颇 *29*

community engagement tools 社区参与 155-6

impact assessment（IA）影响评估 159

Partnerships for World Heritage Cities workshop（Urbino）世界遗产城市合作伙伴关系研讨会（乌尔比诺） 106

perception as an interpretation and design tool "视觉"作为阐释和设计的工具 31

Pickard, Robert 皮卡德·罗伯特 174

place, sense of 场所感 *xix*，51，176

genius loci 场所精神 13，32-3，35，107

Quebec Declaration（2008）《魁北克宣言》（2008） 64-5

role of urban design 城市设计的作用 183，*185*

Poëte, Marcel 马塞尔·波艾特 11

population growth 人口增长 76，78

postmodernism 后现代主义 182

poverty 贫穷 115，118-20

Prague 布拉格 *98*

privatisation 私有化 96-7

Public-Private-Partnerships（PPPs）公私合作关系 121，123

Q

Quebec 魁北克　*xv*

Quebec Declaration（2008）《魁北克宣言》（2008）　64–5

Quito 基多　*57*，118，119，*119*

R

Recife 累西腓　*181*

regeneration 再生　120–1

Regenerative Regionalism 再生性地域主义　183

Regensburg 雷根斯堡　158

regional charters 地区性宪章　50–1，53，59–61

Regional Planning Association of America（RPPA）美国区域规划协会　13–14

regulatory systems 监管制度　144，145–6，148–54

research recommendations for HUL 针对 HUL 的研究建议　216

resilience 韧性　131，133

restoration 修复　6–7，111

Ridder, Hennes de 亨尼斯·德里德　170n，171

Riegl, Alois 阿洛伊斯·李格尔　7，10，111

Riga 里加　80，*80*

Rio de Janeiro 里约热内卢　26，*127*
　Earth Summit 地球峰会　81，89

Rome 罗马　5，*189*
　Manuale del recupero《翻修手册》　168–9

Rossi, Aldo 阿尔多·罗西　30n

Round Table on Heritage and the Conservation of Historic Urban Landscapes 关于遗产和历史性城镇景观保护的圆桌会议　196

Rowe, Colin 柯林·罗　34

Royal Australian Institute of Architects 澳大利亚皇家建筑师协会　168

Ruskin, John 约翰·拉斯金　6，14，17n

S

sacred cities 圣城　71

Safranski, Rüdiger 吕迪格尔·萨弗兰斯基　108

St Petersburg 圣彼得堡　128

Salvador de Bahia 巴伊亚州的萨尔瓦多　*52*，53，190

Salzberg 萨尔茨堡　117

Samarkand 撒马尔罕　46–7

Sana'a 萨那　*xix*，*92*

Santiago 圣地亚哥　*20*

Sassen, S. S. 萨森　180n

Satterthwaite, David 戴维·萨特思韦特　91

Sava River Basin, Croatia 克罗地亚萨瓦河中央盆地　133

Schumacher, Thomas 汤姆·舒马赫　34

Scientific Committee for the Theory and the Philosophy of Conservation and Restoration 保护和修复理论与哲学委员会　199

secondary cities 二级城市　76，78

Seoul 首尔　77

setting 环境　46，48，64 也可见 context 文脉

Shanghai 上海　*viii*，*130*，190

Sichuan 四川　*54*，*164*

Sitte, Camillo 卡米洛·西特　7，10–11，12，18n

slums 贫民区　120，121

UN–Habitat programme 联合国人居署项目 135

Small Island Developing States （SIDS）小岛屿发展中国家 85

Small States Conference on Sea Level Rise （Maldives）小国海平面上升问题会议(马尔代夫) 89

smart growth strategies 智能化发展战略 169–70

Smithson, Alison and Peter 史密森夫妇 24

social and economic development 社会和经济发展 69，78，135

social fabric 社会脉络 27
   changes in resident populations 居住人口的变化 38，71
   conservation of 的保护 45，46
   impact of globalisation 全球化的影响 97

Society for the Protection of Ancient Buildings 古建筑保护协会 3

Sofia 索菲亚 5

Solomon Islands 所罗门群岛 *155*

South Africa, regulatory systems 南非，监管制度 145–6，149

Southern Arabia 阿拉伯南部 *55*

Stadsherstel Amsterdam NV 阿姆斯特丹修复股份有限公司 174

Stakeholder Analysis and Mapping （SAM）利益攸关方分析和普绘 155

Stein, Clarence 克拉伦斯·斯坦因 13

Strategic Environmental Assessment （SEA）战略环境评价 157，162–3

Sub-Saharan Africa 撒哈拉以南非洲地区 *77*，78

Sustainability Frameworks 可持续发展框架 165–6

sustainable change 可持续变化 178，180
   urban planning 城市规划 186–8，191

sustainable development 可持续发展 36，69，71，81–2，129–31，133
   Aalborg Charter （1994）《奥尔堡宪章》（1994） 59
   architectural design for 的建筑设计 170
   building industry 建筑行业 170–1
   landscape characterisation 景观特征描述 67
   role of culture in 其中文化的作用 84–5，87，117
   technical tools for 其技术工具 169–70
   tourism 旅游业 102–3
   UNEP guidance on UNEP 的指导手册 165
   urbanity 城市性 128
   Vienna Memorandum （2005）《维也纳备忘录》（2005） 63

Swedish International Development Co-operation Agency （Sida）瑞典国际发展合作机构 160

SWOT analysis SWOT 分析模型（势态分析法） 157

Sydney 悉尼 *xi*

T

technical tools 技术工具 144–5，159–60，162–3，165–71

Teheran 德黑兰 5

Tel Aviv 特拉维夫 *127*，190

Timbuktu 廷巴克图 *56*

toolkits 工具包 xiii，71–2，144–5，187

analytic tools 分析工具　29–32

for community engagement 针对社区参与的　144，154–9

　　financial 财务　145，171，173–4

　　local context 当地背景　144

　　regulatory systems 监管制度　144，145–6，148–54

　　technical tools 技术工具　144–5，159–60，162–3，165–71

　　UNESCO Draft Recommendation 联合国教科文组织建议书草案　215–16

tourism 旅游业　48，67n，99，101–3，105

　　cultural 文化的　xiii，10，86

　　Luang Prabang 琅勃拉邦　104

　　Venice 威尼斯　71

traditional knowledge and techniques 传统知识和技术　26，27

　　energy efficiency 能源效率　131

　　Japan 日本　53

　　land use 土地使用　133

　　natural–disaster preparedness 自然灾害预防　132

　　Samarkand 撒马尔罕　47

transportation 交通　130，169

Tripoli 的黎波里　55

Turner, John 约翰·特纳　27

typo–morphological analysis 类型形态学分析　30，32

Tzonis, A. and Lefaivre, L. 佐尼斯和勒费夫尔　182–3

U

Uçhisar, Turkey 土耳其的乌奇萨　164

Uganda 乌干达　95，154

unemployment 就业　121

UNESCO 联合国教科文组织　22，25n，38，61

　　Convention on the Protection and Promotion of the Diversity of Cultural Expressions（2005）《保护和促进文化表现形式多样性公约》（2005）　50

　　Man and the Biosphere（MAB）Programme 人和生物圈计划　82，83，84

　　promotion of tourism 旅游业的推广　102

　　Recommendation on Historic Urban Landscape（draft）《关于历史性城镇景观的建议书》初稿　65，198，200–1，209–16

　　Recommendations 建议书　xvi，39–40，45–6，48，62，195，197

　　role of culture in sustainable development 文化对可持续发展的作用　84，85，117

　　threats to historic urban areas 城市历史区域面临的威胁　65n，67n

　　Universal Declaration on Cultural Diversity（2001）《世界文化多样性宣言》（2001）　50

　　World Heritage Cities Programme 世界遗产城市项目　140–1 也可见 Vienna Memorandum（2005）《维也纳备忘录》（2005）；World Heritage Committee 世界遗产委员会；World Heritage Convention（1972）《世界遗产公约》（1972）；World Heritage sites 世界遗产地

United Kingdom （UK）, adaptation policies 英国，适应新政策　93

United Nations （UN）联合国

Conference on Environment and Development, Rio de Janeiro（1992）联合国环境与发展大会，里约热内卢（1992）　81，89

Conference on the Human Environment, Stockholm（1972）联合国人类环境会议，斯德哥尔摩（1972）　81

Development Programme （UNDP）联合国开发计划署　137-8

Environment Programme （UNEP）联合国环境署　102，138-9，163，165

Framework Convention on Climate Change（UNFCCC）联合国气候变化公约　89

Habitat Agency 联合国人居署　25，134-5，137-8

Resolution on Culture and Development 文化和发展决议　85

Resolution on sea-level rise 海平面上升决议　89

United States of America（USA）美国

flood risk 洪涝灾害　93

Green Building Council（USGBC）美国绿色建筑协会　169n

Unwin, Raymond 雷蒙德・昂翁　11

URBACT（European Network for Exchange of Experience）欧洲经验交流网络　139

urban conservation 城市保护

commuity 群体　176

institutional and professional system 制度和专业体系　xii，xiii

meaning and purpose 意义和目的　vii，ix，xi，xii，176

urban development 城市发展　xii，78-81

density 密度　128

economic restructuring 经济结构调整　65n，94

EU Urban Initiative 欧盟的城市计划　139

relationship with rural economy 与农村经济的关系　94，95

Vienna Memorandum guidelines 《维也纳备忘录》指导方针　206-7

urban engineers 城市工程师　5

urban governance 城市治理

UN-Habitat programme 联合国人居署项目　134-5

United Nations Development Programme（UNDP）联合国开发计划署　137-8

urban heritage values 城市遗产价值　68，106-8，109

managing change 管理变化　176，178，180，190

urban morphology 城市形态

Conzen 康泽恩　27-8

French approaches 法国的方法　30n

Italian school 意大利学派　29-30

Lynch 林奇　31-2

urban planning and architecture 城市规划和建筑　22，121，185，191

after Modernism 现代主义之后　23-5，27-8，29-36

contemporary views of the city 关于城市的当代观点　182-4

development of discipline 学科的发

展　10–15

Havana 哈瓦那　137

high–rise construction 高层建筑　124，*125*，*127*，128–9

integration of approaches　方法的整合　186–8

resilience 韧性　133

technical tools 技术工具　168–71

UN–Habitat programme 联合国人居署项目　135

也可见 demolition and renewal 拆除和更新；Strategic Environmental Assessment （SEA）战略环境评价

Urban Strategy of the World Bank 世界银行的城市战略　114–15，116

　cities and economic growth 城市和经济发展　115，120–1

　city management, governance and finance 城市管理、治理和融资　114–15，117–18

　city planning, land and housing 城市规划、土地和住房　115，121，123–4，128–9

　environment, climate change and disaster management 环境、气候变化和灾害管理　115，129–31，133

　urban poverty 城市贫困　115，118–20

urbanisation 城市化　65n，76，*77*，78–81

　Urban Strategy of the World Bank 世界银行的城市战略　114

urbanity 城市性　128

Urbino Master Plan《乌尔比诺总体规划》　25

utopias 乌托邦　xii，ix，3，15

V

Valparaiso 瓦尔帕莱索　*42*

values and meaning 价值和意义　51，68，71 也可见 urban heritage values 城市遗产价值

Varanasi 瓦拉纳西　*70*，71，190

Venice 威尼斯　*70*，71，99，140n，190

Venice Charter （1964）《威尼斯宪章》（1964）　22，39，72

Nara Document on Authenticity （1994）《奈良真实性文件》（1994）　xvi，49

Venturi, Robert 罗伯特·文丘里　34

vernacular architecture 乡土建筑　10，45

Vienna 维也纳　*79*

Vienna Memorandum （2005）《维也纳备忘录》（2005）　62–3，72，73，195，196，203–8

Vilnius 维尔纽斯　*88*，89

Viollet–Le–Duc, Eugène–Emmanuel 尤金–伊曼纽尔·维奥莱–勒–杜克　6，7

visual impacts 视觉影响　31，65n，*181*

　Tower of London 伦敦塔　167

　Vienna 维也纳　79

　Vilnius 维尔纽斯　89

Vkhoutemas （Higher Art and Technical Studios）　高等艺术与技术创作工作室　18

W

Warsaw 华沙　190

Washington Charter （1987）《华盛顿宪章》（1987）　48–9，64，72

Washington DC 华盛顿特区　*9*

Whitehand, Jeremy 杰里米·怀特汉德　110

Wiener Werkstätte（Vienna Workshop）维也纳工坊　17–18

World Bank 世界银行　94，114

　　Physical Cultural Resources Safeguard Policy Guidebook《物质文化资源保护政策指南》　162

　　也可见 Urban Strategy of the World Bank 世界银行的城市战略

World Commission on Culture and Development 世界文化与发展委员会　84–5

World Conservation Strategy《世界自然资源保护大纲》　81

World Heritage Centre 世界遗产中心　198

　　Expert Meetings 专家会议　91，197，199–200

World Heritage Committee 世界遗产委员会　17，62，72，180

　　climate change 气候变化　91

　　Global Strategy《全球战略》　105，106

　　pressures of urban development 城市发展压力　80–1

World Heritage Convention（1972）《世界遗产公约》（1972）　xiii，40–1，44，105，200

　　Declaration on the Conservation of the Historic Urban Landscape（2005）《保护历史性城镇景观宣言》（2005）　62–3

General Assembly of States Parties 缔约国大会　xiii，xvi，62

World Heritage sites 世界遗产地　43，200

　　growth in tourism 旅游业的发展　99

　　Heritage Impact Assessments（HIA）遗产影响评估　167

　　impacts of climate change 气候变化的影响　131n

　　socio-economic benefits from 社会经济效益　117–18

World Tourism Organization 世界旅游组织　102

Worldwatch Institute 世界观察研究所　93

Worthing, D. and Bond, S. D. 沃辛和 S. 邦德　152

X

Xi'an Declaration（2005）《西安宣言》（2005）　51，64

Y

Yamato Declaration（2004）《大和宣言》（2004）　50

Yemen 也门　92

Z

Zabid 乍比得　100，101

Zanzibar 桑给巴尔　56，95

　　Stone Town 石头城　116，116

zoning 区划　21，190

图书在版编目（CIP）数据

城市时代的遗产管理：历史性城镇景观及其方法 /
（意）弗朗切斯科·班德林，（荷）吴瑞梵著；裴洁婷译.
-- 上海：同济大学出版社，2017.9
（遗产保护译丛 / 伍江主编）
书名原文：The Historic Urban Landscape：
Managing Heritage in an Urban Century
ISBN 978-7-5608-7321-3

Ⅰ.①城…　Ⅱ.①弗…②吴…③裴…　Ⅲ.①古建筑
—保护—研究　Ⅳ.① TU-87

中国版本图书馆 CIP 数据核字（2017）第 199510 号

The Historic Urban Landscape: Managing Heritage in an Urban Century

城市时代的遗产管理——历史性城镇景观及其方法

[意]弗朗切斯科·班德林　[荷]吴瑞梵　著　　裴洁婷　译　　周俭　校译

责任编辑　朱笑黎　　责任校对　徐春莲　　封面设计　孙晓悦

出版发行　同济大学出版社 www.tongjipress.com.cn
　　　　　（地址：上海四平路 1239 号　邮编：200092　电话：021‐65985622）
经　　销　全国各地新华书店
印　　刷　上海安兴汇东纸业有限公司
开　　本　787mm×960mm　1/16
印　　张　21
印　　数　1—3 100
字　　数　420 000
版　　次　2017 年 12 月第 1 版　　2017 年 12 月第 1 次印刷
书　　号　ISBN 978-7-5608-7321-3
定　　价　120.00 元